入门FPGA
数字电路设计的
奇妙之旅

陈强　翟梦圆　曹振东 ◎ 编著

清华大学出版社
北京

内 容 简 介

本书是专为电子技术及FPGA初学者量身打造的实验教程式FPGA开发指南。通过深入浅出的案例方式引领读者踏入可编程逻辑的世界，全面阐述了数字电路基础电路及其在FPGA上的实现过程。本书强化实战导向，弱化数字电路理论与硬件描述语言的冗长讲解，聚焦FPGA开发全流程，通过20余个典型项目串联知识体系：从组合逻辑电路到时序逻辑应用，再到模数转换开发及复杂数字系统设计，每个项目均包含电路原理剖析、Verilog HDL代码设计及硬件验证步骤，形成"原理理解-代码实现-硬件调试"的闭环学习体验。让读者在实际操作中巩固所学知识，并体验FPGA设计的乐趣与挑战。无论你是电子专业学生，还是电子技术爱好者，本书都将通过全流程项目实操，带你轻松叩开FPGA数字设计的大门，在趣味实践中掌握数字电路与FPGA开发的核心技能。

版权所有，侵权必究。举报：010-62782989，beiqinquan@tup.tsinghua.edu.cn。

图书在版编目（CIP）数据

入门FPGA数字电路设计的奇妙之旅 / 陈强，翟梦圆，曹振东编著. -- 北京：清华大学出版社，2025. 5. -- ISBN 978-7-302-69295-9

Ⅰ. TN79

中国国家版本馆CIP数据核字第2025PM8779号

责任编辑：杨迪娜
封面设计：杨玉兰
责任校对：徐俊伟
责任印制：刘海龙

出版发行：清华大学出版社
网　　址：https://www.tup.com.cn，https://www.wqxuetang.com
地　　址：北京清华大学学研大厦A座　　邮　编：100084
社 总 机：010-83470000　　邮　购：010-62786544
投稿与读者服务：010-62776969，c-service@tup.tsinghua.edu.cn
质量反馈：010-62772015，zhiliang@tup.tsinghua.edu.cn
课件下载：https://www.tup.com.cn，010-83470236

印 装 者：北京同文印刷有限责任公司
经　　销：全国新华书店
开　　本：185mm×260mm　　印　张：16　　字　数：403千字
版　　次：2025年6月第1版　　印　次：2025年6月第1次印刷
定　　价：79.00元

产品编号：100138-01

前 言

也许你还没有意识到,人类其实一直生活在"数字"的世界里,老祖宗发明了"度、量、衡",这本质上就是模数转换器(ADC),把世间能够感知到的一切"物"进行了量化,比如身高 1 米 78 厘米的小张同学到超市买了 3 斤 6 两苹果,中午 11 点 30 分要赶去北京的高铁。虽然我们面对的自然界的对象是"模拟"(Analog)的,是连续的量,但我们大脑里处理的信息,相互之间交流的信息,都已经转变成了量化的、不连续的数字量(Digital)。

对连续的量进行量化,大大方便了我们对信息的处理,这包括逻辑判断、数值计算等。我们常常挂在嘴边的高/矮、上/下、对/错、开/关等,其实就是非 0 即 1 的二进制,其实高多少、对几分、开多大必然存在着中间的模糊地带,但我们生活中仍然对很多事情做二值化的处理。

当然,仅有二进制是不够的。我们将一天分为 12 时辰或 24 小时,1 年分为 365 天,1 小时分为 60 分钟,古代的一斤分为 16 两,各种制式适用于不同事物的量度,而进化下来,我们生活中最常用的就是十进制方式。不同的进制方式(编码方式)之间可以进行换算。这其实就是"数字逻辑"的基础。抛开我们的信息载体"电路",数字逻辑就是我们每个人大脑中每天盘算的事情,是我们生活的日常。

翻看一下我们正在学的"数字电路"课程,可以说整个课程中,95%的内容讲的是"数字逻辑",这些完全可以脱离电路,仅有 5%的内容讲述的是如何用"合适的电信号"来表征人类大脑认知的数字信息,并有效地处理这些数字信息。如果把数字世界看成对变化着的模拟世界进行"理想化"抽象,那么我们同时要研究的就是如何尽可能理想化(稳定、真实)地表征信息,如何处理那些非理想化的因素,表现在电路上就是使用 CMOS 器件、高/低电平的判断、传输时间的影响、时序电路中的延迟、组合逻辑中的竞争冒险等,这些都是在实际的电路设计中要考虑的因素。

数字逻辑,正如我们的大脑日常所做的,对应书中的关系如下:

- 各种逻辑门(Gate)——因果关系,由一个或多个输入产生的不同输出结果,为什么逻辑用"门"来表达?"门"像是因果关系的纽带,通过"门"我们把所有"因"组合到一起从而有了确定的"果"。
- 组合逻辑——多个因素在一起产生的多种可能性,以及基于这些可能性做出的选择,比如学号、快递地址、从清华南门到北京火车站的道路。
- 时序逻辑——我们的世界中一个重要的维度就是"时间轴",日月星辰已经给我们设定了时钟,于是我们早上 6 点起床、8 点半赶到公司、下午 4:20 和同事一起乘坐去往上海的高铁,很多行为都是在某个设定的时间点完成的,无论是个人还是集体。在时间维度运作下的这个世界不正是一个时序逻辑系统吗?
- 状态机——我们个体以及接触到的任何事物时时刻刻都处在某个状态,又会由某种

"因"的触发而改变状态,从而形成了运动着的世界,构成了我们的日常。描述这种关系的方式就是状态机。

当然,作为社会化的人,我们从小受到教育、接受社会的分工,从小到大的生活都受到"指令"的控制,比如父母培养你的习惯,你所处的社会环境设定的规章、制度、法律法规,在学校老师给你安排的课程、布置的作业,企业中上级领导分配你的工作,我们每个人都是被"编程"了的单片机、微处理器系统,日复一日地按照设定的程序来生活着。程序被写在了我们的存储器里面,执行程序的过程中要处理好各种外界的输入(通过眼、耳、鼻等传感器),做各种逻辑判断和计算,进而采取下一步的行动。

人本身就是一个"数字系统",我们要设计的用电信号来表征的"数字系统"也就是要将我们日常的思维方式用电信号的方式映射出来。

所谓的"人工智能"就是将人类的思想、思维方式映射到一个个用电信号驱动的设备中,让这些设备通过电信号能够像人类一样去推理、计算、决策等。

一切源于我们自身。而"数字逻辑"就是构成"数字系统"的基础。

最后,我们来看一张关于计算机系统构成的知识结构图。

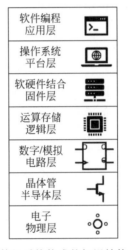

计算机系统构成的知识结构图

图中呈现出计算机系统从底层到顶层的层次结构以及它们之间的关系,通过理清这些对应关系,你将能够明确"数字电路"在整个系统中的位置,以及学习数字电路的意义和方法。

我们使用的办公软件、浏览器、绘图工具等都属于应用层软件。它们是建立在操作系统之上的。操作系统的运行需要固件层的支持,如各种硬件设备驱动,而所有的运算存储都需要运行在一定的硬件设备上,如CPU、内存、显卡,这些硬件本身则是由一个个数字电路模块组成的,构成这些数字电路的基础单元是门电路,在物理层级之上,各种数字门是通过半导体器件来实现的,构成门电路的基础是晶体管。

本书涉及的主要内容是在逻辑层和电路层,即通过数字电路的设计方法设计逻辑电路并在FPGA上实现并验证。

数字逻辑的知识在任何一本数字电路教材中都给出了详细的介绍,这里我们不做赘述,仅在第 1 章中对数字电路的基础知识做了回顾，方便读者在后续章节中的电路设计时查阅。

设计数字电路的方法则是利用现在流行的硬件描述语言（HDL），利用 HDL 可以在硬件电路建立之前模拟和验证数字系统的功能，也利于电路的自动化设计。第 2 章将介绍硬件描述语言及数字电路的描述方法。

FPGA 是一种数字电路芯片，在芯片设计中通过 FPGA 验证所设计的电路功能已经是常规流程，FPGA 也大量应用在接口转换、时序控制、算法处理和硬件加速等领域，尤其是现在人工智能技术的大爆发，催生了大量 FPGA 算法处理的应用。关于 FPGA 的介绍我们会在第 3 章阐述。

在实际的硬件电路设计中，可以使用分立器件设计出所需的应用电路，比如使用经典的 74 系列逻辑集成电路来搭建各种复杂的数字计算系统，而随着集成电路工艺的发展，数字电路的集成度也越来越高，现在的印制电路板上已经很少能见到大量排布的 74 系列逻辑芯片了，因为 CMOS 工艺的发展使得更多的逻辑电路可以被集成到一起，做成专用的 ASIC。此外，在缩小电路板面积、提高电路集成度方面，FPGA 也功不可没。第 4～6 章，以具体的实例来阐述如何设计常见的组合逻辑电路和时序逻辑电路并在 FPGA 上实现。

数字电路世界与现实世界打交道的桥梁是模数转换器和数模转换器，在第 7 章，将介绍 FPGA 有关模数转换和数模转换的应用。

最后，第 8 章阐述了比较经典的综合项目，每一个项目会用到组合逻辑或时序逻辑中的多个知识点，是数字电路知识的综合应用。

本书由校企合作编写，在本书完成的过程中得到了苏州思得普信息科技有限公司和加拿大 EIM Technology 公司的大力支持，书中实验所使用的硬件模块均由两家公司赞助，书中所涉及的 FPGA 实验代码均可以在小脚丫 FPGA 开发云平台上验证，用户无须安装庞大的 EDA 软件即可实现代码的编辑和编译。此外，山东职业学院铁道供电专业和乌拉尔国立交通大学电气工程系的老师协助完成了实验案例的设计，在教学过程中对书中的部分实验进行了验证，并提出了宝贵的意见和建议，在此一并表示感谢。

鉴于作者水平有限，书中难免有疏漏和错误之处，敬请读者批评指正。

作　者

2025 年 5 月

目 录

第1章 数字逻辑基础知识 1

1.1 数字逻辑的信息表征 1
1.1.1 数字信号与数字系统 1
1.1.2 数制与码制 2
1.1.3 数字信息的存储 4
1.2 数字逻辑的表示 5
1.2.1 逻辑运算及逻辑表达方式 5
1.2.2 不同逻辑表达方式之间的转换 8
1.3 逻辑代数的定律和规则 10
1.3.1 逻辑代数的基本定律 10
1.3.2 逻辑代数的基本规则 11
1.4 逻辑函数的表达形式与逻辑化简 11
1.4.1 最小项表达式 11
1.4.2 公式法逻辑化简 12
1.4.3 卡诺图法逻辑化简 12

第2章 Verilog HDL 描述逻辑电路 15

2.1 Verilog HDL 基础 15
2.1.1 Verilog HDL 的设计风格 16
2.1.2 Verilog HDL 的基本语法 18
2.2 Verilog HDL 的逻辑电路描述方法 20
2.2.1 门级建模及门级原语 21
2.2.2 数据流建模及连续赋值语句 23
2.2.3 行为级建模及过程赋值语句 24

第3章 FPGA 开发流程 28

3.1 FPGA 的概念 28
3.1.1 FPGA 是什么 28
3.1.2 FPGA 的特点 29
3.1.3 FPGA 的内部结构 31

3.1.4　FPGA是如何工作的 …………………………………… 32
　3.2　FPGA的开发流程与工具 …………………………………………… 32
　　　3.2.1　FPGA的开发流程 …………………………………… 32
　　　3.2.2　FPGA开发工具 ……………………………………… 33
　3.3　FPGA开发流程示例 ………………………………………………… 40
　　　3.3.1　Lattice Diamond 开发 FPGA 实例（以 STEP MXO2
　　　　　　开发板为例）…………………………………………… 40
　　　3.3.2　Intel Quartus Prime 开发 FPGA 实例（以 STEP MAX10
　　　　　　开发板为例）…………………………………………… 49
　　　3.3.3　小脚丫FPGA(STEP FPGA)线上开发平台 ………… 61

第4章　FPGA组合逻辑电路设计 ………………………………………… 67
　4.1　三人表决器 …………………………………………………………… 67
　　　4.1.1　组合逻辑电路的设计方法 …………………………… 67
　　　4.1.2　实验任务 ……………………………………………… 68
　　　4.1.3　实验原理 ……………………………………………… 68
　　　4.1.4　电路搭建及验证 ……………………………………… 69
　　　4.1.5　Verilog描述及FPGA实现 …………………………… 70
　　　4.1.6　实验总结 ……………………………………………… 74
　4.2　实现加法器 …………………………………………………………… 74
　　　4.2.1　实验任务 ……………………………………………… 75
　　　4.2.2　实验原理 ……………………………………………… 75
　　　4.2.3　代码设计 ……………………………………………… 76
　　　4.2.4　FPGA实验 …………………………………………… 77
　4.3　实现2-4译码器 ……………………………………………………… 78
　　　4.3.1　实验任务 ……………………………………………… 78
　　　4.3.2　实验原理 ……………………………………………… 78
　　　4.3.3　代码设计 ……………………………………………… 79
　　　4.3.4　FPGA实验 …………………………………………… 80
　　　4.3.5　课后练习 ……………………………………………… 81
　4.4　实现3-8译码器 ……………………………………………………… 83
　　　4.4.1　实验任务 ……………………………………………… 83
　　　4.4.2　实验原理 ……………………………………………… 83
　　　4.4.3　代码设计 ……………………………………………… 85
　　　4.4.4　FPGA实验 …………………………………………… 86
　　　4.4.5　拓展任务 ……………………………………………… 88
　4.5　控制7段数码管 ……………………………………………………… 90

        4.5.1　实验任务 ·· 90
        4.5.2　实验原理 ·· 91
        4.5.3　代码设计 ·· 92
        4.5.4　FPGA 实验 ·· 93
        4.5.5　拓展任务 ·· 94

第 5 章　FPGA 时序逻辑电路设计 ·· 97
    5.1　时序逻辑电路的描述方法 ·· 97
        5.1.1　时序逻辑与 Verilog HDL 描述 ··· 97
        5.1.2　阻塞赋值和非阻塞赋值 ··· 98
    5.2　实现 RS 触发器 ·· 99
        5.2.1　实验任务 ·· 99
        5.2.2　实验原理 ·· 99
        5.2.3　FPGA 实验 ··· 102
    5.3　实现 D 触发器 ·· 103
        5.3.1　实验任务 ··· 103
        5.3.2　实验原理 ··· 103
        5.3.3　FPGA 实验 ··· 106
    5.4　实现 JK 触发器 ··· 107
        5.4.1　实验任务 ··· 107
        5.4.2　实验原理 ··· 107
        5.4.3　FPGA 实验 ··· 109
    5.5　生成计数器 ··· 110
        5.5.1　实验任务 ··· 110
        5.5.2　实验原理 ··· 110
        5.5.3　FPGA 实验 ··· 115
    5.6　任意整数分频电路 ·· 116
        5.6.1　实验任务 ··· 116
        5.6.2　实验原理 ··· 116
        5.6.3　代码设计 ··· 117
        5.6.4　FPGA 实验 ··· 119
    5.7　机械按键的消抖 ··· 119
        5.7.1　实验任务 ··· 120
        5.7.2　实验原理 ··· 120
        5.7.3　代码设计 ··· 121
        5.7.4　FPGA 实验 ··· 122

第6章 状态机逻辑电路设计 ………………………………………………………… 124

6.1 有限状态机 ……………………………………………………………………… 124
6.1.1 状态机的概念 …………………………………………………………… 124
6.1.2 状态编码 ………………………………………………………………… 126
6.1.3 状态机的结构 …………………………………………………………… 127
6.1.4 状态机的 Verilog 实现 ………………………………………………… 128

6.2 利用状态机实现流水灯 ………………………………………………………… 133
6.2.1 实验任务 ………………………………………………………………… 133
6.2.2 实验原理 ………………………………………………………………… 133
6.2.3 代码设计 ………………………………………………………………… 134
6.2.4 FPGA 实验 ……………………………………………………………… 141

6.3 简易交通信号灯设计 …………………………………………………………… 141
6.3.1 实验任务 ………………………………………………………………… 141
6.3.2 实验原理 ………………………………………………………………… 142
6.3.3 代码设计 ………………………………………………………………… 143
6.3.4 FPGA 实验 ……………………………………………………………… 146

第7章 模数转换项目 ……………………………………………………………………… 148

7.1 模数转换器与数模转换器 ……………………………………………………… 148
7.1.1 模数转换器 ……………………………………………………………… 149
7.1.2 数模转换器 ……………………………………………………………… 151
7.1.3 选择 ADC 和 DAC 芯片 ………………………………………………… 152

7.2 FPGA 驱动 ADC(I^2C 接口)实例 …………………………………………… 154
7.2.1 ADC 芯片 PCF8591 …………………………………………………… 155
7.2.2 PCF8591 的 I^2C 通信 ………………………………………………… 156
7.2.3 PCF8591 的数据传输 …………………………………………………… 157
7.2.4 硬件实现 ………………………………………………………………… 161

7.3 FPGA 驱动 DAC(SPI 接口)实例 ……………………………………………… 162
7.3.1 DAC 芯片 DAC081S101 ……………………………………………… 162
7.3.2 DAC081S101 的串行通信 ……………………………………………… 163
7.3.3 DAC081S101 的数据传输 ……………………………………………… 165
7.3.4 硬件实现 ………………………………………………………………… 166

7.4 通过高速比较器和 FPGA 逻辑实现 Sigma Delta ADC …………………… 167
7.4.1 Sigma Delta ADC 实现原理 …………………………………………… 167
7.4.2 简易 Sigma Delta ADC 方案 …………………………………………… 168
7.4.3 FPGA 内部模块实现 …………………………………………………… 169

第 8 章 综合项目 ... 174

8.1 十字路口交通信号灯控制系统 ... 174
8.1.1 项目背景 ... 174
8.1.2 车辆和行人检测 ... 177
8.1.3 路灯控制 ... 178
8.1.4 交通信号灯控制系统的状态机 ... 179
8.1.5 其他功能 ... 182
8.1.6 项目总结 ... 184

8.2 电梯控制系统 ... 185
8.2.1 项目概述 ... 185
8.2.2 总体方案 ... 186
8.2.3 开关防抖设计 ... 187
8.2.4 超声波传感器位置检测 ... 189
8.2.5 二进制转 BCD 码 ... 192
8.2.6 控制电机旋转 ... 194
8.2.7 设计状态机 ... 196
8.2.8 最终实施 ... 197
8.2.9 项目总结 ... 198

8.3 自制数字密码锁储物柜 ... 199
8.3.1 硬件总体结构设计 ... 199
8.3.2 矩阵键盘输入模块 ... 200
8.3.3 密码验证模块 ... 204
8.3.4 舵机控制模块 ... 208
8.3.5 驱动模块 ... 210
8.3.6 系统设计与实现 ... 213

8.4 简易电子琴 ... 214
8.4.1 项目概述 ... 214
8.4.2 简易电子琴硬件设计 ... 216
8.4.3 直接数字合成技术 ... 218
8.4.4 用 DDS 产生正弦波 ... 221
8.4.5 Top 模块设计 ... 223
8.4.6 项目总结 ... 224

8.5 更复杂的电子钢琴 ... 225
8.5.1 项目概述 ... 225
8.5.2 字符串函数 ... 225
8.5.3 Delta-sigma 调制 ... 226

	8.5.4	使用除法调整幅度 …………………………………… 228
	8.5.5	谐波生成 ………………………………………………… 229
	8.5.6	顶层数字系统设计 ………………………………… 230
	8.5.7	项目总结 ………………………………………………… 231
8.6	串行通信 …………………………………………………………… 233
	8.6.1	项目概述 ………………………………………………… 233
	8.6.2	并行与串行通信 …………………………………… 233
	8.6.3	实现一个 UART 发送器 …………………………… 234
	8.6.4	旋转编码器 …………………………………………… 236
	8.6.5	UART 通信机制 ……………………………………… 237
	8.6.6	将编码器数据发送给计算机 …………………… 239
	8.6.7	项目总结 ………………………………………………… 243

第1章

数字逻辑基础知识

在正式讲述 FPGA 之前,我们先回顾一下数字逻辑的基础知识。数字逻辑是数字电路逻辑设计的简称,是处理数字信号的逻辑,是数字电路运作的原理;实质上是指基于二进制数学或布尔代数的逻辑。在数字系统中,任何数字文本、声音、图形图像等复杂信息都可以用二进制的数字化代码来表示。本章主要为读者讲述数字电路逻辑的基础知识,首先介绍数字信号与二进制的概念,在此基础上逐渐引入真值表、逻辑代数和逻辑函数等概念。

1.1 数字逻辑的信息表征

数字是对真实世界信息的一种抽象,它是比语言更简洁的一种表达,逢九进十、60s 为 1min、24h 为 1 天,我们通过不同的数字规律来表达、描述和理解这个世界,为了更方便地表述数字关系,我们发明了二进制、八进制、十进制、十六进制等不同的数制,正是数字构成了我们的数字逻辑世界,而数字电路则是建立在最基础的二进制之上,二进制并不是现代发明也不是外来产物,几千年以前,我们老祖宗发明的阴阳八卦已经在使用二进制的思想来表述事物的变化了。可以说,数字电路的本质是阴和阳,也就是 0 和 1。

1.1.1 数字信号与数字系统

信号是表示消息的物理量,是运载信息的载体。在电子学中,我们一般把信号分为模拟信号与数字信号。模拟信号是这个物理世界呈现的原始信号,如每天的气温、纷杂的声音、不断变化的光线强度,此外,人造的模拟电视信号、交流电的正弦信号等,也属于模拟信号的范畴。它们有着共同的特点:在时域上,信号是连续变化的,而数字信号则是在模拟信号基础上的一种理想化模型。所有的模拟量都被量化成非黑即白的两极状态:高或低,有或无,1 或 0,因此数字信号是离散的,非连续的。模拟信号与数字信号的对比如图 1.1 所示。

在电学中,我们通常将高于某一电位的高电平抽象为 1,低于某一电位的低电平抽象为 0。如此,模拟信号就可以被抽象或者说被量化为由 0 和 1 构成的二进制数字量。

对数字量进行算术运算和逻辑运算的电路称为数字电路或数字系统。由于它具有逻辑运算和逻辑处理功能,所以又称数字逻辑电路。当前人类已经进入数字时代,数字系统在我们日常生活中愈发重要,并广泛应用于通信、交通控制、航空航天、医疗、互联网等重要领域。人们已经拥有了数字电话、数字电视、数字相机等数字化设备。

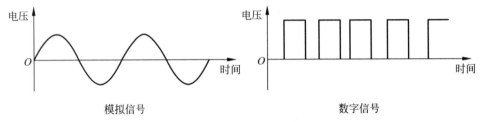

图 1.1　模拟信号与数字信号的对比

数字设计的目的是构建出一定具体功能的实际电路,电路的形式可以是专用集成电路(Application Specific Integrated Circuit,ASIC),也可能是实现特定功能的数字设计 IP 核,还可能是在现场可编程门阵列器件(Field Programmable Gate Array,FPGA)上运行的应用电路。

数字系统的特性是具备描述和处理离散信息的能力,我们知道,任何一个取值数目有限的元素集都包含着离散信息,如十进制的各个数、字母表的 26 个字母等。数字系统中的离散信息可由信号进行表示,最常见的信号就是电压和电流,它们一般由晶体管构成的电路产生。目前,在各种数字电子系统中的电信号只有两种离散值,因而也被称为二进制。

综上所述,数字系统处理二进制形式表示的离散信息值,用于计算的操作数可以表示成二进制数的形式,其他离散元素,包括十进制数和字母表中的字母也可以利用二进制码来表示。在下一节,我们会着重向大家介绍二进制码。

1.1.2　数制与码制

1. 常用数制及数制转换

二进制数(binary)是以 2 为基数的记数系统表示的数字。以 2 为基数意味着逢二进一,这种数制方式不是近代数学的产物,几千年前,古人就发现了"太极生两仪,两仪生四象,四象生八卦,八卦衍生六十四卦"的经典规律,以此为基础阐述事物规律的《易经》体系成为我们中华民族最重要的文化思想体系。

随着科学技术的发展,人们通过半导体材料实现了二进制在物理层面的表示和运算,从而有了处理二进制的数字电路逻辑门,进而组成复杂的数字系统,因此现代的计算机或数字电路系统都使用二进制。构成二进制系统的每个数字称为 1 位(bit),1 位有 0 和 1 两种状态,比如 8 位二进制数$(1111\ 1111)_2$共有 $2^8=256$ 种变化。

二进制与其他进制是什么关系呢?以我们现在用的十进制为例,十进制数 123 等于一个百加上两个十加上三个一,可以写为:

$$1\times 10^2 + 2\times 10^1 + 3\times 10^0$$

幂次从左到右递减,带小数点的十进制数即可表示为(此处例子为十进制数):

$$a_4\times 10^4 + a_3\times 10^3 + a_2\times 10^2 + a_1\times 10^1 + a_0\times 10^0 + a_{-1}\times 10^{-1} + a_{-2}\times 10^{-2}$$

由于十进制只能使用十个数字,每个系数均要与 10 的幂次相乘。因此,十进制的基数为 10,二进制与十进制是不同的数制,其系数只有两种取值 0 和 1,基数为 2。所以,每个系数都要乘以 2 的幂,结果相加后就是十进制数,举个例子,二进制数$(1111011)_2$相对应的十进制数如何计算呢?

$$1\times 2^6 + 1\times 2^5 + 1\times 2^4 + 1\times 2^3 + 0\times 2^2 + 1\times 2^1 + 1\times 2^0 = (123)_{10}$$

如此,假设推广到以 r 为基数的任何进制呢?我们可以推导出如下公式:

$$a_n \times r^n + a_{n-1} \times r^{n-1} + \cdots + a_2 \times r^2 + a_1 \times r^1 + a_0 \times r^0$$

这个公式看似复杂,实际使用起来很简单,比如八进制数 173,我们把它转化为十进制:

$$(173)_8 = 1 \times 8^2 + 7 \times 8^1 + 3 \times 8^0 = (123)_{10}$$

当某一位达到基数时,到前一位进位即可,如八进制,我们逢 8 进位,十进制就是逢 10 进位,那么十六进制我们如何进行处理呢?十进制与十六进制对照表如表 1.1 所示。

表 1.1 十进制与十六进制对照表

十进制	0	1	2	3	4	5	6	7	8	9	10	11	12	13	14	15
十六进制	0	1	2	3	4	5	6	7	8	9	A	B	C	D	E	F

由表 1.1 中可知,字母 A~F 分别被用来表示 10~15 这六个数字。二进制数在书写阅读过程中往往不太方便,与十进制数相比,二进制数的有效数字是十进制的 3~4 倍,例如,二进制数 1111111111111111 等于十进制的 65535,等于十六进制的 FFFF,虽然它们在计算机中占用的存储空间是一样的,但是十进制读写更方便。因此,大多数技术文档中八进制与十六进制使用的更多,各进制之间的对应关系如表 1.2 所示。

表 1.2 各进制之间的对应关系

十 进 制	二 进 制	八 进 制	十 六 进 制
0	0000	0	0
1	0001	1	1
2	0010	2	2
3	0011	3	3
4	0100	4	4
5	0101	5	5
6	0110	6	6
7	0111	7	7
8	1000	10	8
9	1001	11	9
10	1010	12	A
11	1011	13	B
12	1100	14	C
13	1101	15	D
14	1110	16	E
15	1111	17	F

2. 码制

码制,即编码所要遵循的规则,通过编码将数字表示成电路能够识别,便于运算存储的形式。同一数值不同码制的位数或内容可能不同。

1) 原码、反码和补码

前面我们讨论的二进制数值都是正数,也就是无符号数,而实际使用中还存在有符号数,计算机在存储时用二进制数最前面的 1 个符号位来表示数值的正负,符号位为 0 表示正数,符号位为 1 表示负数,这种形式称为原码,如无符号位二进制数+0011010(+26)的原码为 00011010。

有符号数的减法运算非常麻烦,需要先比较减数和被减数的大小,然后再进行相减和添加符号位操作,而加法就没有这个烦恼,加数和被加数可以直接相加。为了简化减法的运算,我们设法将减法转换为加法来处理。为此,将负数的编码形式作如下处理:首先将除符号位以外的部分取反,即 1 变 0,0 变 1,这种形式的编码称为反码,在反码的基础上加 1,符号位不变,称为补码。若二进制数为正数,则反码和原码相同。例如,有符号位二进制数 -26 的补码换算如下:将 1001 1010 取反码为 1110 0101,加 1 变为补码为 1110 0110。

如上,将负数以补码的形式表示之后,计算减法,就可以将减数看作负数,写为补码形式与被减数相加即可,例如 $(10)_{10}-(5)_{10}$,以二进制形式变为 $(0000\ 1010)_2+(1111\ 1011)=(1\ 0000\ 0101)_2$,舍弃进位结果为 $(0000\ 0101)_2$。

2) BCD 码

BCD 码英文为 Binary Code Decimal,常见的 BCD 码又称 8421 码,是十进制代码中最常用的一种,由于从左到右每一位的数字 1 分别表示 8,4,2,1,所以把这种代码也称为 8421 码。BCD 码都是用四位二进制数表示十进制中的 0~9 十个数,每一位的 1 代表的十进制数称为这一位的权,且每一位的权是固定不变的。从 4 位二进制数 16 种代码中选择 10 种来表示 0~9 个数码的方案有很多种。每种方案产生一种 BCD 码。BCD 码表示十进制数字 0~9 如表 1.3 所示。

表 1.3 BCD 码表示十进制数字 0~9

十进制	BCD 码	十进制	BCD 码
1	0001	6	0110
2	0010	7	0111
3	0011	8	1000
4	0100	9	1001
5	0101		

3) 格雷码

在数字电路运算时,不同的编码方式产生的位变化是不同的。同一数值若采用 8421 码,则数 0111 变到 1000 时四位均要翻转,而在实际电路中,四位不可能节奏一致地同时发生翻转,难以避免出现不可预料的情况。所以,我们换另外一种编码方式:将一组数的编码任意两个相邻的代码只有一位二进制数不同,称这种编码为格雷码(Gray Code)。另外这种编码方式由于最大数与最小数之间也仅一位数不同,即首尾相连,又称为循环码。

格雷码是一种错误率最小的编码方式,可靠性较高。这是由于相邻的两个编码之间只有一位不同,因而在数字量发生变化时,格雷码仅改变一位,这样与其他编码同时改变两位或多位的情况相比更为可靠,即可减少出错的可能性。格雷码是一种变权码,每一位码都不固定,因此不可以直接进行算术运算,需要经过一次变换成自然二进制码。

在数字系统的发展过程中,还出现了一些其他的编码方式,比如十进制编码的余三码;广泛应用于计算机和通信领域中的 ASCII 码;通信领域中最常用的一种差错校验码循环校验码(CRC 码)以及奇偶校验码。

1.1.3 数字信息的存储

在数字系统中,最小的存储单位是比特(bit)或者位,1 比特代表 1 个二进制数。1 位数据包含 2 种二进制数的组合(0/1),2 位的数据可包含 4 种二进制数的组合(00/01/10/11),以此类推,N 位的数据包含的二进制数的组合为 2^N。

为了表示数据大小的方便，人们还定义了存储单位——字节（Byte）。1 字节包含 8 位数据，所以字节的位宽是 8。1 字节的最大信息量为 $2^8=256$。除字节以外，在计算机系统中常用的存储单位还有 KB、MB、GB 等。与其他物理单位不同的是，这里的 K、M 和 G 等度量单位的基数是 2^{10}，而不是 10^3。常用存储单位的转换关系如表 1.4 所示。

表 1.4 常用存储单位的转换关系

换 算 关 系	常用单位名称
1B＝8bit	B
1KB＝1024B	KB
1MB＝$(1024)^2$B＝1024KB	MB
1GB＝$(1024)^3$B＝1024MB	GB
1TB＝$(1024)^4$B＝1024GB	TB

在计算机操作系统中，操作系统或应用软件有 32 位和 64 位的区分。以 32 位操作系统为例，其最大的内存容量为 2^{32}，大约为 4GB，而 64 位的操作系统最多有 2^{64} 大小的数据容量。并不是所有的计算机系统都是 32 或 64 位，在数字电路发展的过程中，经历了 8 位、16 位，目前普遍使用的是 32 位处理器。

1.2 数字逻辑的表示

在数字系统中有两种运算形式：一种是算术运算，即加、减、乘、除运算；另一种是逻辑运算，即与、或、非运算。逻辑运算表述了输入条件与输出结果之间的逻辑关系，通常使用布尔代数来描述。

布尔代数是描述事物逻辑关系的数学方法，利用布尔代数我们可以分析和设计数字逻辑电路，所以也称逻辑代数。逻辑代数使用字母表示变量，每个变量的取值只有 0 或 1，这里的 0 或 1 不表示数值大小，而是代表两种不同的逻辑状态。

1.2.1 逻辑运算及逻辑表达方式

由逻辑变量构成的逻辑函数可用来表述一定的逻辑功能，并通过逻辑电路来实现，同样的，逻辑电路也可以由逻辑函数来描述。输出与输入之间的逻辑函数的描述方法有逻辑函数表达式、真值表、逻辑图、波形图和卡诺图等。

1. 逻辑表达式

最基本的逻辑运算是与运算、或运算、非运算。基本逻辑运算、表达式和行为描述如表 1.5 所示。

表 1.5 基本逻辑运算、表达式和行为描述

运算类型	逻辑表达式	行 为 描 述
与运算	$Y=A \cdot B$	只有所有输入均为 1，输出才为 1；否则为 0
或运算	$Y=A+B$	有一个及以上输入为 1，输出结果则为 1
非运算	$Y=\overline{A}$	输出结果是输入的取反

任何复杂的逻辑函数都可以用与运算、或运算、非运算这三种最基本的逻辑运算组合实现，即输入与输出之间的逻辑函数表达式。实际应用中，除了与、或、非三种基本逻辑运算外，还经常使用的是三种基本逻辑的组合，如与非逻辑、或非逻辑、异或逻辑、同或逻辑等，这

些逻辑运算、表达式和行为描述如表1.6所示。

表1.6 其他逻辑运算、表达式和行为描述

运算类型	逻辑表达式	行为描述
与非运算	$Y=\overline{AB}$	所有输入均为1,输出才为0；否则为1(与逻辑再取反)
或非运算	$Y=\overline{A+B}$	有一个及以上输入为1,输出结果则为0(或逻辑再取反)
异或运算	$Y=A\oplus B$	只有当两个输入信号不同时,其输出结果为1,否则输出为0
同或运算	$Y=A\odot B$	只有当两个输入相同时输出为1,否则输出为0(也称为异或非逻辑,其逻辑行为跟异或逻辑正好相反)

在电子学中,我们将实现基本逻辑运算的电路元件称为门,比如与门、或门、非门、与非门、或非门、异或门、同或门等。门电路由晶体管构成,COMS与非门如图1.2所示。

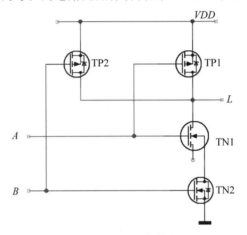

图1.2 COMS与非门

2. 真值表

将逻辑变量所有可能的输入值组合与其对应的逻辑函数的输出值列成表格,称为真值表。与门、或门、非门对应的真值,如表1.7～表1.9所示。

表1.7 与门真值表

输	入	输 出
A	B	Y
0	0	0
0	1	0
1	0	0
1	1	1

表1.8 或门真值表

输	入	输 出
A	B	Y
0	0	0
0	1	1
1	0	1
1	1	1

表 1.9　非门真值表

输　入	输　出
A	Y
0	1
1	0

与非门、或非门对应的真值,如表 1.10 和表 1.11 所示。

表 1.10　与非门真值表

输　入		输　出
A	B	Y
0	0	1
0	1	1
1	0	1
1	1	0

表 1.11　或非门真值表

输　入		输　出
A	B	Y
0	0	1
0	1	0
1	0	0
1	1	0

异或门、同或门对应的真值,如表 1.12 和表 1.13 所示。

表 1.12　异或门真值表

输　入		输　出
A	B	Y
0	0	0
0	1	1
1	0	1
1	1	0

表 1.13　同或门真值表

输　入		输　出
A	B	Y
0	0	1
0	1	0
1	0	0
1	1	1

从表 1.7~表 1.13 中可以看出,真值表是穷举所有的输入变量得到所有的输入输出关系。理论上任何一个有限输入变量的系统都可以用真值表来表述输入输出关系,但是当输入变量很多时,排列组合的结果太多,通过绘制真值表来表述逻辑关系的方式并不合适。

3. 逻辑图

将逻辑函数中各变量之间的逻辑关系用规定的逻辑符号表示的图形称为逻辑图。构成逻辑图的基本图形是与门、或门、非门等电路符号,如图 1.3～图 1.5 所示。

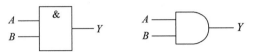

图 1.3 与门的国际符号(左)与 IEEE 推荐符号(右)

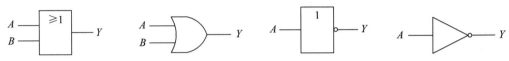

图 1.4 或门的国际符号(左)与　　　图 1.5 非门的国际符号(左)与
　　　IEEE 推荐符号(右)　　　　　　　　　　IEEE 推荐符号(右)

在与门和或门的符号输出端加上一个小圈表示取反,与非门、或非门的符号如图 1.6 和图 1.7 所示。

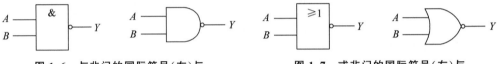

图 1.6 与非门的国际符号(左)与　　　图 1.7 或非门的国际符号(左)与
　　　IEEE 推荐符号(右)　　　　　　　　　　IEEE 推荐符号(右)

我们使用一个特定的符号来表示异或门,如图 1.8 所示,它是在或门符号的输入位置增加了一个弧形。

同或门的表达符号如图 1.9 所示,它是在异或门的输出端加上一个非门。

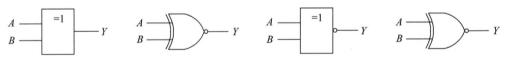

图 1.8 异或门的国际符号(左)与　　　图 1.9 同或门的国际符号(左)与
　　　IEEE 推荐符号(右)　　　　　　　　　　IEEE 推荐符号(右)

4. 波形图

输入变量随时间变化求得对应的输出值,将输入变量和输出关系按时间顺序依次排列表示的图形,称为波形图。

例如,A 和 B 是输入信号,波形如图 1.10 所示,经过异或门得到输出信号 Y。图中高电平为 1,低电平为 0;A 和 B 相同时,Y 为低电平;A 和 B 不同时,Y 为高电平。异或门波形如图 1.10 所示。

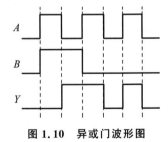

图 1.10 异或门波形图

1.2.2 不同逻辑表达方式之间的转换

同一种逻辑行为可以使用不同的逻辑表达方式来表达,虽然它们的形式不同,但是表达的逻辑本质是相同的,所以不同的逻辑表达方式之间可以相互转换。最常用的是逻辑表达式、真值表和逻辑图之间的转换。下面我们以异或逻辑为例说明它们之间的转换关系。

1. 真值表—逻辑表达式—逻辑图的转换

首先将真值表中所有输出为1的输入变量写出乘积项的形式,如 A、B 为1,则用 A、B 表示,A、B 为0,则用 $\overline{A}$、$\overline{B}$ 表示,异或门的真值表中有两项输出为1,如表1.14所示。

表1.14 异或门的真值表中输出为1的项

输入		输出
A	B	Y
0	0	0
0	1	①
1	0	①
1	1	0

当输出为1时有两个乘积项 $\overline{A}B$ 和 $A\overline{B}$,然后将乘积项相加,得到输出异或逻辑的另一种表达式为:

$$Y = A\overline{B} + \overline{A}B$$

对于任何复杂的逻辑函数,我们都可以按照逻辑的先后顺序,将逻辑符号连接起来,以表述其内部的逻辑关系。使用与或非门构成的异或门逻辑图示例如图1.11所示。当然,这只是能够表述其逻辑关系的其中一种逻辑图。

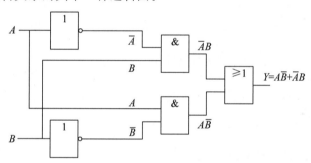

图1.11 使用与或非门构成的异或门逻辑图示例

2. 逻辑图—逻辑表达式—真值表的转换

由逻辑图转换成真值表并不方便,我们一般先由逻辑图转换为逻辑表达式,再由逻辑表达式转换为真值表。如图1.12所示的逻辑图。从左至右,由输入端开始,写出每个逻辑符号输出端的表达式,直至最后一个逻辑符号的输出 Y。由4个与非门搭建的逻辑图如图1.12所示。

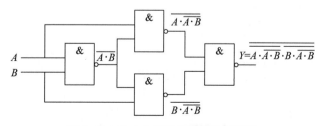

图1.12 由4个与非门搭建的逻辑图

由左侧输入端 A 和 B 开始,图1.12上标出了每个逻辑符号输出端的表达式,最后一个逻辑符号的输出 Y 即整个电路的最终输出。

$$Y = \overline{\overline{A \cdot A} \cdot \overline{B \cdot B} \cdot \overline{A \cdot B}}$$

输入 A 和 B 的取值分别是 0 或 1，得到真值，由 4 个与非门组成的逻辑电路真值如表 1.15 所示。

表 1.15　由 4 个与非门组成的逻辑电路真值表

输　　入		输　　出
A	B	Y
0	0	0
0	1	1
1	0	1
1	1	0

细心的读者肯定发现了，上面的真值表和我们前面讨论的异或门真值表是一样的，逻辑表达式 $Y = \overline{\overline{A \cdot A} \cdot \overline{B \cdot B} \cdot \overline{A \cdot B}}$ 是异或门的另一种逻辑函数表达式而已，所以同一逻辑关系使用不同的表达方式其效果是一样的。

实际上，异或门逻辑表达式 $Y = \overline{\overline{A \cdot A} \cdot \overline{B \cdot B} \cdot \overline{A \cdot B}}$ 可以通过化简得到 $Y = A \cdot \overline{B} + \overline{A} \cdot B$。下一节我们来讨论逻辑化简的方法。

1.3　逻辑代数的定律和规则

分析数字逻辑电路输入和输出关系的数学工具叫逻辑代数。它有自己的规则和定律，利用这些规律，我们可以分析、简化和设计逻辑电路。

1.3.1　逻辑代数的基本定律

逻辑代数的基本定律是分析、设计逻辑电路，化简和变换逻辑函数的重要工具。这些定律和普通代数相似，有其独特性。逻辑代数常用的定律如表 1.16 所示。

表 1.16　逻辑代数常用的定律

定　　律	公式（与运算）	公式（和运算）
基本定律	$0 \cdot A = 0$	$0 + A = A$
	$1 \cdot A = A$	$1 + A = 1$
重叠律	$A \cdot A = A$	$A + A = A$
互补律	$A \cdot \overline{A} = 0$	$A + \overline{A} = 1$
交换律	$A \cdot B = B \cdot A$	$A + B = B + A$
结合律	$A \cdot (B \cdot C) = (A \cdot B) \cdot C$	$A + (B + C) = (A + B) + C$
分配率	$A \cdot (B + C) = A \cdot B + A \cdot C$	$A + B \cdot C = (A + B) \cdot (A + C)$
吸收律	$A \cdot (A + B) = A \cdot A + A \cdot B = A$	$A + A \cdot B = A \cdot (1 + B) = A$
反演律	$\overline{A \cdot B} = \overline{A} + \overline{B}$	$\overline{A + B} = \overline{A} \cdot \overline{B}$
求反运算	$\overline{1} = 0, \overline{0} = 1$	
还原律	$\overline{\overline{A}} = A$	

1.3.2 逻辑代数的基本规则

1. 代入规则

逻辑等式两边的任一变量，用另一变量或代数式替换，逻辑等式仍然成立。

例如：公式 $A \cdot (B+C) = A \cdot B + A \cdot C$ 中，用 X 替代 A，X 可以是 $C/D/E$ 等任一变量或 $C+D$、$C \cdot D$ 等任一代数式。

2. 反演规则

任意一个逻辑式，若将其中所有的"·"替换成"+"，"+"替换成"·"，0 替换成 1，1 替换成 0。原变量取反，取反变量换成原变量，得到的结果就是 $\overline{Y}$。

例如：利用反演律化简之前我们讨论的异或门表达式 $Y = \overline{\overline{A \cdot \overline{A \cdot B}} \cdot \overline{B \cdot \overline{A \cdot B}}}$。

$$Y = \overline{\overline{A \cdot \overline{A \cdot B}} \cdot \overline{B \cdot \overline{A \cdot B}}} = \overline{A \cdot \overline{A \cdot B}} + \overline{B \cdot \overline{A \cdot B}} = A \cdot \overline{A \cdot B} + B \cdot \overline{A \cdot B}$$
$$= A \cdot (\overline{A} + \overline{B}) + B \cdot (\overline{A} + \overline{B}) = A \cdot \overline{A} + A \cdot \overline{B} + B \cdot \overline{A} + B \cdot \overline{B}$$
$$= 0 + A \cdot \overline{B} + B \cdot \overline{A} + 0 = A \cdot \overline{B} + B \cdot \overline{A}$$

3. 对偶规则

任意一个逻辑式，若将其中所有的"·"替换成"+"，"+"替换成"·"，0 替换成 1，1 替换成 0，得到的结果就是其对偶式。对偶规则是，原表达式相等则其对偶式也相等。

例如：$Y = A + A \cdot B$，对偶式为 $Y^D = A \cdot (A + B)$；
$Y = A(B+C)$，对偶式为 $Y^D = A + BC$。

1.4 逻辑函数的表达形式与逻辑化简

同一个逻辑函数可以有多种表达形式，虽然不同的形式都可以表达同一逻辑行为，但是实现逻辑函数所需要的电路复杂程度是不同的，表达式越简单，逻辑关系越清晰，越有利于用最少的电路器件实现这个逻辑函数。

1.4.1 最小项表达式

1. 与或式

逻辑函数最常用的表达形式是与或表达式，即由若干与逻辑项进行或逻辑运算构成的表达式。例如逻辑表达式为：

$$Y = \overline{A} \cdot B + C \cdot D$$

式中，$\overline{A} \cdot B$ 和 $C \cdot D$ 两项都是与逻辑运算项，也称为乘积项，两个乘积项通过或运算符连接，这种类型的表达式称为与或式。

2. 最小项

在有 n 个变量的逻辑函数中，若有乘积项包含了全部的 n 个因子，而且每个变量均以原变量或反变量的形式在乘积项中出现一次，则称该乘积项为最小项。

例如，A、B、C 三个变量的最小项有 ABC、$AB\overline{C}$、$A\overline{B}C$、$A\overline{B}\overline{C}$、$\overline{A}BC$、$\overline{A}B\overline{C}$、$\overline{A}\overline{B}C$、$\overline{A}\overline{B}\overline{C}$

共 8 个,推广到 n 个变量,最小项有 2^n 个。

3. 最小项表达式

由若干最小项构成的与或形式的表达式称为最小项表达式。任一形式的逻辑函数可以通过变换得到最小项之和的形式。变换的方法是,首先将任一逻辑函数化为若干乘积项之和的形式,然后利用公式 $A+\overline{A}=1$ 将每一个乘积项中缺少的变量补齐,即转换成包含所有变量的乘积项。我们称这种最小项表达式叫标准与或表达式。

例如,将逻辑函数 $Y=\overline{A}BC+BC$ 转换为最小项之和的表达式。

$$Y=\overline{A}B\overline{C}+BC=\overline{A}B\overline{C}+(A+\overline{A})BC=\overline{A}B\overline{C}+ABC+\overline{A}BC=\overline{A}=m_2+m_3+m_7$$

或者写成:

$$Y(A,B,C)=\sum m(2,3,7)$$

1.4.2 公式法逻辑化简

在数字设计中,我们通过真值表等转换过来的逻辑函数表达式不一定是最简形式。比如逻辑表达式:

$$Y=\overline{A}\overline{B}+A\overline{B}+AB$$

上述表达式并非最简形式,还可以进一步被化简为:

$$Y=\overline{B}+AB$$

简化后的逻辑表达式可以使硬件结构更加简单,也可以在一定程度上提升信号在模块内部的传输速度。为降低电路实现的成本,减少门电路的数量,我们需要在设计阶段尽可能地将逻辑函数化简成最简形式。当然,所谓的最简形式也不是唯一的,最常用的最简形式是与或表达式。常用的化简方法有公式法和卡诺图法。

公式法也称代数式法,是利用逻辑代数的定律和规则对逻辑函数进行化简。

最常利用的公式有:

 $0+A=A$、$1+A=1$、$A+\overline{A}=1$、$A+A=A$、$A+AB=A$、$A+\overline{A}B=A+B$

通过并项、消项、配项等方式尽可能地减少项数。

例如:

$$Y=ABC+A\overline{B}+AB\overline{C}=AB(C+\overline{C})+A\overline{B}=AB+A\overline{B}=A(B+\overline{B})=A$$

公式法没有固定的步骤,但是需要有一定的技巧和经验。

1.4.3 卡诺图法逻辑化简

卡诺图法是美国工程师卡诺(M. Karnaugh)首先提出的一种利用图形方式迅速简化逻辑表达式的方法。其方法是将逻辑函数的最小项表达式中的各个最小项相应地填入到特定的方格中,该方格图称为卡诺图。常用的卡诺图包括二变量、三变量和四变量,如图 1.13 所示。

下面我们将式(1.1)中的逻辑表达式通过卡诺图法简化:

$$Y=A\overline{C}+\overline{A}C+AB\overline{C}+\overline{B}C \tag{1.1}$$

1. 由变量数画方格

判断逻辑表达式所含的变量数。式(1.1)中,输入变量为 A、B、C,因此采用三变量卡

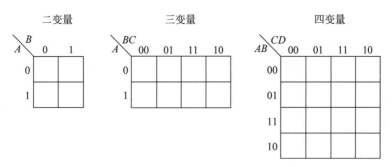

图 1.13 二变量、三变量和四变量卡诺图

诺图,如图 1.14 所示。

2. 填充卡诺图

逻辑函数表达式中最小项对应的位置填入 1,其他位置填入 0。当逻辑函数的表达式不是最小项表达式时,可将其变换为最小项表达式后,再作出卡诺图。将式(1.1)变换为:

$$Y = A\bar{C} + \bar{A}C + AB\bar{C} + \bar{B}C$$
$$= AB\bar{C} + A\bar{B}\bar{C} + \bar{A}BC + \bar{A}\bar{B}C + AB\bar{C} + A\bar{B}C + \bar{A}\bar{B}C$$
$$= AB\bar{C} + A\bar{B}\bar{C} + \bar{A}BC + \bar{A}\bar{B}C + A\bar{B}C$$

通过卡诺图法变换后式(1.1)如图 1.15 所示。

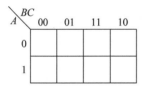

图 1.14 三变量卡诺图

图 1.15 用卡诺图法变换后式(1.1)

将非最小项表达式转换实际上是利用了公式 $A + \bar{A} = 1$,我们在填卡诺图时也可以不用转换,直接填写。

以式(1.1)第一项 $A\bar{C}$ 为例,如图 1.16 中(a)图所示:首先找到满足 A 为 1 且 C 为 0 的所有情况,即最左下和最右下格子,标记为 1。然后用同样的方法找到式(1.1)中的 $\bar{A}C$、$AB\bar{C}$ 和 $\bar{B}C$。该方法要注意的是找全所有情况,不要遗漏。

最终,将 1 以外的未覆盖的格子填 0,得到卡诺图结果。将逻辑表达式填入卡诺图的过程演示如图 1.16 所示。

3. 卡诺图化简

若两个最小项相邻,则可合并为一项并消去一对因子,合并后的结果中只剩下公共因子。合并时,寻找所有包含 1 的最大相邻的格子作为一组进行消除,同时需要满足格子的数量为 2 的倍数。

根据以上规则,将式(1.1)的卡诺图化简,如图 1.17 所示。为 1 的格子可分为 3 组,其中有两组公共因子分别为 $A\bar{B}$ 和 $\bar{A}C$,剩余一项 $AB\bar{C}$ 没有相邻项保留即可。

将合并最小项剩余后的公共因子作和,得到化简后的表达式:

$$Y = A\bar{B} + \bar{A}C + AB\bar{C}$$

由于找相邻项的方式不唯一,因此卡诺图的最终化简结果并非是唯一的。式(1.1)的另

一种卡诺图化简示例如图1.18所示，按照同样的规则，还存在另一种相邻项。

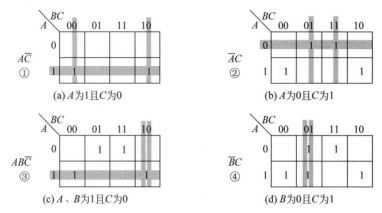

(a) A为1且C为0　　　　(b) A为0且C为1

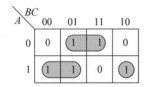　　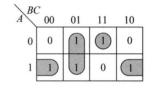

(c) A、B为1且C为0　　(d) B为0且C为1

图1.16　将逻辑表达式填入卡诺图的过程演示

图1.17　式(1.1)的卡诺图化简示例　　图1.18　式(1.1)的另一种卡诺图化简示例

图1.18中为1的格子可分为3组，其中有两组公共因子分别为$A\overline{C}$和$\overline{B}C$，剩余一项$\overline{A}BC$没有相邻项保留即可。式(1.1)的另一种最简形式：

$$Y = A\overline{C} + \overline{B}C + \overline{A}BC$$

第2章

Verilog HDL描述逻辑电路

在本章中,我们将深入探讨 Verilog 硬件描述语言(Hardware Description Language, HDL)的基础知识和设计风格,以及如何使用 Verilog HDL 来描述逻辑电路。Verilog HDL 是一种用于电子系统级设计和验证的硬件描述语言,它使得设计师能以文本形式描述复杂的数字逻辑电路。这种能力不仅对于半导体和电子行业至关重要,也为硬件工程师提供了极大的灵活性和创造力。

通过本章的学习,你将掌握使用 Verilog HDL 进行数字电路设计的基本技巧,包括不同层次的建模技术,从门级到行为级。这将为理解更高级的设计概念,以及在实际项目中应用这些知识打下坚实的基础。

2.1 Verilog HDL 基础

最早的芯片设计由工程师手绘电路图完成,随着芯片集成度越来越高,制程越来越小,目前的芯片制程可达 3nm,如此高的复杂度利用电子设计自动化软件(EDA)已是主流方法。数字设计方法发展的主要趋势是采用硬件描述语言描述数字电路的功能,HDL 类似于编程语言,非常适合于以文本的形式描述数字电路。利用 HDL 可以在硬件电路建立之前模拟和验证数字系统的功能。HDL 也可以和逻辑工具一起,用于数字系统的自动化设计过程。

硬件描述语言可以逐层描述复杂的逻辑系统的设计思想,用一系列分层次的模块来表示,并通过逐层仿真验证的过程来确保设计的可行性。

硬件描述语言的发展至今已有 30 多年的历史。目前,主流的硬件描述语言有 VHDL、Verilog HDL、Superlog、SystemC、System Verilog、Cynlib C++等。VHDL 和 Verilog HDL 一直是业界主流的两种硬件描述语言,两者各有优缺点,VHDL 语法、类型匹配严格,倾向于更多的冗长和明确性,在代码中更加注重明确的信号流和行为描述。Verilog HDL 语法较为宽松,类似于 C 语言,数据类型简单灵活易上手,在工业界应用更普遍。本书主要讲解 Verilog HDL 的基础语法和逻辑电路的描述方法,但是 Verilog HDL 的语法不是本书的重点,读者可以自行参考专门讲解 Verilog HDL 的参考书。

2.1.1　Verilog HDL 的设计风格

1. 设计方法

Verilog 与任何其他硬件描述语言一样,允许采用自下而上或自上而下的方法进行设计。传统的电子设计方法是自下而上的。每个设计都是使用门电路在门级执行的。随着设计的复杂度不断增加,这种方法几乎不可行。传统的自下而上的设计转向新的结构性、分层设计方法。Verilog 通常采用自上而下的设计方法,在这种方法中,设计工作首先集中于定义顶层模块的功能。接下来,分析构成顶层模块所需的子模块,然后对这些子模块逐一进行细化和设计,直至达到基本的功能单元,这些单元不需要进一步分解。这种分解方法允许将大型系统划分为多个小型系统,可以将设计任务分配给多个设计人员并行工作,从而加速设计过程,并缩短整体的开发周期。当然,遵循纯粹的自上而下的设计是非常困难的。因此,大多数设计都是两种方法的混合。

2. Verilog HDL 的抽象级别

Verilog HDL 支持多种抽象级别,这使得它能够在数字系统设计的不同阶段使用。以下是 Verilog 中的主要抽象级别。

1) 行为级别

在行为级别(behavioral level),设计师使用类似于高级编程语言的结构来描述硬件的行为,而不是其结构。这包括算术运算、逻辑运算、条件语句等。行为级别的描述通常用于算法建模和快速原型制作。

2) 寄存器传输级别

寄存器传输级别(Register Transfer Level,RTL)是 Verilog 中最常用的抽象级别。在这个级别上,硬件被描述为寄存器之间的数据流和这些数据流之间的逻辑操作。使用这种描述,可以通过综合工具将 Verilog 代码转换为门级描述。

3) 门级别

门级别(gate level)描述使用逻辑门和触发器等基本元件来实现电路的布局。在这个级别,设计师可以精确控制电路的每一个逻辑门和触发器,以及它们之间的连接。

4) 开关级别

开关级别(switch level)抽象描述了电路的物理开关特性,如晶体管和其他开关设备。这个级别通常用于模拟硬件的物理实现,比如 CMOS 晶体管的充电和放电过程。

3. Verilog HDL 的模块化设计

模块化设计是硬件描述语言的核心特性之一,它允许设计师通过创建可重用的组件来构建复杂的系统。在 Verilog 中,通过模块化,设计者能够有效地管理和组织代码,简化设计流程,并且有利于并行开发和测试。

在 Verilog 中,模块(module)是一种基本的构建块,用于封装一组逻辑功能的实现。模块可以表示任何形式的硬件组件,从简单的逻辑门到复杂的处理器。

代码 2.1 是一个简单的 Verilog 模块的例子,这个模块实现了一个 2 输入的与门(AND gate)。

代码 2.1　Verilog 示例——2 输入的与门（AND gate）

```verilog
module and_gate(
    input wire a,            //第一个输入
    input wire b,            //第二个输入
    output wire out          //输出
);

//实现与门功能的赋值语句
assign out = a & b;

endmodule
```

在这个例子中：
- module 关键字开始了模块的定义，and_gate 是模块的名字。
- input wire a 和 input wire b 定义了两个输入端口 a 和 b。
- output wire out 定义了一个输出端口 out。
- assign 语句用来描述硬件行为，这里它实现了一个与逻辑：只有当 a 和 b 都是 1 的时候，输出 out 才为 1。
- endmodule 关键字标记了模块定义的结束。

要在另一个 Verilog 文件中使用这个模块，我们可以如代码 2.2 模块调用示例这样实例化它。

代码 2.2　模块调用示例

```verilog
module top_level_module();

//定义顶层信号
wire a, b, result;

//实例化与门
and_gate u1(
    .a(a),              //将顶层的 a 信号连接到与门的 a 端口
    .b(b),              //将顶层的 b 信号连接到与门的 b 端口
    .out(result)        //将与门的输出连接到顶层的 result 信号
);

//其他逻辑可以在这里定义

endmodule
```

在这个顶层模块 top_level_module 中，我们创建了三个信号 a、b 和 result，然后实例化了 and_gate 模块（标识符为 u1），并通过名字连接将这些信号与 and_gate 的端口连接起来。这样，a 和 b 的逻辑与结果就会传递到 result。

关于模块的几个关键特点总结如下：
1）模块定义
- 模块以 module 关键字开始，后跟模块的名称和端口列表。模块的定义以 endmodule 关键字结束。
- 端口列表定义了模块的接口，包括输入（input）、输出（output）和双向端口（inout）。

2）模块实例化
- 一个模块可以被实例化一次或多次来创建复杂的硬件设计。
- 实例化时，需要指定模块名称和实例的端口连接。

3）端口连接

端口连接可以通过位置连接或者名字连接。位置连接依赖端口声明的顺序，而名字连接则显式指定端口映射。

4）参数化

模块可以是参数化的，这意味着可以定义具有参数的模块，以便在实例化时设置不同的值，从而提高模块的可重用性。

5）内部声明

模块内部可以声明内部信号（wire）和变量（reg），这些信号和变量用于内部连接和存储。

6）行为描述

在模块内部，可以使用赋值语句、始终块（always block）、连续赋值语句（continuous assignment）等来描述硬件的行为。

7）结构描述

可以使用内部模块的实例化或逻辑门的实例化来结构化描述硬件。

8）任务和函数

任务（task）和函数（function）可以在模块中定义，以封装可重用的行为。

2.1.2　Verilog HDL 的基本语法

1. 数据类型

在 Verilog 中，有多种数据类型用于表示信号、数据存储和行为描述。以下是一些主要的 Verilog 数据类型。

1）net 数据类型

net 类型用于表示硬件中的物理连接，其值由连接的元件驱动。

常见的 net 类型如下。

- wire：最常用的 net 类型，可以是多驱动的，并且通常用于连续赋值。
- tri：三态网线，可以处于高、低或高阻抗（Z）状态。
- tri1，tri0，supply0，supply1，wand，triand，wor，trior：特殊用途的 net 类型，具有预定义的拉高或拉低特性。

2）reg 数据类型

- reg 类型用于在过程块（如 always 或 initial 块）中存储值，表示一个能够保持其值直到下一次赋值的变量。
- 它并不直接对应于物理寄存器，而是描述一个可持续保持状态的变量，常用于时序逻辑设计中。
- 与 net 类型不同，reg 类型只能在过程块中赋值，而不能进行连续赋值。

3）整数数据类型

- integer：类似于 C 语言中的整型，用于建模和算术运算。

- real：实数类型，用于模拟和处理浮点运算。
- time：表示时间值，用于仿真中的时间相关计算。

4) 向量和数组

Verilog 允许使用向量和数组来表示多位信号和数据集合。

- 向量：定义多位宽的 wire 或 reg 类型，如 reg [7:0] byte_value；表示一个 8 位宽的寄存器。
- 数组：可以定义同类型元素的集合，如 reg [7:0] mem_array [0：255]；定义了一个 256×8 位的存储器阵列。

5) 特殊数据类型

- event：进程间同步，表示一个事件触发点。
- parameter：定义模块的参数，可以在模块实例化时覆盖。

2. 数值

1) 四态逻辑值

在 Verilog 中，信号可以有四个逻辑值：0（逻辑低），1（逻辑高），x（不确定）和 z（高阻抗）。

2) 基于基数的整数数值表示

Verilog 允许使用二进制、八进制、十进制和十六进制表示数值。这些表示法遵循以下格式：<size>'<base_format><number>。

其中：

- <size>是一个可选的数字，指定数值的位宽。
- <base_format>是一个指定基数的字符，可以是 b(或 B)表示二进制、o(或 O)表示八进制、d(或 D)表示十进制、h(或 H)表示十六进制。位和字节大小可以通过'b、'o、'd、'h 指定，例如 8'hFF 表示一个 8 位的十六进制值 FF。
- <number>是基于所选基数的数值。

例如：

- 4'b1010 表示一个 4 位宽的二进制数值 1010。
- 8'o21 表示一个 8 位宽的八进制数值 21。
- 12'd123 表示一个 12 位宽的十进制数值 123。
- 16'h1A3F 表示一个 16 位宽的十六进制数值 1A3F。

3) 无符号和有符号数值

- 在没有指定大小的情况下，数值默认为 32 位宽，并且默认为无符号（unsigned）。
- 若要表示一个有符号（signed）数值，可以在数值前使用 $signed() 系统函数或者在声明时指定 signed 关键字。

4) 实数表示

- 实数（浮点数）可以直接使用常见的十进制表示法，如 3.14、1.0e-3 等。
- Verilog-2001 标准中引入了 real 类型来更精确地表示浮点数。

5) 参数和'define 宏

可以使用 parameter 或'define 宏来定义常量值，这些值可以在整个模块或文件中使用。

3. 字符串

Verilog 中的操作符(或称为运算符)与 C 语言中的操作符非常类似。Verilog HDL 中常用的操作符如表 2.1 所示。

表 2.1　Verilog HDL 中常用的操作符

类　　型	操 作 符	描　　述	举　　例
算术	+	加	sum=a+b;
	−	减	diff=a−b;
	*	乘	product=a*b;
	/	除	quotient=a/b;
	%	取模	remainder=a%b;
逻辑	&&	逻辑与	result=(a>0)&&(b>0);
	||	逻辑或	result=(a>0)||(b>0);
	!	逻辑取反	result=!a;
赋值	=	阻塞赋值	a=b;　　//首先完成这个赋值 c=a;　　//然后执行这个赋值
	<=	非阻塞赋值	a<=b;　　//这两个赋值 c<=a;　　//在同一个时刻计划执行
关系	>	大于	greater=(a>b);
	<	小于	less=(a<b);
	>=	大于等于	greater_equal=(a>=b);
	<=	小于等于	less_equal=(a<=b);
等式	==	相等	equal=(a==b);
	!=	不相等	not_equal=(a!=b);
按位操作	~	按位取反	result=~a;
	|	按位或	result=a|b;
	^	按位异或	result=a^b;
	&	按位与	result=a&b;
	^~	按位同或	result=a^~b;
移位	>>	右移	shifted=a>>3;
	<<	左移	shifted=a<<2;
条件	?:	条件选择	result=condition ? value_if_true : value_if_false;
拼接	{ }	拼接	result={a,b,c};(将 a、b、c 连接在一起)

2.2　Verilog HDL 的逻辑电路描述方法

从设计输入的角度来看,无论是绘制逻辑图,还是使用硬件描述语言 Verilog HDL 或 VHDL,或其他硬件描述方式,都可以作为综合器的设计输入。我们后面讲解的数字电路案例皆以 Verilog HDL 来描述,有关 Verilog HDL 硬件描述语言的语法虽有提及但不是我们本书讨论的重点。

设计不同的数字电路,我们可能会使用不同的描述方法,比如小规模电路的门数较少,我们可以轻而易举地引用逻辑门实例,将各个门实例按照逻辑关系连接起来,也称门级建模。这个过程非常直观,但是当功能越来越复杂,电路的规模越来越大时,使用门级建模已非人力所能及,必须借助计算机辅助设计工具——电子设计自动化软件(简称 EDA)。我们人类大脑擅长对抽象事物进行描述,所以只需要使用抽象的数据流或行为级建模方法对电路功能进行描述,EDA 就可自动将电路的数据流或行为级描述转换为门级结构。

本节重点阐述几种组合逻辑的描述方法。

2.2.1 门级建模及门级原语

在传统的数字电路设计方法中,我们使用逻辑门来构造数字系统,在 Verilog 中提供了预定义的逻辑门原语以支持用户使用逻辑门设计电路。基本的逻辑门可以分成两类:与或门类;缓冲器非门类。其中与或门类包括 6 种多输入逻辑门,缓冲器非门类除多输出的 buf/not 门之外还包括带控制端的缓冲器非门,即三态门。

1. 与或门类

与或门类原语共有 6 个,分别是与门(and)、与非门(nand)、或门(or)、或非门(nor)、异或门(xor)以及同或门(xnor),与或门类逻辑图如图 2.1 所示。

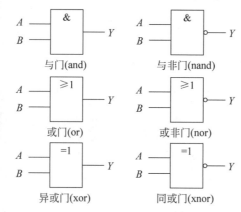

图 2.1 与或门类逻辑图

在 Verilog 中,调用(实例化)这些门级原语与调用自己定义的模块相同,甚至可以不用指定具体实例的名字,这一点为大量调用门级模块的设计提供了方便。与或门类逻辑门的 Verilog 实现如代码 2.3 所示。

代码 2.3 与或门类逻辑门的 Verilog 实现

```
//逻辑门实例引用
and u1(out,in1,in2);
nand u2(out,in1,in2);
or u3(out,in1,in2);
nor u4(out,in1,in2);
xor u5(out,in1,in2);
xnor u6(out,in1,in2);
//三输入与非门
nand u7(out,in1,in2,in3);
//不命名的实例化引用
and(out,in1,in2);
```

2. 缓冲器非门类

缓冲器(buf)和非门(not)是多输出逻辑门,但是只能有一个输入端口,并且必须是实例端口列表的最后一个。缓冲器和非门逻辑图如图 2.2 所示。

在 Verilog 中,"buf"和"not"属于门级原语,可直接调用。缓冲器和非门的 Verilog 实现如代码 2.4 所示。

代码 2.4 缓冲器和非门的 Verilog 实现

```
//缓冲器和非门的实例引用
buf b1(out1,in);
not n1(out1,in);
//多个输出
buf b1_2out(out1,out2,in);
//实例引用不给实例命名
not(out1,in);
```

3. 三态门

除缓冲器和非门以外,Verilog 还有 4 个带有控制信号的三态门:bufif1、bufif0、notif1、notif0。三态门是否能传递数据取决于控制信号是否有效,若控制信号无效,则输出为高阻。三态门逻辑图如图 2.3 所示,三相缓冲器和三态反相器的 Verilog 实现代码 2.5 如下。

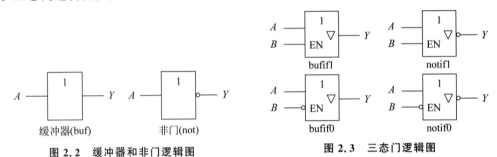

图 2.2 缓冲器和非门逻辑图

图 2.3 三态门逻辑图

代码 2.5 三相缓冲器和三态反相器的 Verilog 实现

```
//三态缓冲器实例引用
bufif1 b1(out,in,ctrl);
bufif0 b0(out,in,ctrl);

//三态反相器实例引用
notif1 n1(out,in,ctrl);
notif0 n0(out,in,ctrl);
```

下面我们使用 always 块实现以下逻辑表达式:

$$Y = AB + BC + AC \tag{2.1}$$

式(2.1)所示的该电路有 3 个输入变量、1 个输出变量,将逻辑表达式拆分为 3 个与门之后再相或即可得到输出。式(2.1)的门级描述如代码 2.6 所示。

代码 2.6 逻辑表达式(2.1)的门级描述

```
module voter3(
    input wire a,          //3 个输入变量 a、b、c
    input wire b,
    input wire c,
    output wire y          //显示输出结果 y
    );
```

```
    wire n1,n2,n3;                  //内部中间线网型变量
    //门级实例引用
    and (n1,a,b);                   //实例引用与门,可不给实例命名
    and (n2,b,c);
    and (n3,a,c);
    or (y,n1,n2,n3);                //实例引用或门,可不给实例命名
endmodule
```

2.2.2 数据流建模及连续赋值语句

连续赋值语句是以 assign 关键词开始的赋值语句,赋值对象是线网(wire)型变量,语法如下:

```
assign net_out = expression_in;
```

这是 Verilog 数据流建模的基本语句。有几点注意事项:

- 连续赋值语句左侧被赋值对象必须是线网(wire)型标量或向量,不能是寄存器(reg)型变量。赋值操作符右侧是一个赋值表达式,由操作符和操作数组成。操作数可以是 wire 型或 reg 型。
- 连续赋值语句虽然是从更高的抽象角度对电路的描述,但是它等价于门级描述。
- 连续赋值语句实现的是组合逻辑电路,每一个被赋值的变量都相当于组合逻辑电路的输出,而"="右侧的表达式中的变量则是组合逻辑的输入。
- 如果一个模块中有多个连续赋值语句,则它们是并行执行的,没有前后顺序之分。
- 连续赋值语句总是处于激活状态,只要"="右侧任意变量发生变化,表达式会被重新计算,并将结果重新赋值给"="左侧的 wire 型变量。
- 连续赋值语句中存在赋值延迟用于控制当输入变化时对输出赋予新值的时间,类似门延迟。

下面我们使用连续赋值语句实现式(2.1),我们可以知道,该电路有 3 个输入变量、1 个输出变量,它们之间的门级连接关系在赋值语句中可以使用表达式来描述,式(2.1)的数据流描述方式 1 如代码 2.7 所示。

代码 2.7 逻辑表达式(2.1)的数据流描述方式 1

```
module voter3(
    input wire a,                   //3 个输入变量 a、b、c
    input wire b,
    input wire c,
    output wire y                   //显示输出结果 y
);
    assign y = (a&b)|(b&c)|(a&c);   //根据逻辑表达式得到输出结果
endmodule
```

上面模块中的赋值语句也不是唯一的表达方式。比如我们还可以将赋值语句分成多个连续赋值语句。多个连续赋值语句是并行执行的,没有前后书写顺序的区别。式(2.1)的数据流描述方式 2 如代码 2.8 所示。

代码 2.8　逻辑表达式(2.1)的数据流描述方式 2

```verilog
module voter3(
    input wire a,          //3个输入变量 a、b、c
    input wire b,
    input wire c,
    output wire y          //显示输出结果 y
);
    wire n1,n2,n3;         //内部中间线网型变量
    assign n1 = a&b;       //多个连续赋值语句是并行关系
    assign n2 = b&c;
    assign n3 = a&c;
    assign y = n1|n2|n3;   //根据逻辑表达式得到输出结果
endmodule
```

连续赋值语句的基础是"="右侧的表达式、操作符和操作数。

2.2.3　行为级建模及过程赋值语句

Verilog 的过程语句包括 always 块语句和 initial 块语句,其中 initial 语句只能执行 1 次,因此 initial 一般用于仿真文件(testbench)的初始化模块中。在实际复杂的电路设计中,我们一般使用 always 块从更为抽象的角度对电路的行为进行描述。在 always 块中可以使用 if 和 else 条件语句、case 分支语句、for 循环语句及过程赋值语句,并且赋值语句只能使用过程赋值语句。

always 块中的多条行为语句是按照顺序执行的,从第一条语句执行到最后一条后,再次开始执行第一条,如此循环往复,类似 C 语言的循环执行函数,但是与 C 语言不同,我们通过抽象的行为语句来描述的是硬件电路在通电之后的执行状态,而与 C 语言被转换为一条条的机器指令由 CPU 执行的过程完全不同,记住一点,我们设计的是电路,只要电路通电,它就是一个持续执行的状态。

1. always 块的语法结构

always 块最基础的结构如下。

```verilog
always@(敏感信号列表)
begin
    块语句
end
```

敏感信号列表包括电平敏感列表和边沿敏感列表,组合逻辑电路采用电平敏感,并且列表中要列出所有敏感信号,即所有输入信号。时序逻辑电路采用边沿敏感,比如时钟信号。只要敏感信号列表内的信号值发生了变化,always 块内部语句即从头顺序执行一遍,之后再次等待敏感信号的触发。敏感信号列表也可以用 * 替代,即 always@ *,表示所有输入信号列入敏感信号列表。

每一个 always 块实现的是电路的一部分功能,多个 always 块之间是并行关系,书写顺序对综合和仿真没有影响。

2. 过程赋值语句

过程赋值语句只能用于 always 块或 initial 块中,Verilog 中有两种过程赋值语句:阻塞赋值(=)和非阻塞赋值(<=),基本语法如下:

```
value1 = expression1;          //阻塞赋值语句
value2 <= expression2;         //非阻塞赋值语句
```

过程赋值语句的被赋值对象必须是寄存器(reg)型变量,在被赋值后其值保持不变,直到下次再次被赋值。

在 always 或 initial 块中阻塞赋值语句按照顺序执行,前一句完成赋值后,才能执行后面的语句,否则会阻塞后面语句的执行,这就是为什么会称为"阻塞赋值"。

与阻塞赋值不同的是,非阻塞赋值语句不是按照顺序执行的,在 always 块中,非阻塞赋值语句会先基于当前时刻下的条件计算赋值运算符(<=)右侧的值,但不会立即赋给左侧的变量,而是继续执行后面的语句,当 always 块中所有语句执行完成之后,再将所有"<="右侧的计算值同时赋予左侧的"reg"型变量。因此非阻塞赋值过程不会"阻塞"后面语句的执行。注意这里的运算符"<="是非阻塞赋值运算符,而不是"小于等于"比较运算法,两者虽然是同一符号,但作用却风马牛不相及。

在同一个 always 块中阻塞赋值与非阻塞赋值不能混合使用,通常,描述组合逻辑电路时使用阻塞赋值,描述时序电路时使用非阻塞赋值。

下面我们使用 always 块实现上一节中的式(2.1),表达式如下:
$$Y = AB + BC + AC$$

我们知道该电路有 3 个输入变量 A、B、C,1 个输出变量 Y,将 3 个输入变量全部列入 always 的敏感信号列表中,使用阻塞赋值描述方式的式(2.1)如代码 2.9 所示。

代码 2.9 使用阻塞赋值描述方式的式(2.1)

```
module voter3(
    input wire a,              //3 个输入变量 a、b、c
    input wire b,
    input wire c,
    output reg y               //显示输出结果 y
    );
always@(a or b or c) begin
    y = (a&b)|(b&c)|(a&c);     //阻塞赋值,根据逻辑表达式得到输出结果
end
endmodule
```

3. 条件语句

条件语句是根据判断条件来决定是否执行后面内容的语句。Verilog 中条件语句有 if-else 语句和 case 语句,case 语句也称为多路分支语句。

if-else 语句与 C 语言中的 if 和 else 语句用法相同,有 3 种情况。

1) 只有 if 语句没有 else 分支

```
if(表达式) begin           //只有一条语句时虽然可省略 begin-end,但是建议在设计中使用
    语句 1;                //表达式为真时,执行语句 1 和 2
    语句 2;
end
```

2) 只有 1 个 else 子句

```
if(表达式) begin           //表达式为真时,执行语句 1 和 2
    语句 1;
```

```
        语句 2;
    end
    else begin              //表达式为假时,执行语句 3 和 4
        语句 3;
        语句 4;
    end
```

3) 嵌套的 if-else if-else 语句(可以有多个 else 分支)

```
    if(表达式 1) begin      //表达式 1 为真时,执行语句 1 和 2
        语句 1;
        语句 2;
    end
    else if(表达式 2) begin  //表达式 1 为假且表达式 2 为真时,跳过语句 1 和 2,执行语句 3 和 4
        语句 3;
        语句 4;
    end
    else begin              //表达式 1 为假且表达式 2 为假时,跳过前面所有语句,执行语句 5 和 6
        语句 5;
        语句 6;
    end
```

4. 多路分支语句

嵌套的 if-else-if 语句从多个选项中只确定一个结果,如果有很多 else 分支,那么使用起来非常不方便,这时使用 case 语句来描述多选项的情况非常简便。case 语句语法结构如下:

```
    case(控制表达式)
    分支表达式 1 : begin
            语句 1;
        end
    分支表达式 2 : begin
            语句 2;
        end
    分支表达式 3 : begin
            语句 3;
        end
    ……
    default : begin
            默认情况;
        end
    endcase
```

使用 case 语句时注意:
- case 括号内的控制表达式只匹配下面选项分支表达式中的 1 种,如果控制表达式与分支表达式相等时,执行该分支后面的语句。
- 各 case 分项的分支表达式结果必须互不相同,否则存在多个执行方案会产生矛盾。
- 执行完 case 分支的语句后即跳出整个 case 语句结构,终止 case 语句的执行。
- case 所有表达式值的位宽必须相等。
- default 选项可有可无,当 default 之前的分支都没有匹配时,执行 default 下面的语句,一条 case 语句中只有 1 个 default。

使用 case 语句实现四选一多路选择器的 Verilog 描述如代码 2.10 所示。

代码 2.10　使用 case 语句实现四选一多路选择器

```verilog
module mux4_to_1(
    input wire a,b,c,d,
    input wire [1:0]s,              //2bit 输入 s
    output reg y
);
always@( * )begin                   //等价于 always@(a,b,c,d,s)
    case(s)                         //s 位宽要与分支表达式位宽一致
        2'b00 : y = a;              //y 必须是 reg 型
        2'b00 : y = b
        2'b00 : y = c;
        2'b00 : y = d;
        default:y = 1'bx;           //default 选项下 y 为不确定值 x
    endcase
end
endmodule
```

第3章 FPGA开发流程

本章致力于深入解析现代硬件开发领域中极为关键的一部分——现场可编程门阵列(Field-Programmable Gate Array,FPGA)的开发过程。理解 FPGA 背后的基本概念、特性、内部结构以及它是如何工作的,对于深入掌握硬件设计和优化至关重要。

我们将深入了解 FPGA 的内部结构,包括它如何通过灵活的逻辑块、可编程的输入/输出以及配置逻辑实现复杂的电子设计。同时,我们会讨论 FPGA 工作的基本原理,解析它是如何在提供高度灵活性的同时保证性能和效率。本章会重点介绍 FPGA 的开发流程及其相关工具。我们将详述从设计思想到实际硬件落地的整个开发过程,包括设计、仿真、编译、配置和测试等关键步骤。我们也将探讨几种主要的 FPGA 开发工具及其特点,为设计师选择最合适的工具提供参考。

3.1 FPGA 的概念

在探讨现场 FPGA 之前,让我们深入了解 FPGA 到底是什么,它的特点,复杂的内部结构,以及它是如何工作的。本部分旨在为读者揭示 FPGA 技术的核心,带领大家一步步探索这一强大的硬件工具如何在电子设计和产品开发中扮演着不可替代的角色。通过这一系列的探讨,读者将能够获得关于 FPGA 基本概念的全面理解,为后续深入学习和应用 FPGA 技术打下坚实的基础。

3.1.1 FPGA 是什么

FPGA 即现场可编程门阵列,是一种可编程的数字逻辑芯片,它是在 PAL、GAL、CPLD 等可编程器件的基础上进一步发展的产物。FPGA 是作为专用集成电路(ASIC)领域中的一种半定制电路而出现的,既解决了定制电路的不足,又克服了原有可编程器件门电路数量有限的缺点。FPGA 芯片示意图如图 3.1 所示。

我们可以通过对 FPGA 编程实现大部分的数字功能。可以说在数字世界里它无所不能,就像乐高的积木一样可以搭建各种不同的功能模块,实现你所希望的各

图 3.1 FPGA 芯片示意图

种功能。首先,你已经掌握最基本的数字逻辑知识,学会了一种用来构建各种功能的工具语言,其次,你要动脑(考验的是你的逻辑思维是否清晰),一个优秀的建筑师的作品是在脑子里勾画出来的,而不是拿积木碰运气拼凑出来的。

FPGA 是一种非常灵活的电子器件,它允许你通过编程来定义其硬件功能。想象一下,有一个电路板,上面有成千上万个小型电子开关(逻辑门),这些开关可以通过编程任意连接起来,形成不同的电路。

FPGA 的核心特点是它们可以在不改变物理硬件的情况下进行重新编程。这意味着你可以设计一个电路,将其通过编程方式加载到 FPGA 上,如果需要改变功能或改进设计,只需重新编程 FPGA 即可,而不需要重新制造整个电路板。这使得 FPGA 非常适合用于原型设计、测试新的电子设计或者用于教育和研究。

在电子和计算机工程领域,FPGA 经常被用于模拟复杂的电路系统,例如处理器、信号处理电路或者用于特定应用的定制电路。由于它们的高度可编程性和灵活性,FPGA 成为电子工程师和学生实验新想法的理想选择。简单来说,如果你想设计一个电子系统,但不确定最终需要什么功能,或者你希望能够快速迭代和测试你的设计,那么 FPGA 就是一个非常有用的工具。

FPGA 行业的主要厂商包括 AMD(收购 Xilinx)、Intel(收购 Altera)、Microsemi(现为 Microchip Technology 的一部分),以及 Lattice Semiconductor。以下是这些主要厂商的简要介绍。

- Xilinx:Xilinx 是 FPGA 行业的先驱和领导者之一,总部位于美国加州圣何塞。该公司于 1984 年推出了世界上第一款商用 FPGA,并持续在可编程逻辑设备领域进行创新。Xilinx 的产品广泛应用于通信、工业、科学和军事等领域。2021 年,Xilinx 被 AMD 收购。
- Intel(Altera):Altera 是另一家 FPGA 行业的重要玩家,于 1983 年成立,在硅谷有很大的影响力。2015 年,Intel 收购了 Altera,从而进入 FPGA 市场。Intel FPGA 产品(以前的 Altera 品牌)被广泛应用于数据中心、通信网络和工业系统中。
- Microsemi(Microchip Technology):Microsemi 是一家提供半导体和系统解决方案的公司,特别是在高性能和高可靠性应用方面。它在 FPGA 领域也有一席之地,尤其是在航空航天和国防市场。2018 年,Microchip Technology 收购了 Microsemi。
- Lattice Semiconductor:Lattice Semiconductor 是一家总部位于美国的公司,专注于低功耗、小尺寸和低成本的 FPGA 产品。Lattice 的 FPGA 主要用于消费电子、工业、通信、计算机网络和汽车市场。

国产 FPGA 起步较晚,发展相对国外落后不少,主要的厂商有高云半导体、安路科技、复旦微电子、紫光同创、京微齐力等,总体技术实力落后于国外。

3.1.2 FPGA 的特点

1. FPGA 和 CPLD 的区别

FPGA(现场可编程门阵列)和 CPLD(复杂可编程逻辑器件)是一回事吗?不是的,它们都是可编程的数字逻辑芯片,但是有着不同的特性。它们在结构和适用场景上有一些关键的区别。

1) 结构差异
- FPGA：拥有更复杂的可编程逻辑块，通常包括查找表（LUTs）、寄存器和逻辑门。FPGA 的互连网络更加灵活和密集，这使得它们能够实现更复杂的逻辑功能和更高的处理速度。
- CPLD：相比之下，CPLD 结构更为简单。它们通常由一个较小数量的较大的可编程逻辑块组成，这些逻辑块通过一个相对固定的互连阵列连接。CPLD 中的逻辑资源通常基于宏单元或逻辑单元，这些单元包含固定数量的逻辑门和简单的互连结构。

2) 逻辑容量和速度
- FPGA 通常提供更高的逻辑容量和更复杂的逻辑处理能力，适合于处理大型和复杂的设计，如数字信号处理、图像处理和自定义处理器逻辑。
- CPLD 由于其简单的结构，适用于较小和相对固定的逻辑应用，如简单的逻辑控制、状态机、接口管理等。

3) 编程和重配置性
- FPGA 支持较为复杂的重配置选项，可以容纳更大规模和更复杂的设计。它们通常通过硬件描述语言编程。
- CPLD 通常用于较简单的逻辑功能，编程相对简单，但其重配置能力和灵活性不如 FPGA。

4) 应用场景
- FPGA 通常用于需要高度灵活性和复杂数据处理的场合，例如在需要高性能计算、视频处理或者复杂的数字系统集成时。
- CPLD 更适合小型和固定逻辑应用，如简单的控制系统、I/O 扩展和固定逻辑替代，尤其是在对功耗和成本有严格要求的情况下。

总的来说，FPGA 提供了更高的灵活性和处理能力，适合复杂和高性能的应用；而 CPLD 则更小、更节能，适合简单的逻辑应用和成本敏感的场合。

2. FPGA 和处理器的区别

FPGA 和微处理器、微控制器是一回事么？不是的。FPGA 相比于 PC 或单片机（无论是冯·诺依曼结构还是哈佛结构）的顺序操作有很大区别，基于 CPU 架构的微处理器或微控制器会执行预定义的指令（如加法、跳转、数据移动等）。这些指令是在软件层面上编写并存储在内存中的，处理器按顺序或根据需要读取并执行这些指令。FPGA 则是通过硬件描述语言编程的，这种语言描述的是电路的物理行为。FPGA 中的逻辑块和互连资源可以被配置为直接实现特定逻辑功能的电路用于计算和信号处理。

FPGA 的开发相对于传统 PC、单片机的开发有很大不同。虽然 FPGA 的开发需要使用硬件描述语言编程，但是编写的代码在 FPGA 内部实现后是一个个电路模块，各个模块可以并行运算。这导致 FPGA 开发入门较难，因为它需要的不只是编程能力，还有电路设计能力，所以 FPGA 开发需要从顶层设计、模块分层、逻辑实现、软硬件调试等多方面着手。

3. 为什么用 FPGA？

FPGA 具有灵活的开发周期、更低的设计迭代成本、更低的一次性工程费用，易于评

估和实现的可选设计架构,新产品上市时间快。相比于 ASIC 和 MCU,FPGA 具有以下优势:

- 功能强大,有大量并行处理结构。可以实现数字设计领域几乎所有的功能,如组合逻辑、时序逻辑、存储、处理器;现今的 FPGA 芯片集成了更多功能,比如 PLL 时钟产生、分配、驱动,支持各种高速接口规范的可编程 I/O 块,硬核化的 SPI/I^2C 总线以及 ARM 内核等,增强的 DSP 单元,Altera 公司(现已被 Intel 收购)的 MAX10 甚至集成了串行 ADC 能够监测环境的温度。
- 开发快,上市时间短,适合原型设计或小批量产品。FPGA 高度灵活,设计实现和后续优化的灵活性可以显著影响项目的进度、设计的复杂度,降低项目的风险,便于更改和升级。
- 重复编程/配置,灵活、快速。集成度高,可以通过选用不同规模的器件实现自己所需要的功能,内部功能模块之间的通信和接口的速度、性能都会较多个分立的芯片之间互连有明显的改善,节省板卡空间,便于调试。

3.1.3　FPGA 的内部结构

FPGA 的关键组件,包括可编程逻辑块(Logic Blocks)、可编程互连资源(Programmable Interconnect Resources)、输入/输出块(I/O 块)、存储元件、时钟管理、配置逻辑、其他特殊功能块。FPGA 内部结构如图 3.2 所示。

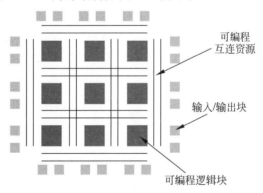

图 3.2　FPGA 内部结构

- 可编程逻辑块:FPGA 的核心部分是逻辑单元,通常称为逻辑单元或逻辑块。这些是小型、可编程的数字逻辑单元,可以执行简单的逻辑操作,如与、或、非等。逻辑单元可以被编程组合来实现更复杂的功能。
- 可编程互连资源:为了使逻辑单元之间能够相互通信和连接,FPGA 包含了大量的可编程互连资源。这些资源包括一系列的编程线路和开关,可以根据需要配置来创建不同的数据路径。
- 输入/输出块:这些块连接到 FPGA 的外围引脚,允许 FPGA 与外部世界通信。I/O 块可以被配置为支持各种不同类型的外部接口标准。
- 存储元件:大多数 FPGA 包含一些形式的内部存储元件,如触发器、存储器块(如 RAM 块)和寄存器。这些元件可用于存储数据和中间计算结果。
- 时钟管理:FPGA 通常包含专用的时钟管理模块,如相位锁定环(PLLs),用于生成和管理时钟信号。这些时钟信号对于同步 FPGA 内部操作至关重要。
- 配置逻辑：FPGA 在上电时通过一个称为配置过程的过程被编程。配置数据通常存储在外部存储器中，比如闪存，当 FPGA 上电时，这些数据被用来设置逻辑块、互联资源和 I/O 块的功能。
- 其他特殊功能块：一些 FPGA 还包含专用的硬件模块，如数字信号处理（DSP）块、高速串行接口等，这些可以用于特定类型的计算任务。

3.1.4　FPGA 是如何工作的

FPGA 是基于查找表结构，采用了逻辑单元阵列的模式来实现组合逻辑，每个查找表连接到一个 D 触发器的输入端，触发器再来驱动其他逻辑电路或驱动 I/O，由此构成了既可实现组合逻辑功能，又可实现时序逻辑功能的基本逻辑单元模块，这些模块间利用金属连线互相连接或连接到 I/O 块。FPGA 的逻辑是通过向内部静态存储单元加载编程数据来实现的，存储在存储器单元中的值决定了逻辑单元的逻辑功能以及各模块之间或模块与 I/O 块间的连接方式，并最终决定了 FPGA 所能实现的功能，FPGA 允许无限次的编程。

以上内容显得有些晦涩难懂，我们可以这样理解，FPGA 就像一块空白的数字电路板，你可以根据需要来"绘制"上面的电路。当你开机时，它会从一个叫做配置文件的东西中加载设计。这个文件告诉 FPGA 如何连接它内部的小组件，这些组件包括可以执行简单逻辑操作（比如加法或乘法）的逻辑单元，以及连接这些单元的线路。你可以把它想象成乐高积木，你可以用这些积木按照图纸搭建出各种各样的结构。

FPGA 的亮点在于它的灵活性。就像你可以重复使用同一堆乐高积木来构建不同的模型一样，FPGA 可以被重新编程来执行各种不同的任务，从简单的数据处理到复杂的控制系统。

3.2　FPGA 的开发流程与工具

在 FPGA 的开发过程中，熟悉和掌握正确的开发流程与工具是至关重要的。本节将针对 FPGA 的开发流程与工具进行深入讨论，旨在为那些寻求专业知识和技能提升的硬件工程师和开发人员提供宝贵的资源与指南。通过本部分的学习，读者将能够获得关于 FPGA 开发流程和工具的深入理解，学习到如何选择和使用合适的工具，以及如何高效地管理整个开发过程。

3.2.1　FPGA 的开发流程

FPGA 的开发流程通常可以分为几个主要步骤。
- 需求分析与设计规划：明确 FPGA 设计的目标和需求，进行初步的设计规划。
- 硬件描述语言编写：使用硬件描述语言（如 VHDL 或 Verilog）编写设计代码，描述硬件的逻辑和功能。
- 代码仿真：在编写代码的过程中进行仿真测试，确保代码按预期工作。
- 综合：将硬件描述语言代码转换成电路网表，这一步骤通常由 FPGA 设计软件自动完成。

- 布局布线(Place & Route)：确定电路中各个元素的物理位置，并进行布线，确保它们能够正确连接。
- 生成比特流：将布局与布线的结果转换成FPGA芯片可以理解的比特流文件。
- 下载配置：将比特流下载到FPGA芯片上，对芯片进行配置。
- 硬件测试与验证：在实际硬件上测试FPGA设计，确保它在真实环境中按预期工作。
- 迭代优化：根据测试结果对设计进行必要的修改和优化。

FPGA开发流程图如图3.3所示。

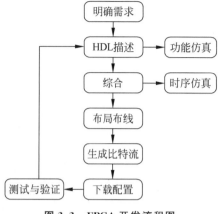

图3.3　FPGA开发流程图

3.2.2　FPGA开发工具

1. EDA工具

在FPGA设计的各个阶段，FPGA厂商和EDA软件公司提供了很多优秀的EDA工具，尤其是FPGA厂商提供的集成开发环境(IDE)。熟练掌握这些设计工具能够有效提高设计的效率，但是必须明白这些EDA软件只是一个工具，核心的FPGA设计流程是不变的。

目前主流的FPGA厂商Xilinx(现被AMD收购)、Altera、Intel、Lattice，都有独立的开发平台，每个产品系列的工具会有不同，安装时需要选择对应的软件工具。

1) Lattice公司

支持Windows和Linux平台的Lattice Diamond、Lattice Radiant。Lattice Diamond软件界面如图3.4所示。

图3.4　Lattice Diamond软件界面

2) Intel FPGA

支持 Windows 和 Linux 平台的 Quartus Prime Lite Edition。Quartus Prime Lite Edition 软件界面如图 3.5 所示。

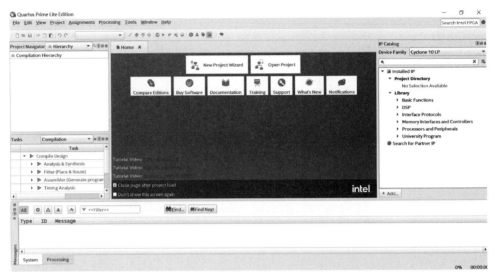

图 3.5　Quartus Prime Lite Edition 软件界面

3) Xilinx 公司的 Vivado Design Suite

Vivado Design Suite 软件界面如图 3.6 所示。

图 3.6　Vivado Design Suite 软件界面

4) 在线编译工具

如苏州思得普科技有限公司开发的"小脚丫"在线 FPGA 综合设计平台，在浏览器里运行，因此可以支持任何一种操作系统，且能够支持 Lattice 的 XO2 系列 FPGA 和 Altera 的 MAX10 系列 FPGA，适合初学者使用。"小脚丫"在线 FPGA 综合设计平台界面如图 3.7 所示。

图 3.7 "小脚丫"在线 FPGA 综合设计平台界面

除原厂的集成开发环境之外,许多第三方的专业工具也可以用来做 FPGA 开发,最常用的是数字电路的综合工具和仿真工具。比如综合工具 Synplify 和仿真工具 Modelsim。

5) 综合工具 Synplify Premier

Synplify Premier 软件界面如图 3.8 所示。

图 3.8 Synplify Premier 软件界面

Synplify Premier 是一款由 Synopsys 公司开发的行业领先的 FPGA 综合工具。综合是将高级硬件描述语言(如 VHDL 或 Verilog)编写的设计转换为门级网表的过程,这个网表随后用于 FPGA 或 ASIC 的布局与布线。

Synplify FPGA 综合工具以其能对 FPGA 设计产生高性能和低成本而成为业界的标准工具。Synplify 软件支持最新的 VHDL 和 Verilog 语言结构,包括 System Verilog 和 VHDL-2008。该软件也支持多种不同的 FPGA 架构,如 Altera、Achronix、Lattice、Microsemi and Xilinx。

Synplify Premier 综合过程包括三方面内容。

（1）对 HDL 源代码进行编译，Synplify Premier 将输入的 HDL 源代码翻译成 boolean 表达式。

（2）对编译的结果优化，通过逻辑优化消除冗余逻辑和复用模块，这种优化是针对逻辑关系的，与具体器件无关。

（3）对优化的结果进行逻辑映射与结构层次上的优化，最后生成网表；Synplify 将编译生成的逻辑关系映射成 FPGA 的底层硬件模块和原语（primitive），生成网表并优化。

6）ModelSim

ModelSim 软件界面如图 3.9 所示。

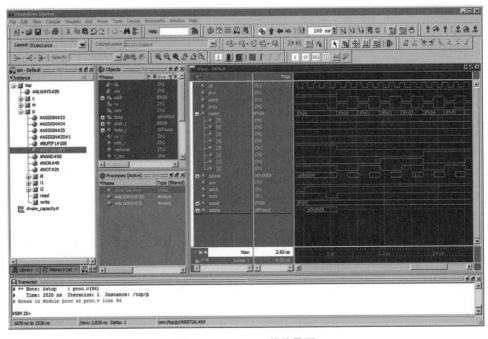

图 3.9　ModelSim 软件界面

ModelSim 是由 Mentor Graphics（现为 Siemens EDA 的一部分）开发的一款行业领先的硬件描述语言（HDL）仿真软件。它被广泛用于验证 FPGA 和 ASIC 设计的正确性。以下是 ModelSim 的一些关键特点。

（1）多语言支持：ModelSim 支持主流的硬件描述语言，包括 VHDL、Verilog 和 SystemVerilog，使其适用于多种设计流程。

（2）高效的仿真性能：ModelSim 提供高效的仿真性能，这对于减少复杂设计的验证时间尤为重要。

（3）用户友好的界面：它具有直观的用户界面，包括代码编辑器、波形查看器和调试工具，使得设计师可以轻松地编写、测试和分析他们的 HDL 代码。

（4）强大的调试功能：ModelSim 提供了广泛的调试功能，包括断点、单步执行和变量跟踪，这些功能使得定位和修复设计错误更加高效。

（5）波形分析：软件能够生成详细的波形输出，帮助设计师可视化信号在时间上的变化，从而更容易理解和调试设计。

（6）集成开发环境（IDE）：ModelSim 通常与其他 EDA 工具集成，如综合工具和时序分析工具，形成一个完整的设计和验证流程。

（7）广泛的适用性：从学术研究到工业应用，ModelSim 在电子设计自动化（EDA）领域内有着广泛的应用。

ModelSim 的这些特点使其成为了 FPGA 和 ASIC 设计师进行 HDL 代码验证和仿真的首选工具之一。它不仅适用于大型复杂设计的验证，也适合小型或学术项目，使其在电子设计领域内极为受欢迎。

2．小脚丫（STEP）FPGA 学习开发平台

FPGA 的学习门槛相比单片机要高，不管是硬件成本还是设计难度，对于初学者来说都不够友好。小脚丫（STEP）FPGA 开发板是苏州思得普信息科技公司专门针对 FPGA 初学者打造的一款性价比高、学习门槛低的学习模块系列。该系列中所有板子的大小兼容标准的 DIP40 封装，尺寸只有 52mm×18mm，非常便于携带；并通过 USB 端口进行供电和下载，板上选用的芯片兼具了 FPGA 和 CPLD 的优点，瞬时上电启动，无需外部重新配置 FPGA，是学习数字逻辑绝佳的选择。而且能够直接插在面包板上或以模块的方式放置在其他电路板上，即插即用，大大简化了系统的设计。小脚丫（STEP）FPGA 开发板如图 3.10 所示。

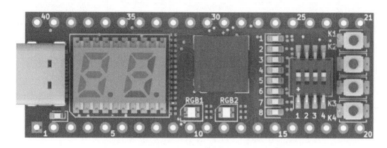

图 3.10　小脚丫（STEP）FPGA 开发板

其主要产品有两个系列：基于 Lattice XO2-4000HC FPGA 的 STEP MXO2 开发板和基于 Intel（Altera）MAX10M02/08 FPGA 的 STEP MAX10 开发板。两个产品系列除核心的 FPGA 芯片不一样以外，其他板载资源和外观都是相同的。

两款 FPGA 都是小容量的，逻辑资源在 10KB 以下，并且内部集成了 Flash，而一般的 FPGA 都需要用户单独外配一片 Flash 用于存储配置文件，FPGA 在上电时从外部 Flash 加载配置文件并运行。STEP FPGA 系列开发板所选的两款 FPGA 无需用户外配 Flash，配置文件之间下载到芯片内部，集成度较高。

Lattice 系列开发板小脚丫 STEP-MXO2 硬件资源介绍如图 3.11 所示。

硬件资源如下。

（1）核心器件：Lattice LCMXO2-4000HC-4MG132。
- 132 脚 BGA 封装，引脚间距 0.5mm，芯片尺寸 8mm×8mm；
- 上电瞬时启动，启动时间<1ms；
- 4320 个 LUT 资源，96Kb 用户闪存，92Kb RAM；
- 2+2 路 PLL+DLL；
- 嵌入式功能块（硬核）：一路 SPI、一路定时器、两路 I^2C；

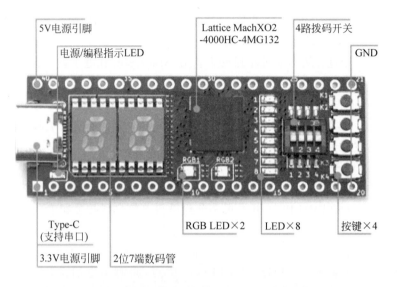

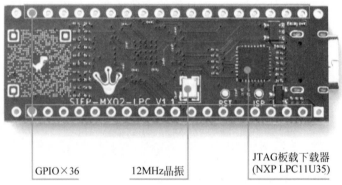

图 3.11 小脚丫 STEP-MXO2 开发板硬件资源介绍

- 支持 DDR/DDR2/LPDDR 存储器;
- 104 个可热插拔 I/O 接口;
- 内核电压 2.5~3.3V。

(2) 板载资源。

- 两位 7 段数码管;
- 两个 RGB 三色 LED;
- 8 路用户 LED;
- 4 路拨码开关;
- 4 路按键;
- 外部时钟频率为 12MHz;
- 36 个用户可扩展 I/O 接口(其中包括一路 SPI 硬核接口和一路 I^2C 硬核接口);
- 支持的开发工具 Lattice Diamond;
- 一路 Micro USB 接口;
- 板上集成 FPGA 编程器;
- 支持 MICO32/8 软核处理器;
- 板卡尺寸 52mm×18mm。

Intel(Altera)系列开发板如图 3.12 所示。

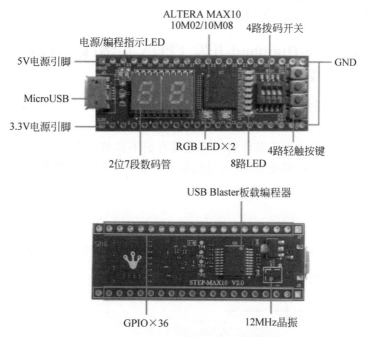

图 3.12 Intel(Altera)系列开发板

硬件资源如下。

(1) 核心器件：Intel(Altera) 10M08SCM153。
- 153 脚 BGA 封装，引脚间距 0.5mm，芯片尺寸 8mm×8mm；
- 上电瞬时启动；
- 8000 个 LE 资源，最大 172KB 用户闪存，378Kb RAM；
- 2 路 PLL；
- 24 路硬件乘法器；
- 支持 DDR2/DDR3L/DDR3/LPDDR2 存储器；
- 112 个用户 GPIO 接口；
- 3.3V 电压供电。

(2) 板载资源。
- 两个 RGB 三色 LED；
- 2 路用户 LED；
- 4 路拨码开关；
- 2 路按键；
- 36 个用户可扩展 I/O 接口；
- 支持的开发工具 Intel Quartus Prime；
- 一路 Micro USB 接口；
- 一个 10 引脚的 JTAG 编程接口；
- 板卡尺寸 52mm×18mm。

3.3 FPGA 开发流程示例

3.3.1 Lattice Diamond 开发 FPGA 实例（以 STEP MXO2 开发板为例）

下面我们开始可编程逻辑的开发，以控制 LED 交替闪烁为例，完成自己的第一个程序。

1. Lattice Diamond 软件的安装

Lattice Diamond 软件的安装注册激活过程我们不再赘述，读者可以在 Lattice 官网注册登录之后获取 Diamond 的安装包，通过邮箱和计算机的网络地址免费申请许可证，打开软件激活以后即可使用。下面我们重点讲解使用 Diamond 开发 FPGA 的流程。

2. 新建工程

1）新建 Project

双击运行 Diamond 软件，首先新建工程：选择 File→New→Project→Next 选项。Diamond 软件新建 FPGA 工程页面如图 3.13 所示。

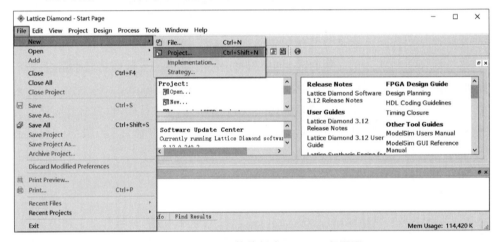

图 3.13　Diamond 软件新建 FPGA 工程页面

2）工程命名

我们将新工程命名为 LED_shining，选择工程保存目录。Diamond 软件新建工程命名-保存目录页面如图 3.14 所示。

3）添加设计文件

下一步可以添加相关设计文件或约束文件（如果已经有设计文件和约束文件，我们可以选择添加进工程）；这里我们新建工程，没有相关文件，不需添加，直接单击 Next 按钮。

4）器件选择

按照 STEP FPGA 开发板器件 LCMXO2-4000HC-4MG132C 配置（器件型号必须确认正确，否则在引脚设置时会报错）。Diamond 软件新建 FPGA 工程-选择器件型号页面如图 3.15 所示。

5）选择综合工具

Synplify Pro（第三方）和 Lattice LSE（原厂）都可以，我们就使用 Lattice LSE。

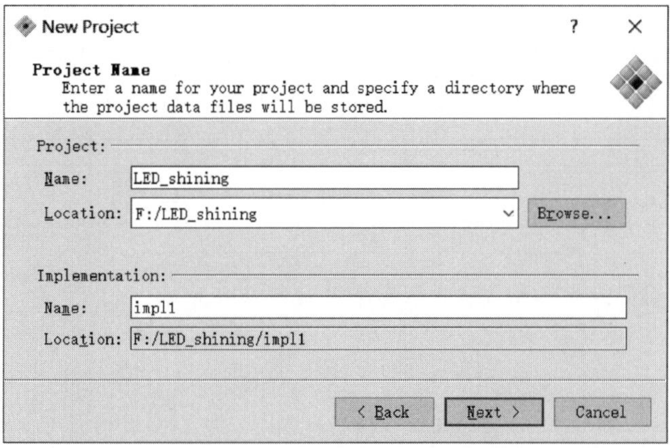

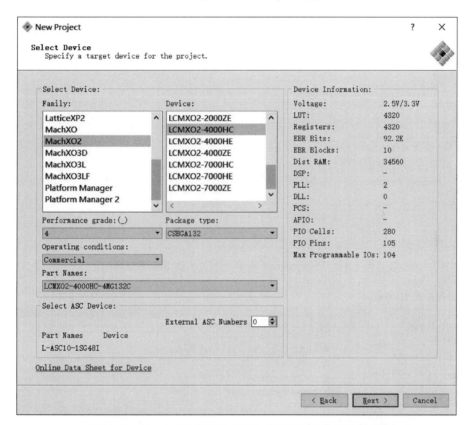

图 3.14　Diamond 软件新建工程命名-保存目录页面

图 3.15　Diamond 软件新建 FPGA 工程-选择器件型号页面

Diamond 软件新建 FPGA 工程-选择综合工具页面如图 3.16 所示。

6）工程信息确认

上面选择的所有信息都在这里,确认没有问题,直接单击 Finish 按钮。Diamond 软件新建 FPGA 工程-完成新建页面如图 3.17 所示。

3. 添加设计文件

工程已经建好,我们下面添加设计文件,选择 File→New→File 选项。选择 Verilog

Files(选择自己使用的硬件描述语言)，Name 填写 LED_shining，然后单击 New 按钮，这样我们就创建了一个新的设计文件 LED_shining.v，然后我们就可以在设计文件中进行编程了。Diamond FPGA 开发-添加设计文件页面如图 3.18 所示。

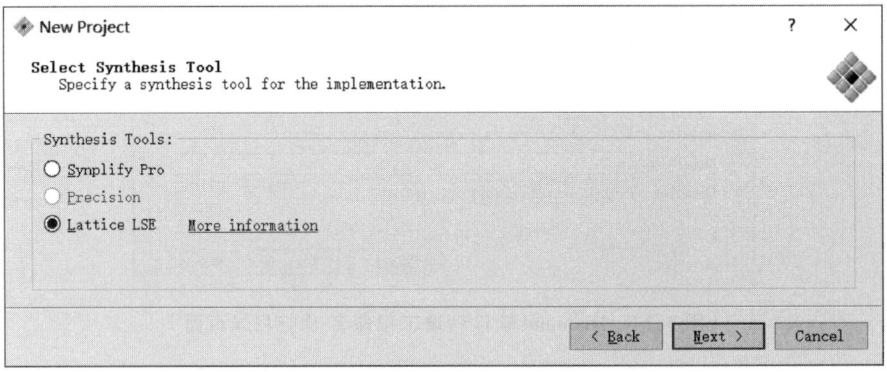

图 3.16　Diamond 软件新建 FPGA 工程-选择综合工具页面

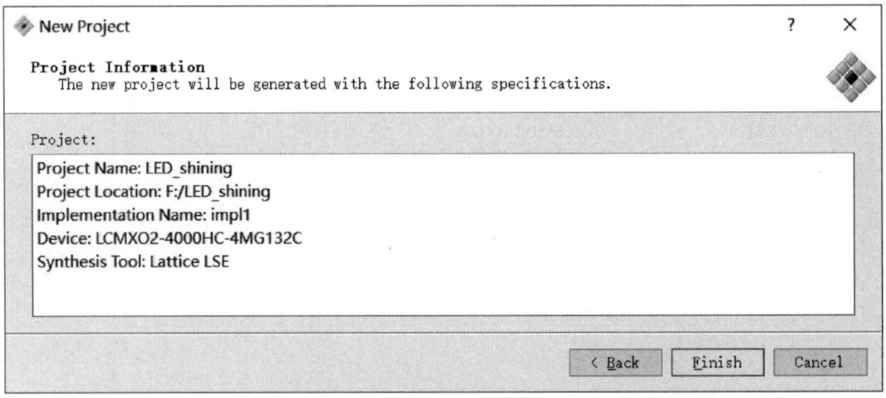

图 3.17　Diamond 软件新建 FPGA 工程-完成新建页面

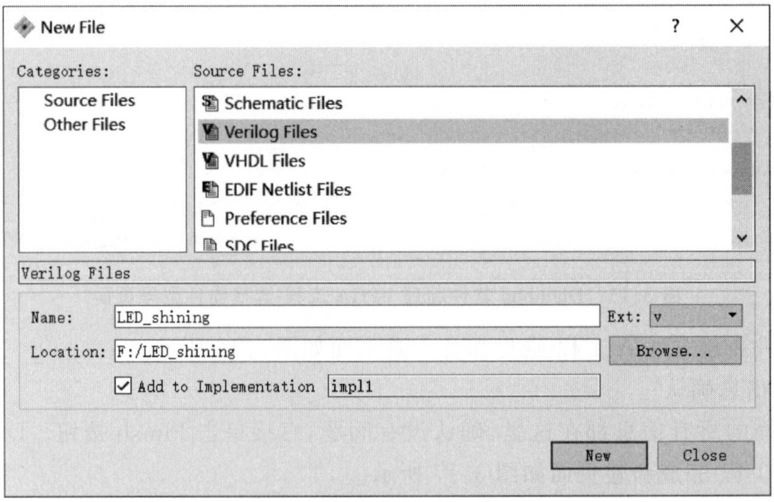

图 3.18　Diamond FPGA 开发-添加设计文件页面

程序源码如代码 3.1 所示,将代码复制到设计文件 LED_shining.v 中,并保存。

代码 3.1　LED_shining 模块 Verilog 代码

```verilog
module LED_shining (
    input clk,        //clk = 12mhz
    input rst_n,      //rst_n,active low
    output led1,      //led1 output
    output led2       //led2 output
);

parameter CNT_1S = 12_000_000 - 1;   //time 1S
parameter CNT_05S = CNT_1S >> 1;     //time 0.5S

reg [23:0] cnt;
always @(posedge clk or negedge rst_n) begin
    if (!rst_n) cnt <= 1'b0;
    else if (cnt >= CNT_1S) cnt <= 1'b0;
    else cnt <= cnt + 1'b1;
end

wire clk_div = (cnt > CNT_05S)? 1'b1 : 1'b0;

assign led1 = clk_div;
assign led2 = ~clk_div;

endmodule
```

4. 综合

程序编写完成,需要综合,在软件左侧 Process 栏,选择 Process,双击 Synthesis Design,对设计进行综合,综合完成后 Synthesis Design 显示对勾(如果显示叉号,说明代码有问题,根据提示修改代码),Diamond FPGA 开发-综合页面如图 3.19 所示。

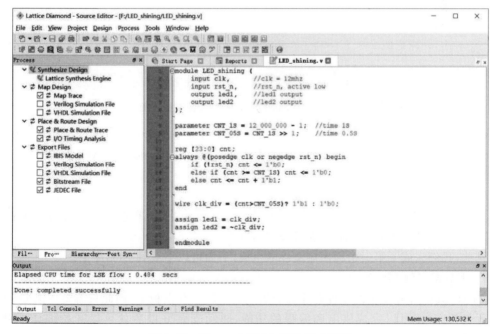

图 3.19　Diamond FPGA 开发-综合页面

通过综合工具，我们的代码就被综合成了电路，生成的具体电路，我们可以通过选择Tools→Netlist Analyzer 查看（仅限 Lattice 的综合工具，第三方综合工具无法查看），Diamond FPGA 开发-查看综合结果页面如图 3.20 所示。

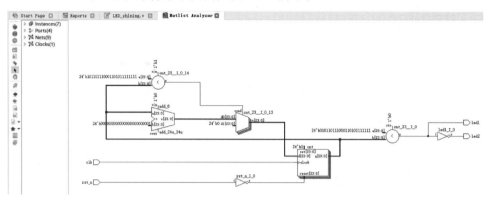

图 3.20　Diamond FPGA 开发-查看综合结果页面

5．分配引脚和布局布线

综合生成电路后，分配引脚，选择 Tools→Spreadsheet View 选项，按照图 3.21 分配 FPGA 引脚，然后设置 IOTYPE 为 LVCMOS33，保存。Diamond FPGA 开发-分配引脚页面如图 3.21 所示。

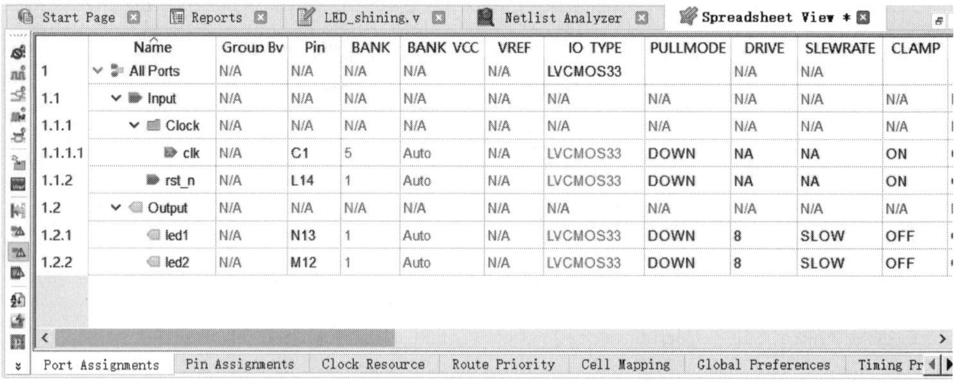

图 3.21　Diamond FPGA 开发-分配引脚页面

在软件左侧 Process 栏，选择 Process，直接双击 Place&Route Design 完成布局布线，如果布局布线报错则查看引脚分配和器件型号是否匹配。Diamond FPGA 开发-布局布线页面如图 3.22 所示。

6．输出配置文件

双击 Export Files，所有布局布线输出依次完成。结束后，所有选项显示对勾。Diamond FPGA 开发-生成配置文件页面如图 3.23 所示。

到此，我们完成了第一个程序流文件的生成，下面可以下载到 FPGA 中。

7．下载配置到 FPGA

STEP MXO2 开发板的编程芯片已经集成到小脚丫开发板上，因此只需要一根 USB 线和计算机相连，就可以完成供电和编程的功能，驱动安装好以后就可以开始编译下载程序了。

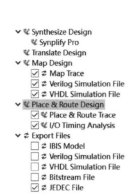 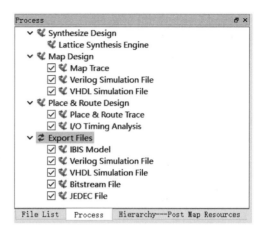

图 3.22　Diamond FPGA 开发-布局布线页面　　图 3.23　Diamond FPGA 开发-生成配置文件页面

将编译完成的程序下载到开发板,将开发板、下载器和计算机连接。Diamond FPGA 开发板下载连接如图 3.24 所示。

图 3.24　Diamond FPGA 开发板下载连接

选择 Tools→Programmer 选项,选择下载器 HW-USBN-2B(FTDI),然后单击 OK,进入 Programmer 界面。在 Programmer 界面,单击右侧 Detect Cable,自动检测 Cable 显示 HW-USBN-2B(FTDI),然后单击图 3.25 中的 Program。Diamond FPGA 开发-程序下载页面如图 3.25 所示。

图 3.25　Diamond FPGA 开发-程序下载页面

显示 PASS，加载完成，观察 STEP MXO2 开发板的 LED 交替闪烁，则表示成功了。

8. 设计仿真

上面我们完成了整个工程的开发过程，例程较为简单，对于复杂的工程开发需要预仿真和后仿真等，保证最终的程序设计逻辑和时序符合我们的设计要求。仿真软件很多，这里我们使用软件自带的 Modelsim 软件进行功能仿真：首先我们添加 testbench 文件，和前面添加设计文件一样，选择 File→New→File→Verilog Files 选项，Name 填写 LED_shining_tb，然后单击 New 按钮。FPGA 设计仿真-添加仿真文件页面如图 3.26 所示。

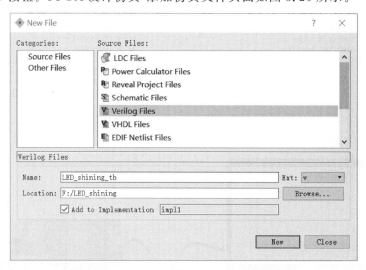

图 3.26　FPGA 设计仿真-添加仿真文件页面

测试源码如下，复制到 LED_shining_tb.v 文件并保存。为了方便仿真，我们在 LED_shining_tb.v 调用 LED_shining 模块时将 CNT1S 重新赋值为 19。LED_shining 模块仿真文件 LED_shining_tb.v 如代码 3.2 所示。

代码 3.2　LED_shining 模块仿真文件 LED_shining_tb.v

```
`timescale 1ns / 100ps
module LED_shining_tb;
parameter CLK_PERIOD = 10;
reg clk;
initial clk = 1'b0;
always #(CLK_PERIOD/2) clk = ~clk;

reg rst_n;   //active low
initial begin
    rst_n = 1'b0;
    #20;
    rst_n = 1'b1;
end

wire led1,led2;
LED_shining #(.CNT_1S ( 19 )) u_LED_shining (
    .clk                 ( clk         ),
    .rst_n               ( rst_n       ),
```

```
        .led1                    ( led1      ),
        .led2                    ( led2      )
    );

    endmodule
```

然后在软件左侧 Process 栏,选择 File List,找到 LED_shining_tb.v(必须保存过),右击,选择 Include for→Simulation 选项。FPGA 设计仿真-设置仿真文件属性页面如图 3.27 所示。

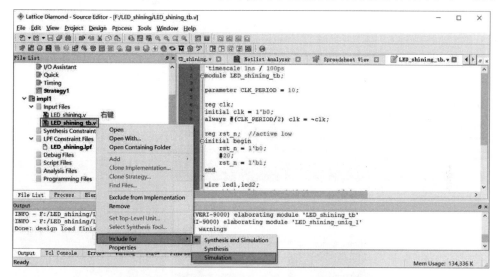

图 3.27　FPGA 设计仿真-设置仿真文件属性页面

准备工作完成,我们选择 Tools→SimulationWizard→Next 选项,开始建立仿真工程。Lattice Diamond 3.12 版本软件自带 ModelSim 仿真工具,直接调用 ModelSim(默认),工程名称填写 LED_shining_tb,工程路径默认即可,然后单击 Next 按钮。FPGA 设计仿真-选择仿真工具页面如图 3.28 所示。

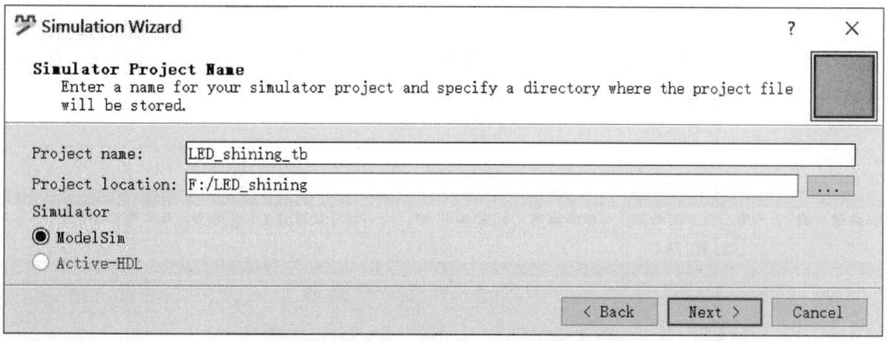

图 3.28　FPGA 设计仿真-选择仿真工具页面

选择 RTL 级仿真。下一步勾选 Copy Source to Simulation Directory,然后单击 Next 按钮,调用 ModelSim 软件。FPGA 设计仿真-选择 RTL 级仿真页面如图 3.29 所示。

启动 ModelSim 软件,可以直接查看 testbench 文件中变量的时序变化,想要看 LED_shining 模块中的变量的时序,可以通过图 3.30 中的步骤添加信号至 WAVE 窗口。FPGA 设计仿真-在 ModelSim 中添加观察信号页面如图 3.30 所示。

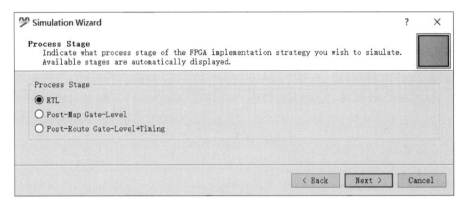

图 3.29　FPGA 设计仿真-选择 RTL 级仿真页面

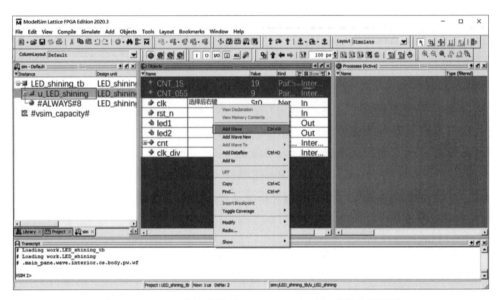

图 3.30　FPGA 设计仿真-在 ModelSim 中添加观察信号页面

在 WAVE 窗口仿真相应的时间长度,观察信号的时序。FPGA 设计仿真-在 ModelSim 中观察信号时序页面如图 3.31 所示。

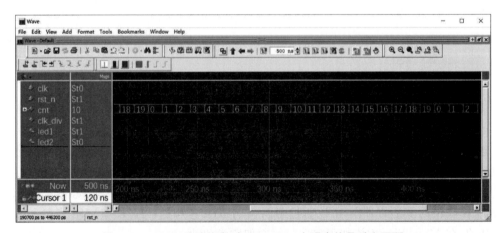

图 3.31　FPGA 设计仿真-在 ModelSim 中观察信号时序页面

至此，我们完成了使用 Diamond 软件进行 FPGA 开发的完整流程。

3.3.2 Intel Quartus Prime 开发 FPGA 实例（以 STEP MAX10 开发板为例）

1．软件安装

Quartus Prime 是 Intel（原 Altera）公司的综合性 PLD/FPGA 开发软件，设计能力强大，接口直观易用，具有运行速度快、界面统一、功能集中、易学易用等特点。Quartus Prime 有 Lite、Standard 和 Pro 三个版本，不同版本可适用的器件和功能不同，其中 Lite 可用于 MAX10 系列 FPGA 的开发，而且是免费的。

下载安装包注意：选择软件版本和操作系统，同时勾选 Quartus Prime、ModelSim-Intel FPGA Edition 和 MAX 10 系列器件支持。大家可以去 Intel FPGA 官网下载，具体下载和安装过程我们不再赘述。

2．新建工程

1）创建工程

双击 Quartus 系列软件图标，启动软件，单击 File→New Project Wizard 选项或单击 Home 页面中的 New Project Wizard 图标。Quartus Prime Lite Edition 软件界面如图 3.32 所示。

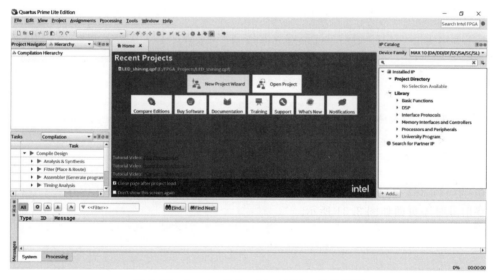

图 3.32　Quartus Prime Lite Edition 软件界面

2）工程目录、名称填写

（注意：工程目录中不能有汉语、空格等字符）。Quartus Prime 新建工程-设置工程名称和目录页面如图 3.33 所示。

- 工程目录：选择新建工程的目录。
- 工程名称：填写工程名称。
- 顶层模块名称：设计文件中顶层模块名称要跟工程名称相同。
- 工程类型：选择 Empty project。

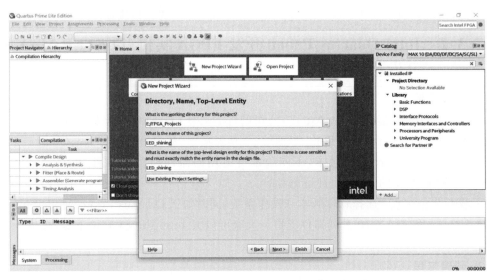

图 3.33　Quartus Prime 新建工程-设置工程名称和目录页面

3）添加设计文件

如果已有设计文件，在当前页面选择并添加，也可以不添加，工程新建完成后再创建新文件。

4）器件选择

根据开发平台使用的 FPGA 选择对应器件型号（10M02SCM153I7G/10M08SCM153C8G）页面如图 3.34 所示。

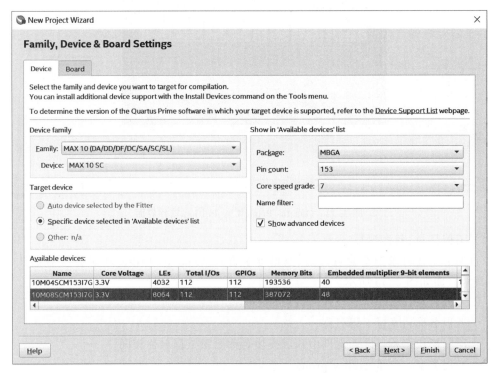

图 3.34　Quartus Prime 新建工程-选择器件型号页面

5）EDA 工具选择

选择第三方 EDA 工具，如果有需要可以选择第三方的综合或仿真工具（第三方工具需要另外安装并设置启动路径），这里我们选择使用 ModelSim 工具仿真。Quartus Prime 新建工程-选择综合和仿真工具页面如图 3.35 所示。

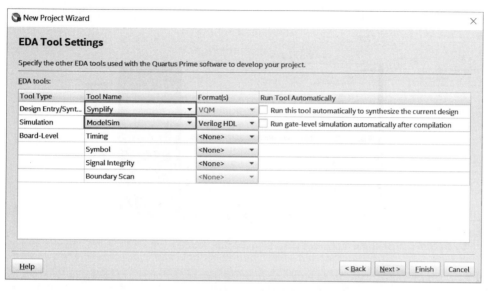

图 3.35　Quartus Prime 新建工程-选择综合和仿真工具页面

6）工程信息确认

确认工程相应的设置，如需调整单击 Back 按钮返回修改，若确认设置，则单击 Finish 按钮。Quartus Prime 新建工程-工程信息确认页面如图 3.36 所示。

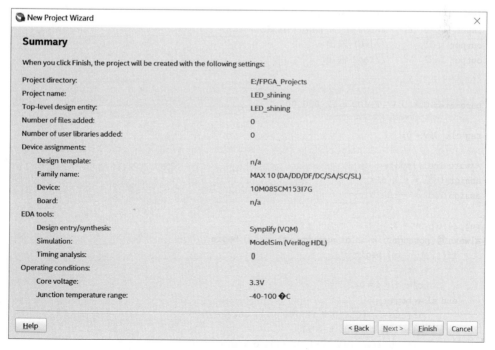

图 3.36　Quartus Prime 新建工程-工程信息确认页面

3. 添加设计文件

（1）选择 File→New 选项，或单击工具栏中的 New 按钮，选择 Verilog HDL File 文件类型，单击 OK 按钮，Quartus 软件会新建并打开 Verilog 文件。

（2）在新建的 Verilog 文件中进行 Verilog HDL 代码编写、保存，文件名为 LED_shining.v，程序源码如代码 3.3 所示。Verilog HDL 代码编写、保存页面如图 3.37 所示。

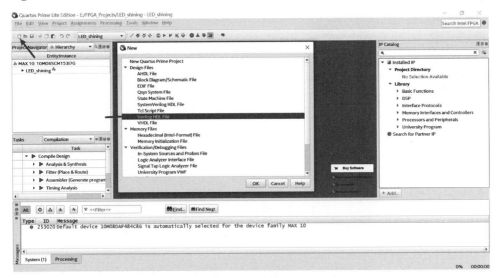

图 3.37　Verilog HDL 代码编写、保存页面

代码 3.3　Intel FPGA 开发案例 LED_shining.v 模块

```verilog
module LED_shining
(
input clk_in,      //clk_in = 12mhz
input rst_n_in,    //rst_n_in,低电平有效
output led1,       //led1 输出
output led2        //led2 输出
);

parameter CLK_DIV_PERIOD = 12_000_000;

reg clk_div = 0;

//wire led1,led2;
assign led1 = clk_div;
assign led2 = ~clk_div;

reg[24:0] cnt = 0;
always@(posedge clk_in or negedge rst_n_in) begin
    if(!rst_n_in) begin
        cnt <= 0;
        clk_div <= 0;
    end else begin
        if(cnt == (CLK_DIV_PERIOD - 1)) cnt <= 0;
        else cnt <= cnt + 1'b1;
        if(cnt <(CLK_DIV_PERIOD >> 1)) clk_div <= 0;
```

```
            else clk_div <= 1'b1;
        end
    end

endmodule
```

4. 分析综合

(1) 选择菜单栏中的 Processing→Start→Start Analysis & Synthesis 选项,或单击工具栏中的 Start Analysis & Synthesis 按钮,Quartus Prime 分析综合操作步骤页面如图 3.38 所示。

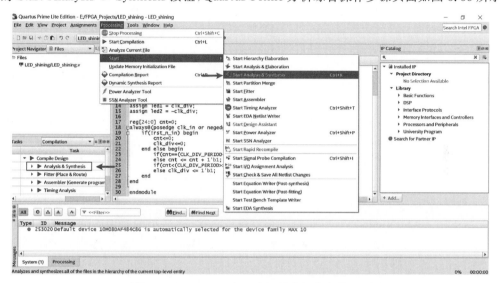

图 3.38　Quartus Prime 分析综合操作步骤页面

(2) Quartus 软件会完成分析综合,若设计没有问题,综合 Tasks 栏中 Analysis & Synthesis 会变成深色,同时左侧出现对勾。Quartus Prime 综合完成显示综合结果页面如图 3.39 所示。

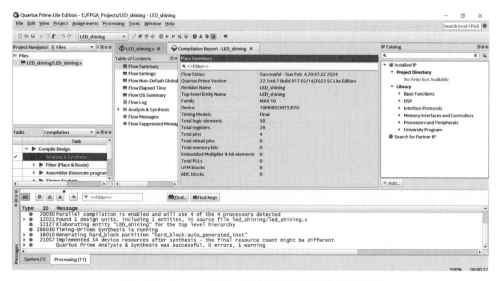

图 3.39　Quartus Prime 综合完成显示综合结果页面

（3）综合完成后可以选择 Tools→Netlist Viewers→RTL Viewer 查看电路。Quartus Prime 查看综合后电路页面如图 3.40 所示。

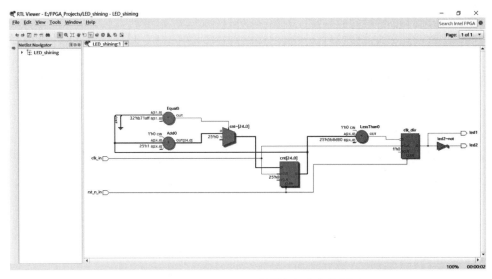

图 3.40　Quartus Prime 查看综合后电路页面

5. 引脚约束

（1）选择 Assignments→Device 打开器件配置页面，然后单击页面中的 Device and Pin Options…选项打开器件和引脚选项页面。Quartus Prime 配置器件和引脚选项页面如图 3.41 所示。

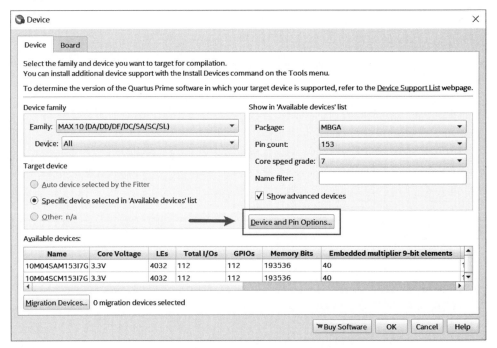

图 3.41　Quartus Prime 配置器件和引脚选项页面

(2) 在 Unused Pins 选项中配置 Reserve all unused pins 为 As input tri-stated 状态。Quartus Prime 配置引脚模式页面如图 3.42 所示。

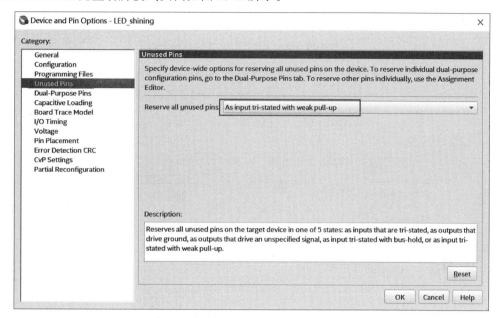

图 3.42　Quartus Prime 配置引脚模式页面

(3) 在 Voltage 选项中配置 Default I/O standard 为 3.3-V LVTTL 状态。Quartus Prime 配置引脚电平页面如图 3.43 所示。

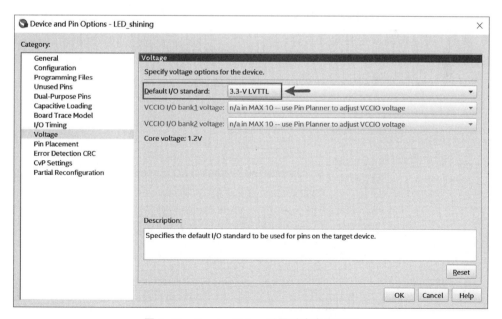

图 3.43　Quartus Prime 配置引脚电平页面

(4) 选择菜单栏中的 Assignments→Pin planner 选项，或单击工具栏中的 Pin planner 图标，进入引脚分配界面。在 Pin Planner 页面中将所有端口分配对应的 FPGA 引脚，Quartus Prime 引脚分配页面如图 3.44 所示，然后关闭（自动保存）。

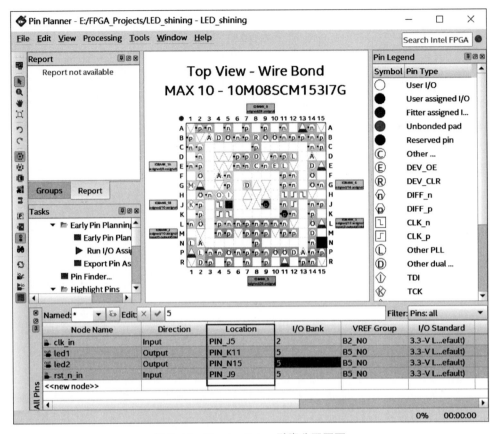

图 3.44　Quartus Prime 引脚分配页面

6. 编译（布局布线 & 生成配置文件）

选择菜单栏中的 Processing→Start Compilation 选项，或单击工具栏中的 Start Compilation 按钮，开始所有编译，等待 Tasks 列表中所有选项完成，Quartus Prime 编译完成页面如图 3.45 所示。

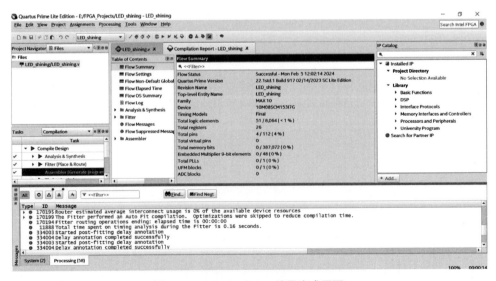

图 3.45　Quartus Prime 编译完成页面

7. 下载到FPGA

(1) 使用micro-usb线将STEP-MAX10开发板连接至计算机USB接口,选择菜单栏中的Tools→Programmer选项,或单击工具栏中的Programmer按钮,进入烧录界面。选择Hardware Setup选项,选择硬件驱动为USB-Blaster[USB-0]。Quartus Prime编程下载及驱动设置页面如图3.46所示。

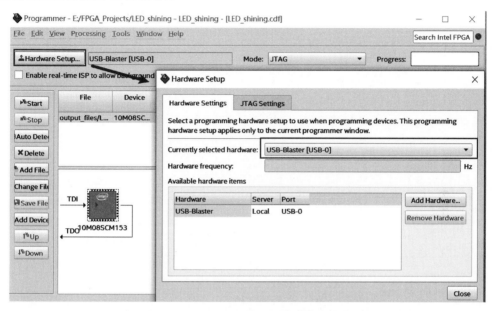

图3.46　Quartus Prime编程下载及驱动设置页面

(2) 确认驱动为USB-Blaster[USB-0]后,选择Add File添加工程输出文件中的pof格式文件,勾选Program列和Verify列,单击Start按钮进行FPGA加载。Quartus Prime选择编程文件并启动下载页面如图3.47所示。

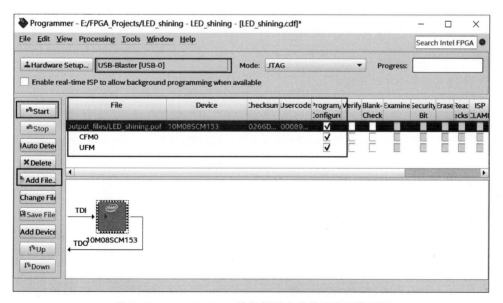

图3.47　Quartus Prime选择编程文件并启动下载页面

(3) FPGA 加载完成，界面中 Progress 状态显示 100%（Successful）。

至此，我们完成了 LED_shining 示例的开发流程，可以观察开发板现象。

8．设计仿真

Quartus Prime 在安装时可选择仿真软件是否一起安装，最新的版本 Quartus Prime 23.1 可一起安装适用 Intel FPGA 的 QuestaSim，之前的版本可选择安装 ModelSim-Intel FPGA。当然我们也可以自己安装第三方仿真软件，除 QuestaSim 和 ModelSim 以外还可以安装 Active-HDL、Riviera-PRO 等仿真软件。所以仿真软件是独立存在的，Quartus Prime 只是预留了启动接口。

(1) 仿真文件：提前准备测试文件（Textbench）LEDshiningtb.v，测试文件源码见代码 3.2。

(2) 选择菜单栏中的 Assignments→Settings 选项，或单击工具栏中的 Settings 按钮，进入设置界面。选择菜单栏中的 Simulation 选项，单选 Compile test bench，单击 Test Benches 按钮。Quartus Prime 仿真设置界面如图 3.48 所示。

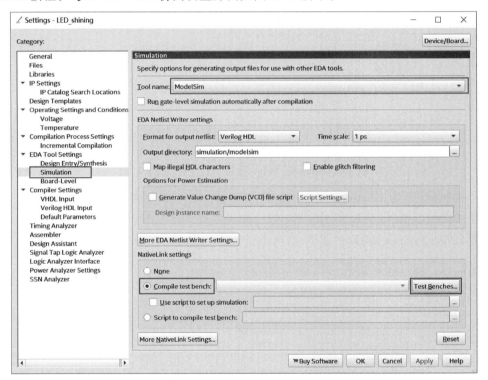

图 3.48　Quartus Prime 仿真设置界面

(3) 单击 Test Benches 按钮后，在弹出的对话框中单击 New 按钮，填写 Test bench name，按照目录添加测试文件，如图 3.49 标识顺序，最后单击 OK 按钮回到设计界面。Quartus Prime 仿真设置-添加测试文件界面如图 3.49 所示。

(4) 选择菜单栏中的 Tools→Run Simulation Tool→RTL Simulation 选项，或单击工具栏中的 RTL Simulation 按钮，Quartus 软件会自动启动 Modelsim 软件。Quartus Prime 仿真设置-启动 RTL 仿真界面如图 3.50 所示。

(5) ModelSim 软件启动后自动完成代码编译，ModelSim 仿真-启动界面如图 3.51 所示。

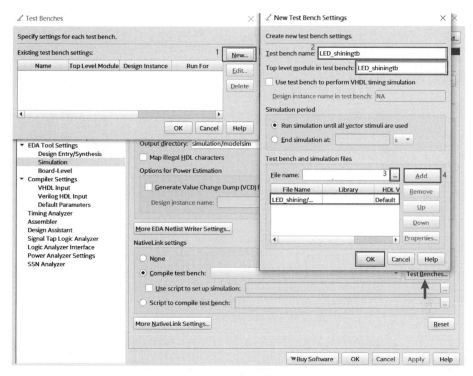

图 3.49　Quartus Prime 仿真设置-添加测试文件界面

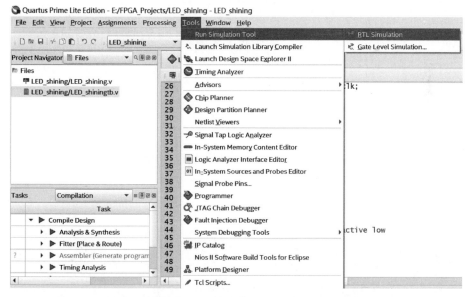

图 3.50　Quartus Prime 仿真设置-启动 RTL 仿真界面

(6) 选择需要观察波形的信号,右击,在弹出的快捷菜单中选择 Add Wave 选项,这样就将对应信号添加至 Wave 窗口。ModelSim 仿真-添加观察信号界面如图 3.52 所示。

(7) ModelSim 仿真-设置仿真时间启动仿真界面如图 3.53 所示。在弹出的 Wave 窗口中单击工具栏中的 Restart 按钮,在弹出的 Restart 窗口单击 OK 按钮,复位仿真 Wave 窗口。修改工具栏中仿真时间,单击工具栏中的 Run 按钮,进行仿真,仿真波形如图 3.53 所示,仿真完成。

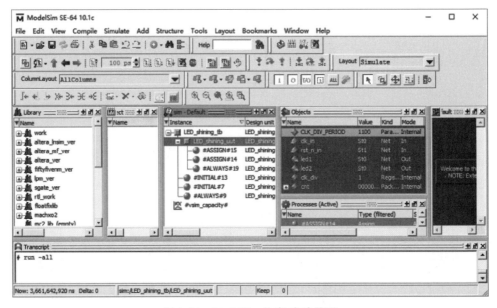

图 3.51　ModelSim 仿真-启动界面

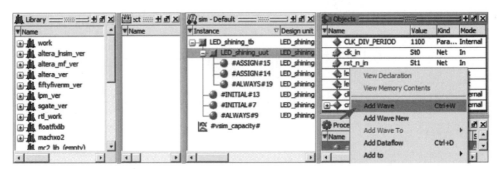

图 3.52　ModelSim 仿真-添加观察信号界面

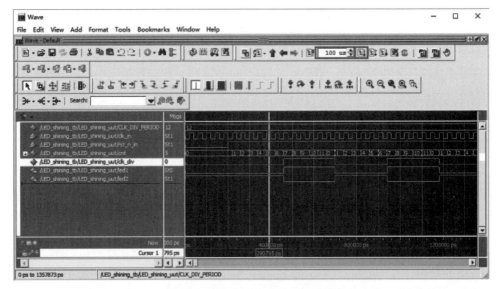

图 3.53　ModelSim 仿真-设置仿真时间启动仿真界面

3.3.3 小脚丫 FPGA(STEP FPGA)线上开发平台

FPGA 的集成开发软件(IDE)往往都非常庞大,所需安装空间少则几 GB 多则几十 GB,运行时对内存和 CPU 也有要求。针对以上问题,小脚丫 FPGA 开发了一款 FPGA 线上开发平台,将 IDE 安装至服务器端,用户在网页端完成所有的开发操作和信息交互,目前支持 STEP MXO2 和 STEP MAX10 FPGA 开发板的开发设计。

在小脚丫网站 www.stepfpga.com 注册账号后就可以体验使用线上设计工具,基于浏览器端的开发环境,无需下载 FPGA 设计工具到本地计算机,使用方便简单。STEP FPGA 线上开发平台主页如图 3.54 所示。

图 3.54 STEP FPGA 线上开发平台主页

1. 新建项目

单击新建项目会进入创建新项目界面,左侧是项目文件组成,可以在这里查看项目所需文件以及软件生成的日志等。在上方是 FPGA 设计的流程图标,可以按顺序创建源文件、综合、分配引脚、产生编译文件、仿真以及下载工程和编译文件。

填写项目的一些基本信息,例如项目名称、设备、项目标签、描述等。STEP FPGA 线上开发平台-新建项目页面如图 3.55 所示。

2. 创建源文件

提交创建项目后进入编辑界面,单击界面上的"+"号可以新建源文件(也可以从其他项目复制文件)。STEP FPGA 线上开发平台-新建文件页面如图 3.56 所示。

3. 设置顶层文件

源文件创建完成后需要确认顶层文件,STEP FPGA 线上开发平台-设置顶层文件页面如图 3.57 所示,单击左侧栏文件名称后的箭头图标。设置完成后文件名称后的箭头图标消失,说明该文件目前是顶层文件。如果项目中包含多个源文件,也进行同样设置。

4. 逻辑综合

设置好顶层文件后单击"逻辑综合",开始进行综合。综合完成后显示日志,如果有错误

图 3.55　STEP FPGA 线上开发平台-新建项目页面

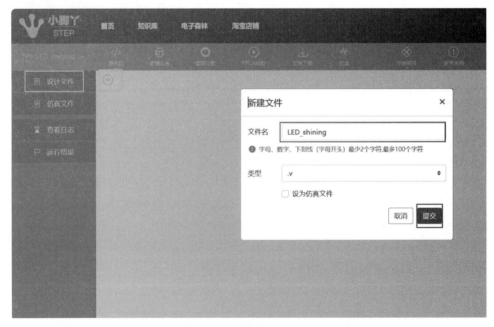

图 3.56　STEP FPGA 线上开发平台-新建文件页面

的话会显示报错信息。STEP FPGA 线上开发平台-逻辑综合页面如图 3.58 所示。

5. 引脚分配

综合通过后进行引脚约束。这里主要对 FPGA 引脚的编号进行分配。STEP FPGA 线上开发平台-引脚分配页面如图 3.59 所示，小脚丫板卡可配置的引脚分为板上部分（Internal）和扩展部分（External）。板子上的数码管、拨码开关、按键、LED 和三色灯属于板上部分。板子两侧扩展的 IO 引脚属于扩展部分。

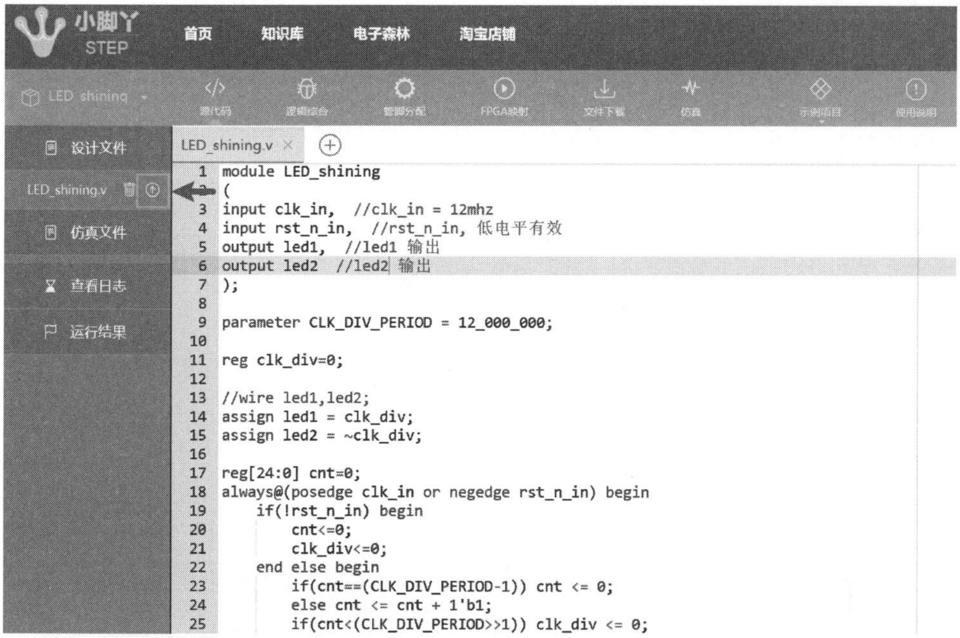

图 3.57　STEP FPGA 线上开发平台-设置顶层文件页面

图 3.58　STEP FPGA 线上开发平台-逻辑综合页面

分配引脚过程很简单,单击想要分配的外设,会自动弹出所有的输入输出信号,选择确定就可以。所有信号分配完毕单击保存按键,如果分配错误可以选择重置。板上外设被分配使用后会以黄色来标记。

6. 映射生成流文件

分配完成后单击"FPGA 映射"按钮来产生 FPGA 的配置文件,完成后生成日志,如果有错误会显示报错信息。STEP FPGA 线上开发平台-FPGA 映射页面如图 3.60 所示。

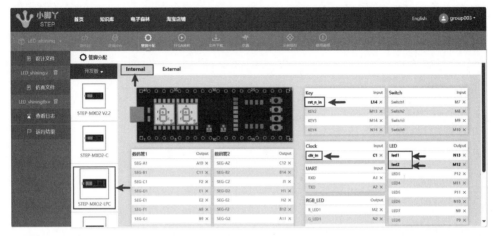

图 3.59　STEP FPGA 线上开发平台-引脚分配页面

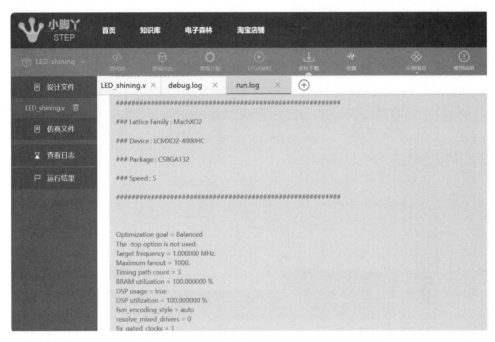

图 3.60　STEP FPGA 线上开发平台-FPGA 映射页面

7. 下载文件

可以在下载界面下载打包整个工程，也可以只下载需要的 FPGA 编程流文件（Lattice 小脚丫产生 jed 文件，Intel 小脚丫产生 pof 和 sof 文件）。STEP FPGA 线上开发平台-下载文件页面如图 3.61 所示。

8. 仿真工具使用

小脚丫线上设计工具也可以进行在线功能仿真操作，方便验证设计。

1) 新建仿真文件

单击新建文件，会弹出窗口，定义文件名称，然后记得勾选"设为仿真文件"选项。

STEP FPGA 线上开发平台-新建仿真文件页面如图 3.62 所示。

图 3.61　STEP FPGA 线上开发平台-下载文件页面

图 3.62　STEP FPGA 线上开发平台-新建仿真文件页面

2) 编辑仿真文件

编辑仿真文件然后保存。STEP FPGA 线上开发平台-编辑仿真文件页面如图 3.63 所示。

3) 仿真并查看波形

单击"开始仿真",结束后可以看到输出波形,如果出错请查看出错信息。STEP FPGA 线上开发平台-查看仿真波形页面如图 3.64 所示。

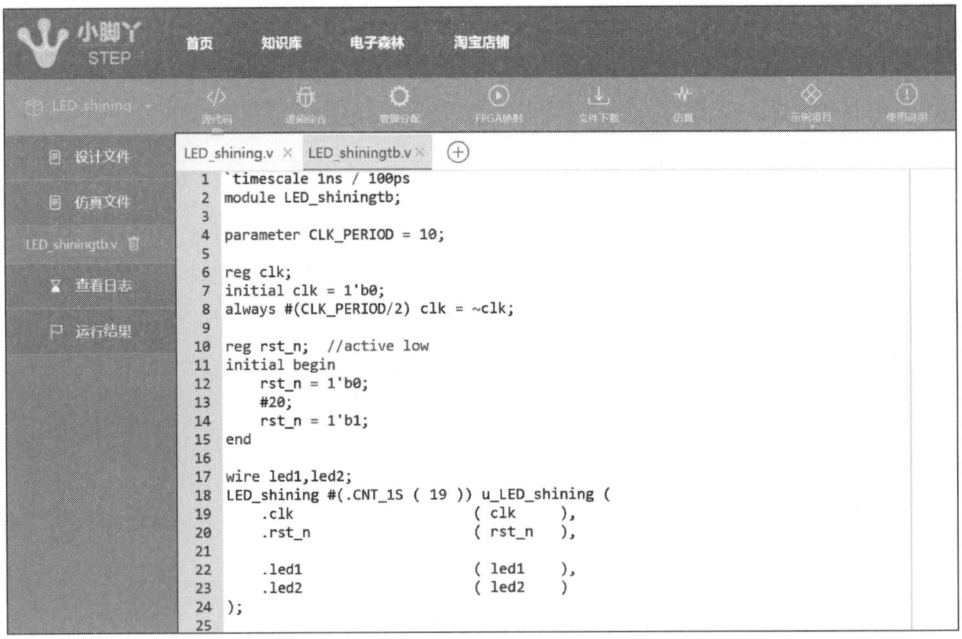

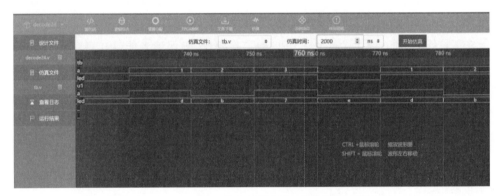

图 3.63　STEP FPGA 线上开发平台-编辑仿真文件页面

图 3.64　STEP FPGA 线上开发平台-查看仿真波形页面

第4章

FPGA组合逻辑电路设计

在本章,将深入探讨FPGA组合逻辑电路设计的核心原理和实践方法。FPGA作为一种灵活的数字逻辑器件,允许设计师通过编程而不是物理硬件来实现复杂的逻辑功能,为硬件设计和测试提供了极大的便利。

首先从三人表决器的设计与实现这个例子出发。通过这个实验,读者可以学习到组合逻辑电路的设计方法,如何搭建和验证电路,以及如何利用Verilog硬件描述语言(HDL)在FPGA上实现这一逻辑功能。后面将向读者展示如何在FPGA上实现更为复杂的逻辑电路,包括加法器、2-4译码器、3-8译码器,以及控制7段数码管的设计。每个实验模块都将深入介绍实验任务、原理、代码设计与FPGA实验操作,确保读者能够从理论到实践、从简单到复杂逐步掌握FPGA组合逻辑电路的设计方法。

4.1 三人表决器

在本节,将深入探讨三人表决器的设计与实现,一种基于简单的组合逻辑电路且实用的决策工具。通过这个项目,读者将有机会了解到组合逻辑电路设计的基本原理和方法,并运用这些知识解决实际问题。此外,本节还将介绍如何使用Verilog硬件描述语言在FPGA平台上实现这一电路设计,从而为读者提供一个从理论到实践的全面学习过程。

本章起始于组合逻辑电路设计的方法论,旨在为初学者建立坚实的理论基础。紧接着,我们将介绍实验任务,进而展开实验原理的讨论,确保读者能够理解三人表决器是如何工作的,以及它如何被应用于解决特定的决策问题中。

在理论学习之后,本节将引导读者进入电路搭建及验证的实践环节。通过具体的步骤和指导,读者将学习到如何将理论转化为实际的电路设计,并在实验平台上进行测试验证,确保设计符合预期的功能要求。

4.1.1 组合逻辑电路的设计方法

组合逻辑是数字电路的核心,目前复杂庞大的数字逻辑系统的执行单元往往是组合逻辑实现的,而且组合逻辑电路没有时序的概念也没有记忆元件,所以电路输出状态在任何时刻只取决于同一时刻的输入状态,而与电路原来的状态无关。输入和输出之间是所入即所得的关系,但是现实中组合逻辑的门与门之间的延迟往往决定了数字系统的工作频率。这里我们重点讨论组合逻辑电路的设计方法和常用的组合逻辑电路。组合逻辑电路的设计是一个由功能描述、需求分析到电路实现的过程。这个过程我们可以简单总结为如下：

（1）根据问题描述，理解设计需求，由输入输出的因果关系进行逻辑抽象。
（2）列真值表，写出逻辑表达式并使用逻辑公式或卡诺图化简。
（3）由简化后的逻辑表达式（一般用与非门组合的形式表达）画出逻辑图。
（4）可使用计算机仿真软件或选用分立元件搭建电路或使用 FPGA 进行设计验证。

下面，通过一个多人表决器的实例进一步理解组合逻辑设计的过程。我们使用两种方法实现：传统的分立元件搭建电路的方法和 Verilog 描述设计电路并在 FPGA 实现的方法。

4.1.2 实验任务

某比赛现场，有 3 名裁判，裁判按下手中按键，灯亮表示同意选手晋级，否则为不同意。以少数服从多数的原则表决选手是否晋级，若两人及两人以上同意则选手晋级成功。请设计能实现该功能的 3 变量的多数表决电路（按照少数服从多数的原则），且该电路采用与非门搭建。

电路设计完成后我们采用两种方法实现并验证，一种采用与非门集成芯片 74ASL00，根据理论设计将电路搭建在面包板上并通过开关和 LED 验证电路功能。另一种采用 Verilog 描述电路并在小脚丫 FPGA 开发板实现并验证。

4.1.3 实验原理

三输入的表决器电路，三人各控制 A、B、C 三个按键中的一个，以少数服从多数的原则表决事件，按下表示同意，否则为不同意。若两人及两人以上同意，发光二极管点亮，否则不亮。由需求描述我们得到三人表决器的真值表如表 4.1 所示。

表 4.1 三人表决器真值表

输 入			输 出
A	**B**	**C**	**Y**
0	0	0	0
0	0	1	0
0	1	0	0
0	1	1	1
1	0	0	0
1	0	1	1
1	1	0	1
1	1	1	1

以上真值表中，A、B、C 分别表示三人表决输入，1 表示同意，0 表示不同意。Y 表示表决结果，1 表示表决通过，发光二极管点亮，0 表示表决不通过，发光二极管不亮。

从真值表经过转换可以得到逻辑表达式：

$$Y = A'BC + AB'C + ABC' + ABC$$

如何用与非门来实现表决器的逻辑呢？首先化简卡诺图，三人表决器卡诺图化简如图 4.1 所示。

化简得到最简表达式：
$$Y = AB + BC + AC \tag{4.1}$$

根据 $Y=AB+BC+AC$，以下简称逻辑表达式 4.1，变换得到新的由与非门组成的逻辑表达式。

$$Y = AB + BC + AC = \overline{(AB)'(BC)'(AC)'}$$

由以上逻辑表达式对应得到三人表决器电路逻辑图如图 4.2 所示。

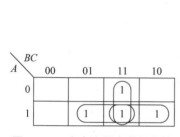
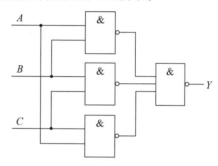

图 4.1　三人表决器卡诺图化简　　　图 4.2　三人表决器电路逻辑图

4.1.4　电路搭建及验证

根据以上逻辑图可以知道，需要 3 个二输入与非门和一个三输入与非门才能组成三人表决器功能逻辑。

我们可以用一片 4 路与非门集成芯片 74ALS00N，另外加上一个 74ALS01N 就可以实现。其中 74ALS01N 是两路四输入与非门集成芯片。基于这两片芯片的三人表决器电路原理图如图 4.3 所示。

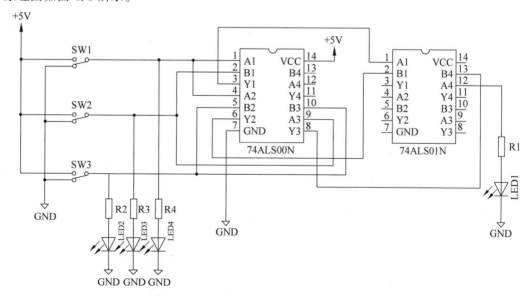

图 4.3　基于 74ALS00N 和 74ALS01N 的三人表决器电路原理图

接下来将图 4.3 所示的电路在面包板上进行搭建。搭建后的三人表决器面包板电路连接如图 4.4 所示，其中用了一片 74ALS00N 和一片 74ALS01N。

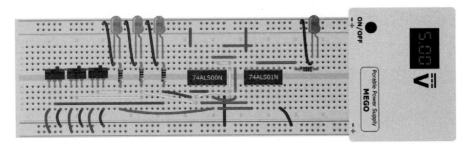

图 4.4 基于 74ALS00N 与 74ALS01N 搭建的三人表决器面包板电路连接

表 4.2 三人表决器验证电路实验结果

LED2（绿左）	LED3（绿中）	LED4（绿右）	LED1（红）
灭	灭	灭	灭
灭	灭	亮	灭
灭	亮	灭	灭
灭	亮	亮	亮
亮	灭	灭	灭
亮	灭	亮	亮
亮	亮	灭	亮
亮	亮	亮	亮

根据表 4.2 可以总结出三人表决器的逻辑功能是：少数服从多数原则，三人中有两人或两人以上同意（逻辑 1），则输出结果为同意（逻辑 1）；相反只有一人同意或者无人同意则输出结果为不同意（逻辑 0）。

4.1.5 Verilog 描述及 FPGA 实现

1. Verilog 描述

通过前面的功能分析，由真值表得到逻辑表达式 4.1。下面我们使用 Verilog 描述三人表决器功能。

我们知道该电路有 3 个输入变量，1 个输出变量，将逻辑表达式拆分为 3 个与门之后再相或即可得到输出。以上逻辑表达式 4.1 的门极描述如代码 4.1 所示。

代码 4.1 三人表决器的门级描述

```
module voter3(
    input wire a,            //3 个输入变量 a、b、c
    input wire b,
    input wire c,
    output wire y            //显示输出结果 y
);
    wire n1,n2,n3;
    //门级实例引用
    and (n1,a,b);            //实例引用与门，可不给实例命名
    and (n2,b,c);
```

```
        and (n3,a,c);
        or (y,n1,n2,n3);              //实例引用或门,可不给实例命名
    endmodule
```

下面是行为级建模描述方式。我们知道该电路有 3 个输入变量,分别是 a、b、c,1 个输出变量 y,将 3 个输入变量全部列入 always 的敏感信号列表中,三人表决器的数据流建模方式 Verilog 代码描述如代码 4.2 所示。

代码 4.2　三人表决器的数据流建模方式

```
module voter3(
        input wire a,                 //3 个输入变量 a、b、c
        input wire b,
        input wire c,
        output reg y                  //显示输出结果 y
    );
    always@(a or b or c) begin
        y = (a&b)|(b&c)|(a&c);        //阻塞赋值,根据逻辑表达式得到输出结果
    end
endmodule
```

2. FPGA 实验

本实验中,采用 STEP FPGA 线上 IDE 实现三人表决器模块的代码。作为第一个 FPGA 实验练习,本次会详细介绍 IDE 从项目创建直至生成最终 FPGA 芯片烧录文件的完整流程,便于练习以及之后实验步骤的参考。

(1) 创建项目文件,并完成 voter3 模块的 Verilog 设计代码。

注意,设计文件的名称应当和项目名称保持一致。使用 STEP FPGA 线上 IDE 创建项目文件,过程如图 4.5 所示。

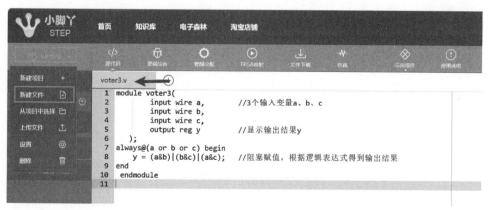

图 4.5　使用 STEP FPGA 线上 IDE 创建项目文件

(2) 逻辑综合。

对输入的逻辑代码进行综合,如果代码无误,则会显示综合成功。如有代码错误,系统提示区域则会标注报错代码的行数用于 bug 的查找和修复。使用 STEP FPGA 线上 IDE 对输入代码进行逻辑综合,操作界面如图 4.6 所示。

(3) 引脚分配。

综合无误后,综合工具会区分输入输出信号。将模块中定义的输入和输出引脚分配至

图 4.6　使用 STEP FPGA 线上 IDE 对输入代码进行逻辑综合

小脚丫 FPGA 对应的端口，完成引脚分配后单击保存。使用 STEP FPGA 线上 IDE 对模块综合后的信号进行引脚分配，操作界面如图 4.7 所示。

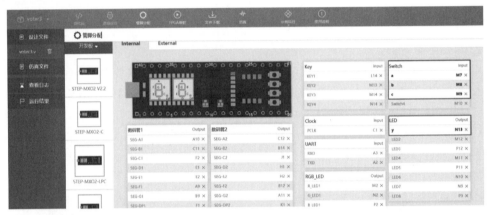

图 4.7　使用 STEP FPGA 线上 IDE 对模块综合后的信号进行引脚分配

(4) FPGA 映射。

该过程是将以上所有综合后的门电路在 FPGA 芯片内部生成复杂的电气走线用于实现上述逻辑功能，也就是布局布线的过程。该步骤同时还会生成 FPGA 可配置文件，以上操作都是由小脚丫 IDE 内部的 EDA 工具自动完成。使用 STEP FPGA 线上 IDE 对项目进行 FPGA 映射，操作界面如图 4.8 所示。

图 4.8　使用 STEP FPGA 线上 IDE 对项目进行 FPGA 映射

（5）文件下载。

当映射成功后，IDE 会生成最终的硬件配置文件 implement.jed。将该文件直接拖曳至小脚丫 FPGA 的 U 盘文件中，文件复制成功即完成了 FPGA 的下载，此过程烧录的对象可能是 FPGA 内部 Flash，也可能是外部 FPGA，这取决于使用的 FPGA 芯片是否配置了内部 Flash。使用 STEP FPGA 线上 IDE 完成 FPGA 烧录，界面如图 4.9 所示。

图 4.9 使用 STEP FPGA 线上 IDE 完成 FPGA 烧录

当上述操作无误之后，就可以在通电的小脚丫 FPGA 上进行 voter3 电路实验。在小脚丫 FPGA 上调试三人表决器，如图 4.10 所示，如果此时把拨码开关 SW1、SW2 和 SW3 均置为 0 时，LED1 点亮；而当 SW2 置于 1 时，LED1 熄灭。

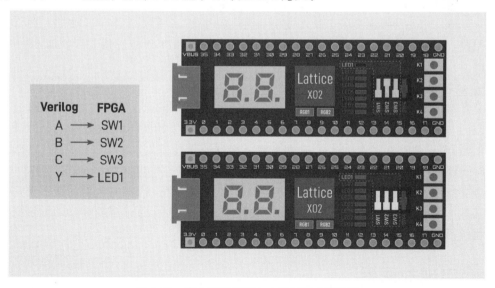

图 4.10 在小脚丫 FPGA 上调试三人表决器

之所以这种情况与真值表恰好相反，是因为小脚丫 FPGA 的 8 个 LED 均采用了低电平点亮的反逻辑设计：当 FPGA 输出低电平时 LED 变亮，当 FPGA 输出高电平时 LED 熄灭。事实上,采用反逻辑点亮 LED 可以利用 IO 端口内部推挽结构的特点使得驱动能力更强(本书不做细究),因此在工业设计中也更加普遍。

4.1.6 实验总结

通过以上实验过程的对比,可以知道在数字电路实验中,使用分立器件搭建电路和在 FPGA 上设计并实现电路之间的区别。

首先,不管是使用分立器件还是 FPGA,设计需求分析、真值表、逻辑表达式分析和化简这些数字电路设计的流程大部分是相同的,而电路实现方面两者则存在诸多不同,具体如下。

1. 物理组件与抽象设计

使用物理的逻辑门、触发器、计数器等分立组件直接搭建电路。这要求对电路的物理布局、连线、和组件特性有深入的理解。通过编写硬件描述语言(如 VHDL 或 Verilog)来设计电路。FPGA 工具将这些描述转换成配置 FPGA 芯片的逻辑单元和连接。这更侧重于逻辑设计和软件编程,而不是物理硬件。

2. 灵活性与重用

使用分立器件时,修改电路通常需要重新布线或更换组件,这既费时又可能引入错误。而使用 FPGA 时,通过更改代码并重新编译来修改设计,提供了极高的灵活性和快速迭代的能力。一旦硬件平台就绪,可以在不更换物理硬件的情况下实现多个不同的设计。

3. 复杂性与规模

分立器件适合教学基础概念和小规模项目。随着电路复杂性增加,使用分立器件的方法会变得非常烦琐和限制。FPGA 可以实现非常复杂的设计,包括完整的微处理器系统,这在使用分立器件时几乎是不可能的。FPGA 的高集成度使得处理大规模和高复杂度问题成为可能。

4. 性能和速度

分立器件电路的性能受限于物理连接和组件的性能,而 FPGA 由于是在芯片内部进行电路配置,因此可以实现更高的运行速度和更低的延迟。FPGA 也支持并行处理,进一步提升性能。

5. 成本和资源

分立器件对于小型项目和学习基础概念来说,成本可能较低,但随着项目规模的扩大,物理空间和成本也会增加。FPGA 初期投资较高,因为需要购买 FPGA 板和可能的开发工具。但是,考虑到其重用性和能力,长期来看可能更经济。

6. 学习曲线

分立器件侧重于电子基础知识,对初学者来说较易上手。FPGA 则需要学习硬件描述语言和理解数字设计的高级概念,学习曲线较陡峭,但是一旦上手之后对于学习数字电路设计来说学习效率更高。

4.2 实现加法器

加法器是数字电路设计和计算机工程中非常基础且重要的组成部分,有了加法器,电子设备才能够执行算术运算,是构建更复杂算术处理单元的基石。

4.2.1 实验任务

学习通过数据流的代码描述方式,在小脚丫 FPGA 上实现 1 位全加器电路。在实验环节中,通过 LED 的亮灭状态显示并验证二进制加法的运算过程。

4.2.2 实验原理

1. 半加器

在进行二进制数相加时,除了得到求和结果外,还会产生一个进位。因此,输出端口需要包含两个信号:求和信号和进位信号。两个 1 位二进制数进行相加的真值表如表 4.3 所示。

表 4.3 两个 1 位二进制数加法运算的真值表

输入		输出	
A	B	Sum	C_{out}
0	0	0	0
0	1	1	0
1	0	1	0
1	1	0	1

根据表 4.3 所示,半加器的逻辑电路仅考虑了低位产生的进位信号。因此,在处理两个二进制加数 a 和 b 时,半加法器只有两个输入信号。根据上述真值表,可以得出和进位(C_{out})的逻辑表达式如下:

$$\text{Sum} = A \oplus B$$
$$C_{out} = AB$$

1 位半加器的硬件结构图如图 4.11 所示。

由 1 位半加器的逻辑表达式我们可以得到 1 位半加器的逻辑图,如图 4.12 所示。

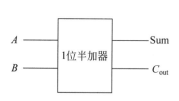

图 4.11 1 位半加器的硬件结构图

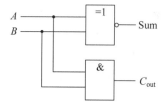

图 4.12 1 位半加器的逻辑图

2. 全加器

在实际应用中,全加法器具有更广泛的适用性。它是构建复杂加法器和算术逻辑单元(ALU)的基础组件。一个全加法器考虑了前一个全加法器所产生的进位信号,因此需要 3 个输入信号。

一个全加器可以实现三个 1 位二进制数的加法:两个直接相加的位和一个来自低位的进位。1 位全加器真值表如表 4.4 所示。

全加器的主要特点和组成如下。

- 输入:全加器有三个输入。
  - A 和 B:参与加法运算的两个一位二进制数。
  - C_{in}(进位输入):来自低一位加法运算的进位。

表 4.4 1 位全加器真值表

C_{in}	A	B	Sum	C_{out}
0	0	0	0	0
0	0	1	1	0
0	1	0	1	0
0	1	1	0	1
1	0	0	1	0
1	0	1	0	1
1	1	0	0	1
1	1	1	1	1

- 输出：全加器产生两个输出。
  - Sum（和输出）：A、B 和 C_{in} 三个输入相加的结果，只考虑个位数值。
  - C_{out}（进位输出）：如果加法结果产生进位，则 C_{out} 为 1，否则为 0。这个进位可以被下一位的全加器作为进位输入使用。
- 运算逻辑：全加器的运算可以通过逻辑门（如 AND、OR、XOR 门）组合来实现。和（Sum）输出是三个输入 A、B 和 C_{in} 进行异或（XOR）运算的结果，进位输出（C_{out}）是根据这三个输入产生的，通常涉及 AND 和 OR 逻辑。
- 应用：通过将多个全加器串联，可以构建出能够处理多位二进制加法的加法器，例如四位加法器、八位加法器等。这种串联方式允许从一位的加法结果中传递进位到更高位，从而实现完整的二进制数加法。

全加器的输出与输入满足以下逻辑关系式：

$$Sum = A \oplus B \oplus C_{in}$$

$$C_{out} = (A \oplus B)C_{in} + AB$$

其中，C_{in} 是来自低位的进位，A 和 B 是两个加数，Sum 是全加器的和，C_{out} 是向高位的进位。1 位全加器结构框图如图 4.13 所示。

根据全加器的逻辑表达式可以得到 1 位全加器逻辑图，如图 4.14 所示。

图 4.13 1 位全加器结构框图

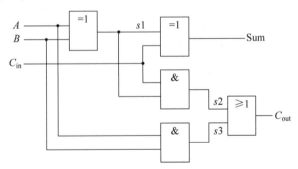

图 4.14 1 位全加器逻辑图

4.2.3 代码设计

由 1 位全加器的逻辑图我们得到该结构由 5 个门电路组成，为了准确描述各门电路之间的连接关系,我们定义信号 $s1,s2,s3$ 作为中间变量,如此则可以调用 Verilog 中 xor($s1$, A, B),or(C_{out}, $s2$, $s3$) 等门级模块。

相比于门级描述而言,数据流描述法实现以上结构的描述更加高效。从逻辑图中可以看出,以上硬件结构中所有的门电路都有对应的运算符。只要捋清信号的走向和逻辑关系,就可以在通过少量代码准确描述输出与输入的对应关系。代码 4.3 是采用数据流描述法构建的 1 位全加器。

代码 4.3　采用数据流描述法构建的 1 位全加器

```verilog
module full_adder (
    input wire a,              //输入加数 a
    input wire b,              //输入加数 b
    input wire cin,            //输入来自低位的进位 cin
    output wire sum,           //输出相加结果
    output wire co             //输出向高位的进位 co
);
    assign sum = a^b^cin;              //相加结果
    assign co = ((a^b)&cin)|(a&b);     //进位结果
endmodule
```

需要注意的是,数据流描述方式只关心输入与输出之间的逻辑关系,而并不关心内部具体采用的何种门电路实现。比如,对于语句 $Sum = A \wedge B \wedge C_{in}$,它表示了 A、B、C_{in} 之间的异或逻辑关系,而对该语句进行逻辑综合时,其内部结构是何种门电路的组合,是由综合工具决定的。所以数据流描述不一定比门级描述更节省资源或更高效,因为实际的综合是由 EDA 工具处理的,有时可能使用更多的资源来实现简单的功能,但是一般不需要担心使用数据流描述时逻辑资源是否够用。

4.2.4　FPGA 实验

以上设计在小脚丫 FPGA 线上平台实现的流程与上一节是相同的:创建工程、编辑代码、逻辑综合和 FPGA 映射。

在工程的全编译通过后,将生成的配置文件下载到小脚丫 FPGA 板。在小脚丫 FPGA 上实现 1 位全加器的引脚分配如图 4.15 所示。我们可通过拨动拨码开关作为加法器的输出,通过 LED 的显示结果来验证实验设计原理。

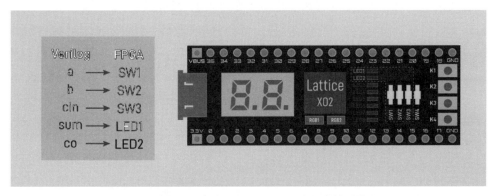

图 4.15　在小脚丫 FPGA 上实现 1 位全加器的引脚分配

4.3 实现 2-4 译码器

译码器用于对数据进行解压缩。译码器的数据映射遵循 $N-2^N$ 机制，因此我们可以有 2-4 个译码器、3-8 个译码器、4-16 个译码器等等。2-4 译码器是最简单的译码器电路。

4.3.1 实验任务

用 Verilog HDL 采用行为级的描述方式描述一个 2-4 译码器，并通过小脚丫 FPGA 开发板的拨码开关和 LED 验证实验结果。

4.3.2 实验原理

2-4 译码器是最基本的结构，它包含 2 路输入 4 路输出。2-4 译码器的结构框图如图 4.16 所示。

表 4.5 是 2-4 译码器的真值表，右侧是各输出信号对应的逻辑表达式，A0、A1 是译码器的输入，Y0～Y3 是译码器的输出。

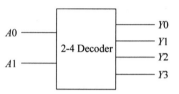

图 4.16 2-4 译码器的结构框图

表 4.5 2-4 译码器的真值表

输	入	输			出
A1	**A0**	**Y3**	**Y2**	**Y1**	**Y0**
0	0	0	0	0	1
0	1	0	0	1	0
1	0	0	1	0	0
1	1	1	0	0	0

2-4 译码器的输出与输入满足以下逻辑关系式：

$$Y0 = \overline{A}1\overline{A}0$$
$$Y1 = \overline{A}1A0$$
$$Y2 = A1\overline{A}0$$
$$Y3 = A1A0$$

由逻辑表达式可以得到 2-4 译码器逻辑图如图 4.17 所示。

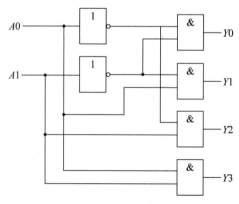

图 4.17 2-4 译码器逻辑图

4.3.3 代码设计

无论是门级描述还是数据流描述都可以用来描述 2-4 解码器。当采用行为级描述时，只需要关心该模块的逻辑功能：

- 当 $A1=0, A0=0$ 时，$Y0$ 输出高电平，其余信号输出低电平；
- 当 $A1=0, A0=1$ 时，$Y1$ 输出高电平，其余信号输出低电平；
- 当 $A1=1, A0=0$ 时，$Y2$ 输出高电平，其余信号输出低电平；
- 当 $A1=1, A0=1$ 时，$Y3$ 输出高电平，其余信号输出低电平。

行为级描述就是将上述逻辑关系以代码形式"翻译"给编译器。在此过程中仍从模块的基本定义开始。

首先可以将该模块命名为 decoder24，并且因为该模块共有 2 个输入和 4 个输出，在端口描述中应按照之前的写法进行修改。

```
module decoder24 (
    input wire A1,A0,
    output wire Y3,Y2,Y1,Y0
);
```

此外，如果输入或输出端口有多个以二进制顺序排列的信号，还可以将其重写为按位形式。

```
module decoder24
(
    input[1: 0] A,          //定义两位输入
    output reg [3: 0] Y     //定义输出的4位译码结果
);
```

上述代码中 input [1:0] A 表示有两个输入信号，最高位为[1]，最低位为[0]。

主要的逻辑关系采用了 always @() 块的语句写法。采用行为级描述法构建的 2-4 译码器 decoder24 模块如代码 4.4 所示。

代码 4.4 采用行为级描述法构建完整的 2-4 译码器

```
module decoder24
  (
    input[1: 0] A,          //定义两位输入
    output reg [3: 0] Y     //定义输出的4位译码结果
);

always @(A)                 //always 块语句，A 值变化时执行一次过程块
begin
    case(A)
        2'b00:  Y = 4'b0001; //2-4 译码结果
        2'b01:  Y = 4'b0010;
        2'b10:  Y = 4'b0100;
        2'b11:  Y = 4'b1000;
    endcase
end
endmodule
```

如果在@(...)内的条件被激活,块语句中的内容将会被启用。在行为级描述方法中,使用块语句来描述模块的逻辑行为。在块语句中发生的所有数据赋值都必须具有 reg 数据类型。除了 always @ ( )块语句之外,还使用了 case( )条件块语句。注意的是 case 语句要以 case 开头,endcase 结尾。

在 Verilog 中,需要在数据前添加前缀来指定数据类型和数据大小。在这段代码中,我们注意到当信号 A 等于 2'b00 时,Y 的对应输出结果为 4'b1000,这意味着输入 A 是一个二进制数据,占用 2 位;输出 Y 是一个 4 位的二进制数据。如果不对其指定类型和位宽,则编辑器默认为 32 位的十进制数。Verilog 中常数的不同赋值写法如图 4.18 所示,当 A 赋值为 10 时,不同前缀的效果。

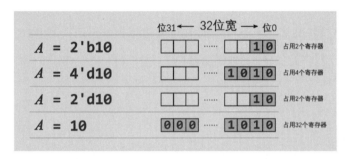

图 4.18 Verilog 中常数的不同赋值写法

如果不加位宽限制,则数据会被默认为 32 位,造成不必要的寄存器资源浪费,而如果位宽限制不够,如 A=2'd10 时,2 位宽肯定无法表示十进制 10,只能保留两位最低位,也会造成数据的丢失,因此在赋值时建议选用恰好合适的位宽。

4.3.4　FPGA 实验

有的同学可能会产生这样的疑问:以上行为级描述的代码所生成的电路结构与图 4.17 画出的门级结构是否相同? 答案是:不一定。

Verilog HDL 代码直至最终的二进制代码编译文件的转化过程是通过 EDA 工具实现的。行为级描述的抽象层级较高,因此这种方法有助于迅速定义模块的逻辑行为,但内部的布线方式未必会采用最优化的结构,从而造成 FPGA 内部逻辑资源的浪费。不过,对于本书所学的内容而言,小脚丫 FPGA 的逻辑资源是绰绰有余的,我们在这里更加偏重功能的实现,而 FPGA 内部资源优化的部分相对深入,更适合在后续出版的 FPGA 专题学习中展开讨论。

再回到本次实验。我们可以参考图 4.19 小脚丫 2-4 译码器实验的引脚分配,在小脚丫上搭建一个 2-4 译码器。假设小脚丫分别收到以下三次的输入,请在右侧依次标出点亮的 LED。

按照图 4.20 对比实验结果,给出以上 3 种状态下各个 LED 的亮灭情况的 FPGA 配置进行实验,并通过实验结果验证 2-4 译码器。同时,还可以自行尝试图 4.18 中其他几种对输入信号 A 的赋值方法,并验证采用该种方法的结果是否仍然正确。

图 4.19 小脚丫 2-4 译码器实验的引脚分配

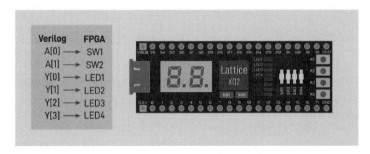

图 4.20 对比实验结果给出以上 3 种状态下各个 LED 的亮灭情况

4.3.5 课后练习

我们已经采用行为级描述法实现了一个 2-4 译码器,因此完全可以采用同样的思路实现一个 2-4 编码器。其真值表如表 4.6 所示。

表 4.6 2-4 优先编码器真值表

输 入				输 出	
I3	*I2*	*I1*	*I0*	*Y1*	*Y0*
0	0	0	1	0	0
0	0	1	X	0	1
0	1	X	X	1	0
1	X	X	X	1	1

该模块有 4 路输入和 2 路输出,如果在定义端口时采用如[3:0]I 的写法,在绘制模块的端口信号时也可以采用总线的方式表示,2-4 优先编码器端口定义如图 4.21 所示。

任务一:采用行为级描述方式构建 2-4 优先编码器 pr_encoder24,完成以下代码中的空缺部分。

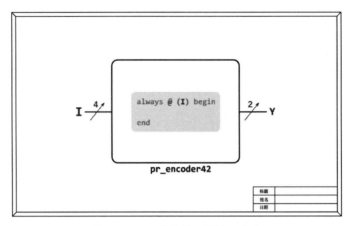

图 4.21　2-4 优先编码器端口定义

代码 4.5　2-4 优先编码器 pr_encoder24 模块

```
module pr_encoder24 (
  input[3: 0] I,
  output reg [3: 0] Y
);

always@ () begin
    casez ()                    //注意,当真值表中有 x 选项,可以使用 casez 块语句
        4'b0001:   Y = 2'b 00;
        4'b001z:   Y = 2'b    ;
        4'b01zz:   Y = 2'b    ;
        4'b1zzz:   Y = 2'b    ;
        default:   Y = 2'b    ;
    endcase
end
endmodule
```

任务二：将以上代码编译后映射至小脚丫 FPGA 中；按照图 4.22 所示的引脚分配（注意 I0 匹配的是 SW4），并通过 LED 的状态验证输出结果是否正确。

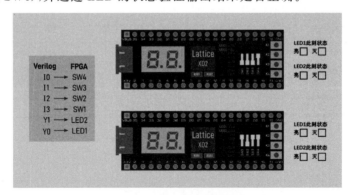

图 4.22　2-4 优先编码器实验验证

任务三：自行设计一个 8-3 二进制编码器 encoder83 的 Verilog 代码。注意二进制编码器与优先级编码器的区别，8-3 二进制编码器真值表如表 4.7 所示。

表 4.7 8-3 二进制编码器真值表

I[7]	I[6]	I[5]	I[4]	I[3]	I[2]	I[1]	I[0]	Y[2]	Y[1]	Y[0]
0	0	0	0	0	0	0	1	0	0	0
0	0	0	0	0	0	1	0	0	0	1
0	0	0	0	0	1	0	0	0	1	0
0	0	0	0	1	0	0	0	0	1	1
0	0	0	1	0	0	0	0	1	0	0
0	0	1	0	0	0	0	0	1	0	1
0	1	0	0	0	0	0	0	1	1	0
1	0	0	0	0	0	0	0	1	1	1

4.4 实现 3-8 译码器

3-8 译码器是一种常见的数字电路，它有 3 个输入端（通常表示为 $A0,A1,A2$）和 8 个输出端（$Y0\sim Y7$）。根据输入的 3 位二进制数（$A0,A1,A2$），3-8 译码器会唯一地选择一个输出端为高电平（通常是逻辑 1），其他所有输出端为低电平（逻辑 0）。这样，3 位的二进制输入就可以用来译码或地址 8 个不同的输出通道。与 2-4 译码器相比，3-8 译码器在实际应用场景的使用频率更高。

4.4.1 实验任务

在已有的 2-4 译码器基础上，本实验旨在设计并实现一个 3-8 译码器，并利用 3 个拨码开关和 8 个 LED 部署在 FPGA 平台上进行验证。3-8 译码器是一种数字电路，能够将 3 位二进制输入信号转换为 8 个可能的输出信号之一，其中仅有一个输出为有效（通常是高电平），其余为无效（低电平）。此实验不仅加深对数字逻辑设计的理解，而且通过实践熟悉 FPGA 开发环境和流程。

4.4.2 实验原理

本实验将通过模块化的设计思路来介绍通过例化（调用）子模块的方式构建更高位数的译码器。该方法对于构建其他大型数字模块时也同样有效。

3-8 译码器的原理是基于输入信号的不同组合来激活特定的输出线。它通常由一个 3:8 的编码矩阵组成，其中输入信号是 3 位二进制数（$A0,A1,A2$），输出信号是 8 位线（$Y0,Y1,Y2,Y3,Y4,Y5,Y6,Y7$）。3-8 译码器的真值，如表 4.8 所示。

表 4.8 3-8 译码器真值表

输入			输出							
A2	A1	A0	Y7	Y6	Y5	Y4	Y3	Y2	Y1	Y0
0	0	0	0	0	0	0	0	0	0	1
0	0	1	0	0	0	0	0	0	1	0
0	1	0	0	0	0	0	0	1	0	0
0	1	1	0	0	0	0	1	0	0	0

续表

输入			输出							
A2	A1	A0	Y7	Y6	Y5	Y4	Y3	Y2	Y1	Y0
1	0	0	0	0	0	1	0	0	0	0
1	0	1	0	0	1	0	0	0	0	0
1	1	0	0	1	0	0	0	0	0	0
1	1	1	1	0	0	0	0	0	0	0

根据描述，可以进一步理解 3-8 译码器如何通过两个带使能端的 2-4 译码器来实现。下面是这个概念的详细解析和模块化实现思路。

3-8 译码器的基本工作原理是将 3 位二进制输入 ($A2, A1, A0$) 转换为 8 个输出 ($Y0 \sim Y7$) 中的一个有效信号 (通常是高电平)，每个输出对应输入的一个唯一组合。通过使用两个 2-4 译码器，每个译码器处理输入的一部分，结合适当的使能信号 (Enable, E 和它的反相 E')，可以实现相同的功能。

第一个 2-4 译码器处理较低的两位输入 ($A1, A0$)，并由 E 信号控制，负责 $Y4 \sim Y7$ 的输出。第二个 2-4 译码器同样处理 $A1$ 和 $A0$，但由 E' (E 的反相) 控制，负责 $Y0 \sim Y3$ 的输出。E 被用来决定哪个 2-4 译码器被启用。

真值表拆分与使能逻辑有以下几点：

- 在表 4.13 中，当 E 为 1 时 (红色部分)，第一个 2-4 译码器工作，处理 $A1$ 和 $A0$ 以激活 $Y7 \sim Y4$。
- 当 E' 为 1 时 (即 E 为 0，黄色部分)，第二个 2-4 译码器工作，同样基于 $A1$ 和 $A0$ 来控制 $Y3 \sim Y0$ 的激活。
- E 直接或通过反相器控制两个 2-4 译码器的使能信号，确保任何时候只有一个译码器处于活动状态。

3-8 译码器与带有使能端的 2-4 译码器真值表组合如表 4.9 所示。

表 4.9 3-8 译码器与带有使能端的 2-4 译码器真值表组合

E	A1	A0	Y7	Y6	Y5	Y4	Y3	Y2	Y1	Y0
0	0	0	0	0	0	0	0	0	0	1
0	0	1	0	0	0	0	0	0	1	0
0	1	0	0	0	0	0	0	1	0	0
0	1	1	0	0	0	0	1	0	0	0
1	0	0	0	0	0	1	0	0	0	0
1	0	1	0	0	1	0	0	0	0	0
1	1	0	0	1	0	0	0	0	0	0
1	1	1	1	0	0	0	0	0	0	0

从上面可以看出，只需要定义一个 2-4 译码器模块，就可以通过反复调用进而实现更多位数的译码器。接下来进行模块化设计：设计一个基础的 2-4 译码器模块，接收两个输入 (比如 $A1, A0$) 和一个使能信号，输出四个信号 ($Y0 \sim Y3$)。

利用这个基础模块，创建两个实例：第一个实例连接到 $A1$ 和 $A0$，使用 E 或其反相作为使能信号，控制高 4 位输出 ($D4 \sim D7$)。第二个实例同样连接 $A1$ 和 $A0$，但使用相反的使能逻辑控制低 4 位输出($D0\sim D3$)。反相器用于生成使能信号 E'，当 E 为 1 时激活第二个 2-4 译码器。整理以上逻辑，我们在图 4.23 中画出一个 3-8 译码器的硬件结构。

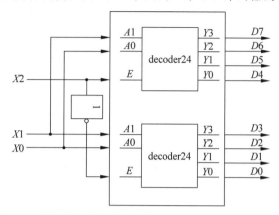

图 4.23　通过两个带有使能端的 2-4 译码器构建 3-8 译码器

由于上一个实验中已经构建了 2-4 译码器，接下来的代码将会按照图 4.23 的结构，以模块化的方式搭建 3-8 译码器。

4.4.3　代码设计

在构建 decoder38 模块时，遵循模块化设计原则，首先定义了模块接口，包括 3 位输入 X 和 8 位输出 D，所有输出信号类型为 wire。此设计的关键在于利用先前已有的 decoder24 模块，通过增加控制逻辑，扩展其功能以实现 3-8 译码功能。

```
module decoder38
(
    input wire[2: 0] X,
    output wire [7: 0] D
);
```

此模块 decoder24_en 是对基本 2-4 译码器的扩展，增加了使能控制。它接收两个输入信号 $A[1:0]$，一个使能信号 EN，以及定义了一个寄存器类型的 4 位输出信号 Y。通过 always 块监控 EN 和 A 的变化，当 EN 为高电平时，根据 A 的值译码输出相应的四位信号；若 EN 为低，则输出全 0，实现控制输出的开启与关闭。带有使能端的 2-4 译码器如代码 4.6 所示。注意，子模块的输出可以采用 reg 类型。

代码 4.6　带有使能端的 2-4 译码器

```
module decoder24_en   (
    input wire [1:0] A,          //定义 2 路输入信号
    input wire EN,               //定义使能信号
    output reg [3:0] Y           //定义 4 路输出信号
);

always@(EN, A)
begin
    if(EN = = 1'b1)              //使能端为 1 时，按照 2－4 译码器译码
        case(A)
            2'b00: Y = 4'b0001;
            2'b01: Y = 4'b0010;
```

```
                    2'b10: Y = 4'b0100;
                    2'b11: Y = 4'b1000;
            endcase
        else                              //使能端为 0 时,输出清零
            Y = 4'b0000;
    end
endmodule
```

代码 4.7 是通过子模块实例化构建 3-8 译码器。在此阶段,decoder38 模块通过实例化两个 decoder24_en 子模块(分别命名为 upper 和 lower)来实现其功能。具体操作如下:

上半部分(upper):upper 子模块接收 X 的低两位 $X[1:0]$ 作为输入 A,X 的最高位 $X[2]$ 作为使能信号 EN。其输出 Y 连接到 D 的高四位 $D[7:4]$。这意味着当 $X[2]$ 为 1 时,upper 子模块根据 $X[1:0]$ 的值进行译码并输出到高位输出线上。

下半部分(lower):类似地,lower 子模块同样接收相同的 $X[1:0]$ 作为输入,但使能信号取反,即 $X[2]$,确保与 upper 子模块互补工作。其输出 Y 连接到 D 的低 4 位 $D[3:0]$。当 $X[2]$ 为 0 时,lower 子模块工作,依据 $X[1:0]$ 的值译码并输出到低位输出线上。

通过这种方式,decoder38 通过两个阶段性的 2-4 译码操作,实现了输入 3 位二进制数到 8 位输出信号的译码,每个输出信号对应一个独特的二进制数表示。整个设计展现了模块化编程的优势,以及通过灵活的控制信号实现复杂逻辑的可能性。

代码 4.7　通过例化子模块构建 3-8 译码器

```verilog
module decoder38
(
    input wire [2: 0] X,
    output wire [7: 0] D
);
/************** 调用第一个子模块,命名为 upper *************/
decoder24_en upper(
    .A   (X[1: 0]),        //例化子模块时需要单独命名
    .EN  (X[2]),           //将 X 最高位连接至第一个子模块的使能信号
    .Y   (D[7: 4])
);
/************** 调用第二个子模块,命名为 lower *************/
decoder24_en lower(
    .A   (X[1: 0]),        //下方的 2-4 译码器
    .EN  (!X[2]),          //将反向 X 最高位连接至第二个子模块的使能信号
    .Y   (D[3: 0])
);
endmodule
```

4.4.4　FPGA 实验

在实施 FPGA 实验中,我们采纳了模块化设计策略,具体有两种实践路径可选。首种途径是整合方案,即将所有子模块的代码统一整合到单一的源文件中,如图 4.24 所示。

第二种方式是在一个工程目录 decoder38 下创建两个文件,其中 decoder38 作为模块的直接端口,在模块内部调用其他子模块,因此 decoder38 必须被设置成顶层文件;另一个文

件则是 decoder24_en 的子文件，也被放置在同一个工程目录下，作为子模块被顶层模块调用。虽然有多个文件，但是在逻辑综合时只需对顶层文件进行综合即可。方法二采用顶层模块的写法，如图 4.25 所示。

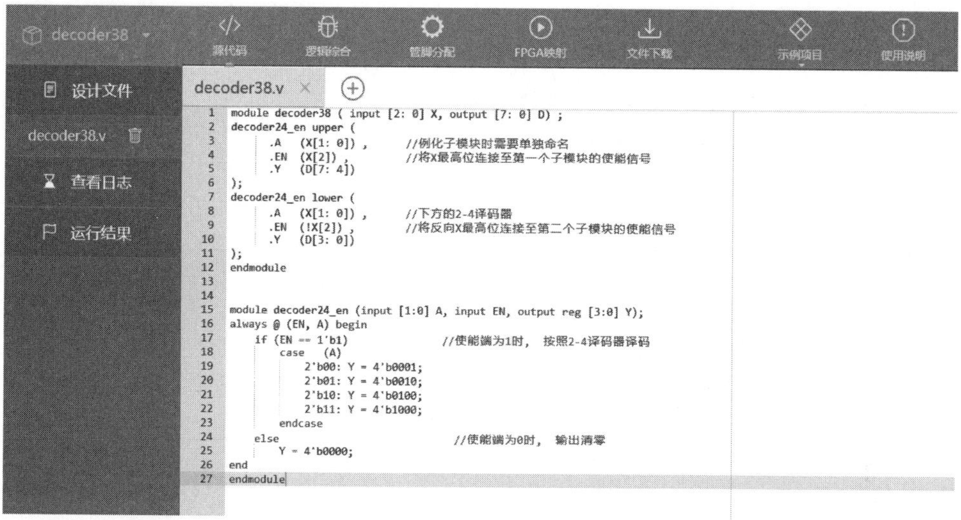

图 4.24　方法一：将所有子模块代码都整合到单一的源文件之中

图 4.25　方法二：采用顶层模块的写法

方法一的优点在于这种方式直观地呈现了从输入到输出的完整逻辑链条，特别适用于小型项目或初步概念验证，便于代码的整体管理和快速迁移。但是，当模块中含有大量子模块时,方法一的工程文件结构层级不明显,不利于排查错误。相比之下,第二种策略采取了分层的文件组织方式,这种架构优势在于清晰划分了职责边界,随着项目规模扩大,多文件结构的优势更为显著。它不仅便于故障追踪和调试,更利于模块间的独立开发与复用,尤其在多层嵌套的复杂设计中,"自顶向下"的分层设计哲学显著提升了代码的模块化程度,增强了项目的稳定性和逻辑的条理性,为大规模数字系统设计提供了强有力的支撑框架。简言之,虽然单一文件的简洁性在小规模应用中占优,但在面对复杂项目时,多层次文件结构的模块化设计策略则显得更为高效和有序。

4.4.5 拓展任务

本扩展实验旨在通过构建一个 4-16 译码器来深化对模块化设计的理解,该译码器可通过两个 3-8 译码器(先前已知可通过两个 2-4 译码器实现)组合而成。这里给出了 4-16 译码器的模块化结构图,如图 4.26 所示。

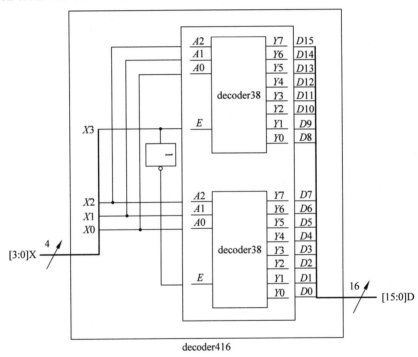

图 4.26 4-16 译码器的模块化结构图

我们首先定义了 decoder416 的接口,并逐步完成以下任务:

```
module decoder416 (
input wire [3: 0]     X,
output wire [15: 0]    D
);
```

1) 任务一

确保核心的 3-8 译码器模块(decoder38_en)能够正确工作,该模块接受 3 位二进制输入(A)、一个使能信号(EN),并产生 8 位输出(Y)。4-16 译码器的模块端口定义如图 4.27 所示。

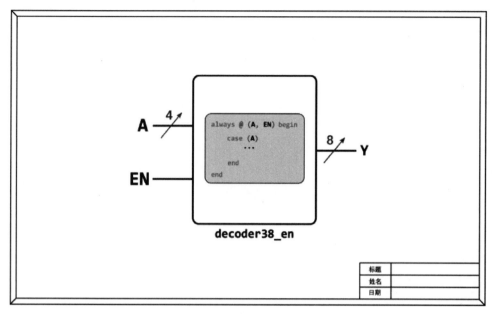

图 4.27　4-16 译码器的模块端口定义

请补充代码 4.8 decoder38_en 模块的 Verilog 描述代码的空缺部分。

代码 4.8　decoder38_en 模块的 Verilog 描述

```
module decoder38_en (
    input [   :   ] A,
    input EN,
    output reg [   :   ] Y
);
always @ (EN,A) begin
    if (EN ==    )
        case (A)
            3'b000: Y = 8'b0000_0001;
            3'b001: Y = 8'b0000_0010;
            3'b   : Y = 8'           ;
            3'b   : Y = 8'           ;
            3'b   : Y = 8'           ;
            3'b   : Y = 8'           ;
            3'b   : Y = 8'           ;
            3'b   : Y = 8'           ;
        endcase
    else
        Y = 8'b0000_0000;
end
endmodule
```

2）任务二

基于 4-16 译码器的模块化结构，利用两个带使能的 3-8 译码器子模块(decoder38_en)完成 4-16 译码器的设计。将代码 4.9 译码器模块中的空缺部分补齐。

代码 4.9　4-16 译码器模块待补充代码

```
module decoder416 (
    input wire[   :   ]    X,
```

```
    output wire [  :  ]  D
);
decoder38_en u1(
    .A  (X[  :  ]),
    .EN (X[  ]),
    .Y  (D[  :  ])
);
decoder38_en u2(
    .A  (X[  :  ]),
    .EN (!X[  ]),
    .Y  (D[  :  ])
);
endmodule
```

3)任务三

由于4-16译码器有16路输出,板子的8个LED不够用于显示。小脚丫FPGA上还有36外部通用IO口(采用3.3V高电平)可用于控制额外连接的8个外接LED,在引脚分配页面切换到External页面,小脚丫FPGA开发板外部引脚分配如图4.28所示,分配方法和Internal页面下的一样。

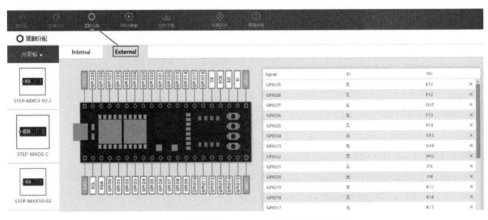

图4.28 小脚丫FPGA开发板外部引脚分配

这里在面包板上搭建简易的8个LED(注意要加限流电阻)并连接至小脚丫的外部GPIO口。完成引脚分配后自行验证实验结果。

4.5 控制7段数码管

数码管是工程设计中被广泛使用的一种显示输出器件。一个7段数码管(如果包括右下的小点可以认为是8段)分别由a,b,c,d,e,f,g位段和表示小数点的dp位段组成。

4.5.1 实验任务

本实验旨在设计并实现一个FPGA控制的组合逻辑电路,用于驱动一个7段数码管显示数字0~9。通过Verilog HDL编程,实现二进制到7段码的转换逻辑,并成功在小脚丫FPGA板载数码管上显示出数字0~9和字符ABCDEF。实验目标是让学生掌握如何利用FPGA实现简单的数字逻辑电路,并通过实际硬件观察结果,加深对数字系统设计的理解。

4.5.2 实验原理

7段数码管由7个发光二极管组成,通常命名为a~g,通过点亮这些二极管的不同组合可以显示出由0~9的阿拉伯数字以及字母A~F组成的十六进制字符。每个数字或字母对应一个特定的七段码,即一个由7个二进制位组成的码,分别控制7个段的亮灭。通常数码管分为共阳极数码管和共阴极数码管,7段数码管的内部结构如图4.29所示。

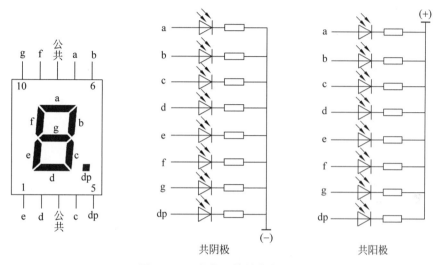

图4.29　7段数码管的内部结构

共阴8段数码管的工作原理是它的信号端(也称为段输入端)在接收到低电平信号时才会导通,使得相应的段发光;而它的共阳端(也称为公共阳极)则需要接收高电平信号,以便形成一个闭合的电路,使得数码管内部的发光二极管被点亮。在使用共阴8段数码管时,为了点亮某个特定的段,比如a段,只需要在a段的信号输入端施加一个低电平信号。这个低电平信号将使a段的内部发光二极管导通,从而使得a段发光。由于数码管的共阳端始终保持高电平,因此,只要信号端接收到低电平,相应的段就会被点亮。共阴极7段数码管内部电路示意图如图4.30所示。

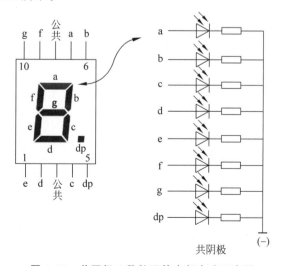

图4.30　共阴极7段数码管内部电路示意图

小脚丫 FPGA 使用的是共阴极 7 段数码管来显示数字 0~9 和字母 A~F,总共可以显示 16 种不同的字符。在前面的两个译码器实验中,我们已经了解到,要控制一个具有 16 个输出信号的端口,实际上只需要 4 路输入信号即可实现。这是因为 7 段数码管的显示原理,使得我们可以通过 4 路输入信号来控制不同的输出组合。常规的 4-16 译码器有一个标准的真值表,它定义了输入信号的各种组合与输出信号之间的关系。7 段共阴极数码管的点亮方式与这个标准真值表不同,它需要使用一个特定的译码方式。7 段共阴极数码管的查找表如表 4.10 所示。这种对应关系的列表也称为查找表(Look-up Table,LUT),我们在代码中还会见到。

表 4.10 7 段共阴极数码管的查找表

输入码(二进制格式)				输出码(二进制格式)							显示字型
A3	A2	A1	A0	g	f	e	d	c	b	a	
0	0	0	0	0	1	1	1	1	1	1	0
0	0	0	1	0	0	0	0	1	1	0	1
0	0	1	0	1	0	1	1	0	1	1	2
0	0	1	1	1	0	0	1	1	1	1	3
0	1	0	0	1	1	0	0	1	1	0	4
0	1	0	1	1	1	0	1	1	0	1	5
0	1	1	0	1	1	1	1	1	0	1	6
0	1	1	1	0	0	0	0	1	1	1	7
1	0	0	0	1	1	1	1	1	1	1	8
1	0	0	1	1	1	0	1	1	1	1	9
1	0	1	0	1	1	1	0	1	1	1	A
1	0	1	1	1	1	1	1	1	0	0	B
1	1	0	0	0	1	1	1	0	0	1	C
1	1	0	1	1	0	1	1	1	1	0	D
1	1	1	0	1	1	1	0	0	0	1	E
1	1	1	1	1	1	1	0	0	0	1	F

4.5.3 代码设计

采用行为级描述方法来实现数码管的查表驱动逻辑是最恰当的途径。具体到代码层面,通过 always @(seg_data) 过程敏感列表和内部的 case 语句结构来实现查表功能。输出端口 segment_led 的信号排列从高位(MSB)到低位(LSB),对应着数码管的 9 个段引脚。鉴于公共端(SEG)一直维持低电平,并且当前案例不涉及小数点显示,所以 DP 也设定为 0。这样,将查表(LUT)的内容嵌入 case 结构中,确保根据输入信号 seg_data 的值设定 segment_led 输出,进而控制数码管显示不同的字符。

这段代码定义了一个名为 segment7 的模块,该模块接收 4 位二进制数 seg_data 作为输入,并根据输入值通过查表逻辑控制 8 位输出信号 segment_led,以此驱动共阴极 7 段数码管显示数字 0~9 及字符 A~F。代码 4.10 为控制共阴极 7 段数码管的完整代码。

代码 4.10 共阴极 7 段数码管模块描述代码

```verilog
module segment7
(
    input   wire [3:0] seg_data,      //4 位输入信号
    output  reg  [8:0] segment_led
    //数码管, MSB~LSB = SEG, DP, g, f e, d, c, b, a
);
always @ (seg_data) begin
    case (seg_data)
        4'b0000: segment_led = 9'h3f;  //  0
        4'b0001: segment_led = 9'h06;  //  1
        4'b0010: segment_led = 9'h5b;  //  2
        4'b0011: segment_led = 9'h4f;  //  3
        4'b0100: segment_led = 9'h66;  //  4
        4'b0101: segment_led = 9'h6d;  //  5
        4'b0110: segment_led = 9'h7d;  //  6
        4'b0111: segment_led = 9'h07;  //  7
        4'b1000: segment_led = 9'h7f;  //  8
        4'b1001: segment_led = 9'h6f;  //  9
        4'b1010: segment_led = 9'h77;  //  A
        4'b1011: segment_led = 9'h7C;  //  b
        4'b1100: segment_led = 9'h39;  //  C
        4'b1101: segment_led = 9'h5e;  //  d
        4'b1110: segment_led = 9'h79;  //  E
        4'b1111: segment_led = 9'h71;  //  F
    endcase
end
endmodule
```

4.5.4 FPGA 实验

通过综合上述代码,可以开始对小脚丫 FPGA 进行引脚配置。如图 4.31 所示,对小脚丫 FPGA 的内部引脚进行了分配。我们使用 4 路拨码开关作为输入控制信号,并将

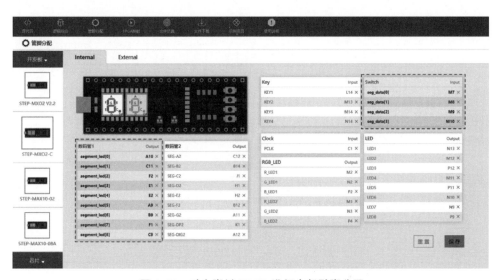

图 4.31 对小脚丫 FPGA 进行内部引脚分配

segment_led[0]至segment_led[6]依次分配给了数码管的a～g段,将segment_led[7]分配给了DP,用于控制小数点,将segment_led[8]分配给了DIG,用于控制共阴极公共端。

在完成引脚分配后,需要将编译后的FPGA映射文件烧录到开发板中,并通过调节拨码来验证数码显示是否正确。此外,作为一项扩展练习,还可以尝试利用小脚丫FPGA的另外4个按键作为输入,控制板上另一个数码管的显示。

4.5.5 拓展任务

小脚丫FPGA上有两个板载数码管,练习中需要同时显示两个字符:**F4**,其中4路拨码开关可用于控制左侧数码管,4路按键可用于右侧数码管,小脚丫FPGA上的4路拨码开关和数码管如图4.32所示,同时显示两个字符的7段数码管模块端口定义如图4.33所示。

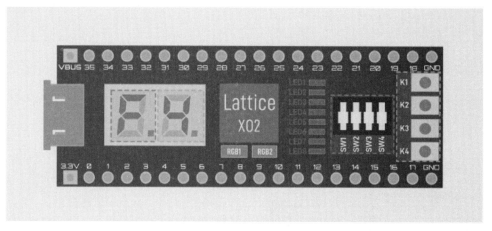

图4.32 小脚丫FPGA上的4路拨码开关和数码管

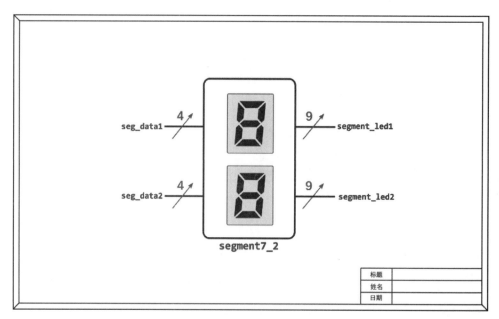

图4.33 同时显示两个字符的7段数码管模块端口定义

1) 任务一

根据以上两位数码管的模块定义，采用模块化的写法对单个数码管进行两次例化；代码 4.11 为同时显示两个字符的共阴极 7 段数码管模块，请补全代码 u2 模块空缺的部分。注意模块间各信号连线之间的对应关系。

代码 4.11 同时显示两个字符的共阴极 7 段数码管模块描述待补全代码

```
module segment7_2 (
    input wire [7:0] seg_data_2,
    output wire[17:0] segment_led_2
);

segment7 u1(
    .seg_data (seg_data_2[ 7 : 4 ]),
    .segment_led(segment_led_2[ 17 : 9 ])
);

segment7 u2(
    .seg_data (seg_data_2[   :   ]),
    .segment_led(segment_led_2[   :   ])
);
endmodule
```

引脚分配时也要注意各信号对应的关系。7 段数码管课后练习引脚分配如图 4.34 所示。

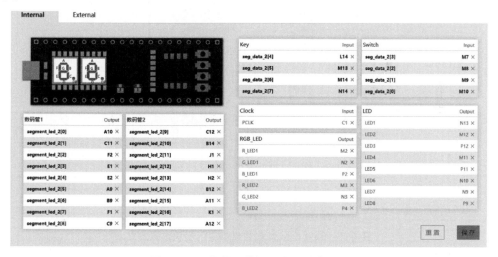

图 4.34 7 段数码管课后练习引脚分配

2) 任务二

如果控制一组由 4 个数码管组成的显示模块，其模块端口定义如图 4.35 所示。本次仍采用模块化设计的方法，根据端口定义，将代码 4.12 由 4 个数码管组成的显示模块中的代码补全。

代码 4.12 由 4 个数码管组成的显示模块描述-待补全

```
module segment7_4 (
    input wire [   :   ] seg_data_4,
```

```
        output wire [    :    ] segment_led_4
    );
    segment7 u1(
        .seg_data (seg_data_4[    :    ]),
        .segment_led(segment_led_4[    :    ])
    );
    segment7 u2(
        .seg_data (seg_data_4[    :    ]),
        .segment_led(segment_led_4[    :    ])
    );
    segment7 u3(
        .seg_data (seg_data_4[    :    ]),
        .segment_led(segment_led_4[    :    ])
    );
    segment7 u4(
        .seg_data (seg_data_4[    :    ]),
        .segment_led(segment_led_4[    :    ])
    );
    endmodule
```

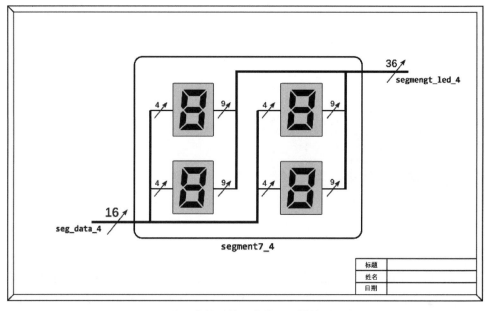

图 4.35　由 4 个数码管组成的显示模块端口定义

第5章

FPGA时序逻辑电路设计

在本章,将深入探讨一个对于硬件工程师而言至关重要的领域——FPGA时序逻辑电路设计。时序逻辑电路是数字电路设计的核心组成部分,它们相较于组合逻辑电路,引入了时间维度,能够根据输入信号的变化以及历史状态进行决策,从而执行更为复杂和动态的任务。通过本章的学习,让读者能够熟练掌握FPGA时序逻辑电路的设计与实现,为成为一名优秀的硬件工程师奠定坚实的基础。

5.1 时序逻辑电路的描述方法

时序逻辑电路的输出不只与当前的输入状态有关,而且与电路的上一输出状态有关,因此时序逻辑电路最大的特点是含有存储元件,具有记忆功能。从电路结构角度来看,实现记忆功能,可以使用反馈的概念,设计反馈环路,从整体上看电路是具备存储功能的,但是这种方式设计复杂,不利于综合并且可能存在竞争和冒险现象,因此不适合时序逻辑电路的描述。

5.1.1 时序逻辑与Verilog HDL描述

前面讲述的Verilog HDL方法中提到,过程赋值语句的赋值对象是寄存器reg型变量,在被赋值后变量的值会保持不变,直到下一次被重新赋新值。这一点和随时待命的连续赋值语句不同。因此这种毫无主动性的过程赋值语句正好可以来描述具有记忆功能的时序电路。

时序逻辑电路并不单纯只有存储元件,其输出或次态可以是组合逻辑。当然存储元件比如触发器的输入和输出受时钟的控制,一般我们会使用同一个全局时钟驱动所有的触发器,这种电路也称为同步时序逻辑。这种方法综合简单,方便验证,是目前最广泛的大型数字系统设计方法。always块中敏感信号沿如代码5.1所示,在同步时序逻辑电路中,时钟信号的敏感信号沿(posedge clock 或 negedge clock)出现时,输入信号被采样,执行always块中的赋值语句。

代码5.1 always块中敏感信号沿举例

```
//使用上升沿触发
always@(posedge clk)
```

```
        q = d;
//使用下降沿触发
always@(negedge clk)
        q = d;
```

在以上代码中的 posedge 关键字。它代表了上升沿触发(positive edge)。也就是说，只有当时钟信号 clk 从低电平升至高电平时，always 块语句里的内容才会被执行。与之对应的 negedge，即下降沿触发(negative edge)。上升沿触发和下降沿触发的原理相同，不同之处在于两者间存在半个时钟周期的相位差，上升沿触发与下降沿触发产生的半个系统时钟相位差，always 语句敏感信号沿的上升沿触发与下降沿触发如图 5.1 所示。

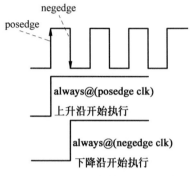

图 5.1　always 语句敏感信号沿的上升沿触发与下降沿触发

5.1.2　阻塞赋值和非阻塞赋值

过程赋值语句需要在 always 块中使用阻塞赋值语句或非阻塞赋值语句实现。阻塞赋值语句按顺序执行，适合组合逻辑电路，而非阻塞赋值语句的并行性更适合由时钟信号调度的时序逻辑电路。

通过一个例子来说明阻塞赋值和非阻塞赋值的不同，阻塞赋值产生竞争现象如代码 5.2 所示。

代码 5.2　阻塞赋值产生竞争现象举例

```
//阻塞赋值产生竞争现象
always@(posedge clk) begin
        a = b;
end
always@(posedge clk) begin
        b = a;
end
```

在这个例子中，我们意图使用阻塞赋值语句交换 a 和 b 的值，奈何意不随人愿。由于我们使用了两个 always 块，当 clk 上升沿到来时，两个 always 块同时执行，导致出现了竞争现象。a 和 b 的值并没有被交换，而是有了相同的值，但是又不确定都等于 a 还是 b，因为两个 always 块是并行的，a 和 b 的先后赋值顺序取决于我们使用的软件，这是一个不确定的事件。

下面使用非阻塞赋值来避免这种竞争现象，非阻塞赋值避免竞争现象如代码 5.3 所示。

代码 5.3　非阻塞赋值避免竞争现象举例

```
//非阻塞赋值避免竞争现象
always@(posedge clk) begin
        a <= b;
end
always@(posedge clk) begin
        b <= a;
end
```

以上代码中两个 always 块也是并行关系，在 clk 上升沿到来时，a 和 b 的当前值（"<="右侧的值）会同时被读取，可以认为是被暂存起来，然后一起被赋值给"<="左侧的变量。最终 a 和 b 得到的是上升沿来的那一刻对方的值，因此 a 和 b 交换成功。

在时序逻辑电路中，我们一般不使用阻塞赋值语句，因为阻塞赋值语句的前后顺序会影响综合结果，而且存在竞争现象，而 always 块中，非阻塞赋值语句的书写顺序不影响综合结果，因此，时序逻辑电路中，往往采用这种书写方式：

- 不同的被赋值变量分别使用独立的 always 块。
- 所有的 always 块均采用边沿敏感型敏感信号列表。
- 赋值语句全部使用非阻塞赋值语句。
- 非阻塞赋值语句的前后顺序不影响综合结果。

5.2 实现 RS 触发器

RS 触发器是基本的存储元件，能够存储一个二进制信息位。RS 触发器一般指复位/置位触发器，复位/置位触发器（R、S 分别是英文复位，置位的缩写）也叫作基本 R-S 触发器，是最简单的一种触发器，是构成各种复杂触发器的基础。

5.2.1 实验任务

时序逻辑电路中的基本存储元件是锁存器（latch）和触发器（flip-flop）。

本实验的任务是描述一个同步 RS 触发器电路，并通过小脚丫 FPGA 开发板的 12MHz 晶振信号作为触发器时钟信号 clk，拨码开关的状态作为触发器输入信号 S、R，触发器的输出信号 Q 和 $\bar{Q}$，用来分别驱动开发板上的 LED，在 clk 上升沿的驱动下，当拨码开关状态变化时 LED 状态发生相应变化。

5.2.2 实验原理

1. 基本 RS 锁存器

基本的 RS 锁存器可以由两个与非门按正反馈方式闭合构成。通常将 Q 端的状态定义为锁存器的状态，即 $Q=1$ 时，称为锁存器处于 1 的状态；$Q=0$ 时，称锁存器处于 0 的状态，电路具有两个稳态。因为是与非门构成的基本 RS 触发器，所以，触发信号是低电平有效。以低电平作为输入信号，$\bar{R}$ 和 $\bar{S}$ 分别表示置 0 输入端和置 1 输入端。基本 RS 锁存器逻辑结构图和逻辑符号如图 5.2 所示，在输入端有小圆圈表示低电平有效。

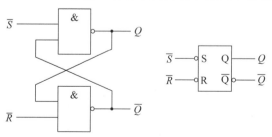

图 5.2 基本 RS 锁存器逻辑结构图和逻辑符号

用与非门组成的基本 RS 锁存器功能表如表 5.1 所示。

表 5.1　用与非门组成的基本 RS 锁存器功能表

$\bar{S}$	$\bar{R}$	Q	$\bar{Q}$	功　能
1	0	0	1	置 0
0	1	1	0	置 1
1	1	Q	$\bar{Q}$	保持
0	0	1	1	不定

当输入 $\bar{R}=\bar{S}=0$ 时，$Q=1,\bar{Q}=1$，锁存器处于不定状态，而工作时受到 SR=0 的条件约束，所以应该避免施加 $\bar{R}=\bar{S}=0$ 的输入信号。

基本 RS 锁存器的结构比较简单，可以使用门极描述方法，如图 5.2 所示，RS 锁存器由 2 个与非门(NAND)模块构成，基本 RS 锁存器模块如代码 5.4 所示。

代码 5.4　基本 RS 锁存器模块

```
module rs_latch (
  input r,        //复位输入
  input s,        //设置输入
  output q,       //输出
  output qb       //补码输出
);

  wire qb;

  //使用 NAND 门实现 RS 锁存器
  assign q = ~(r & qb);
  assign qb = ~(s & q);

endmodule
```

2. 带有触发信号的 RS 触发器

基本 SR 锁存器的输出状态是由输入信号 S/R 决定的，为了实现多个锁存器同步对数据锁存，我们可以增加一个使能端或称为触发端，当触发信号到来时锁存器才根据输入信号置成相应的状态，并保持，直至下次触发信号到来。我们一般采用周期性的时钟信号作为触发信号，简写成 CLK(clk)。由触发信号驱动的锁存电路称为触发器，触发器是时序逻辑电路的基本单元。多个触发器可以使用同一时钟信号作为同步控制信号，从而实现同时动作。

在基本 SR 锁存器的输入端增加一对与非门 G3、G4，当触发信号 $CLK=0$ 时，G3、G4 的输出始终是 1，与 R、S 输入信号无关。当触发信号 $CLK=1$ 以后，R、S 信号通过门 G3、G4 作用到 G1、G2 组成的锁存器上。这里的触发信号 CLK，相当于增加一个门控信号，称为电平触发方式。触发信号有电平触发、边沿触发和脉冲触发等三种方式。带有电平触发信号的 RS 触发器如图 5.3 所示。

带有电平触发信号的 RS 触发器功能表如表 5.2 所示，从表中可知，当 $CLK=0$ 时，相当于 G2 和 G3 构成的基本锁存器输入端为 1，此时输出端保持原状态。当 $CLK=1$ 时，触发器输出端的状态才受输入信号 R、S 的控制，在 $CLK=1$ 时，与表 5.2 所示的基础 SR 锁存器的特性是一样的。

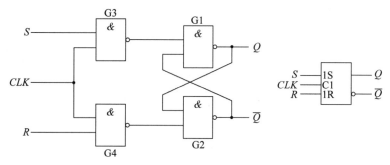

图 5.3 带有电平触发信号的 RS 触发器

表 5.2 带有电平触发信号的 RS 触发器功能表

CLK	S	R	Q	$\bar{Q}$	功能
0	x	x	Q	$\bar{Q}$	保持
1	0	1	0	1	置 0
1	1	0	1	0	置 1
1	0	0	Q	$\bar{Q}$	保持
1	1	1	1	1	不定

这里我们使用数据流描述方式实现带有触发端的 RS 触发器。输入信号除基本的 R、S 信号以外还有一个触发信号 CLK。使用数据流描述时,我们不需要关心门与门之间具体的连接关系,这项工作由综合器完成,只需要描述输入输出对应关系即可。带有触发信号的 RS 触发器模块描述如代码 5.5 所示:

代码 5.5 带有触发信号的 RS 触发器模块

```
module rs_ff
(
  input wire clk,r,s,        //rs 触发器输入信号
  output reg q,              //输出端口 q,在 always 块里赋值,定义为 reg 型
  output wire qb             //输出端口非 q
);
  assign qb = ~q;
  always@(posedge clk)
  begin
      case({r,s})
          2'b00:   q <= q;    //r,s 同时为低电平,触发器保持状态不变
          2'b01:   q <= 1'b1; //触发器置 1 状态
          2'b10:   q <= 1'b0; //触发器置 0 状态
          2'b11:   q <= 1'bx; //r,s 同时为高电平有效,逻辑矛盾,触发器为不定态
      endcase
  end
endmodule
```

RS 触发器模块仿真代码如代码 5.6 所示:

代码 5.6 RS 触发器模块仿真代码

```
`timescale 1ns/100ps              //仿真时间单位/时间精度
module rs_ff_tb();
    reg clk,r,s;                  //需要产生的激励信号定义
    wire q,qb;                    //需要观察的输出信号定义
    //初始化过程块
    initial
```

```
        begin
          clk = 0;
          r = 0;
          s = 0;
          #50
          r = 0;
          s = 1;
          #50
          r = 1;
          s = 0;
          #50
          r = 1;
          s = 1;
          #50
          r = 0;
          s = 1;
        end
    always #10 clk = ~clk;      //产生输入 clk,频率 50MHz
    //module 调用例化格式
    rs_ff   u1 (                //rs_ff 表示所要例化的 module 名称,u1 是我们定义的例化名称
        .clk(clk),              //输入输出信号连接.
        .r(r),
        .s(s),
        .q(q),                  //输出信号连接
        .qb(qb)
            );
endmodule
```

5.2.3 FPGA 实验

实现 RS 触发器实验步骤如下。
- 在 STEP FPGA 在线仿真平台,建立工程。
- 新建 Verilog HDL 设计文件,并键入设计代码。
- 可先仿真,验证仿真结果是否与预期相符。
- 如果仿真无误,综合并分配引脚,将输入信号 clk、r、s 分配至小脚丫 FPGA 开发板上的拨码开关,将输出信号 q、qb 分配至板卡上的 LED。
- 编译构建并输出编程文件,下载并烧写至 FPGA 的 Flash 之中。
- 观察输出结果。

锁存器实验小脚丫 FPGA 开发板引脚分配图如图 5.4 所示。

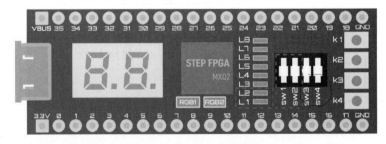

图 5.4 锁存器实验小脚丫 FPGA 开发板引脚分配图

锁存器实验仿真时序图如图 5.5 所示。

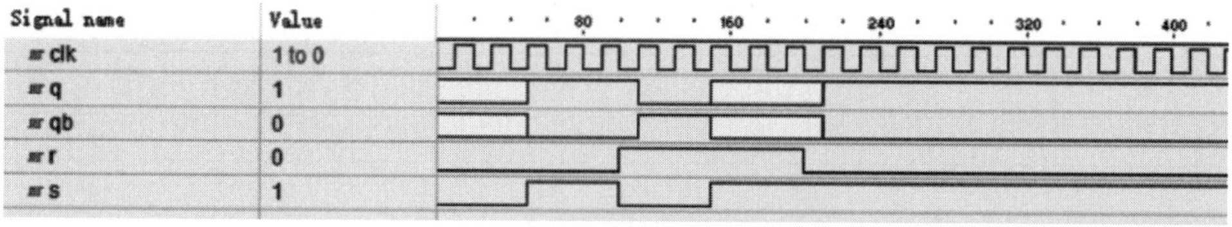

图 5.5 锁存器实验仿真时序图

实验现象：拨动拨码开关至 01，LED1 亮，LED2 灭。拨动拨码开关至 10，LED1 灭，LED2 亮。拨动拨码开关至 00，保持上一个状态。

5.3 实现 D 触发器

D 触发器是一种最简单的触发器，在触发边沿到来时，将输入端的值存入其中，并且这个值与当前存储的值无关。在两个有效的脉冲边沿之间，D 的跳转不会影响触发器存储的值，但是在脉冲边沿到来之前，输入端 D 必须有足够的建立时间，保证信号稳定。

5.3.1 实验任务

本实验任务是描述一个带有边沿触发的同步 D 触发器电路，并通过 STEP FPGA 开发板的 12MHz 晶振作为触发器时钟信号 clk，拨码开关的状态作为触发器输入信号 d，触发器的输出信号 q 和 $\bar{q}$，用来分别驱动开发板上的 LED，在 clk 上升沿的驱动下，当拨码开关状态变化时 LED 状态发生相应变化。此外，带有异步复位功能，轻触按键的电平输入作为触发器复位信号 rst，复位信号 rst 为低时输出信号 q 清零。

5.3.2 实验原理

1. 电平触发的 D 触发器

D 触发器是在 RS 触发器的基础上，将双端输入改为单端输入，得到电平触发的 D 触发器。电平触发的 D 触发器的逻辑结构图和逻辑符号如图 5.6 所示。

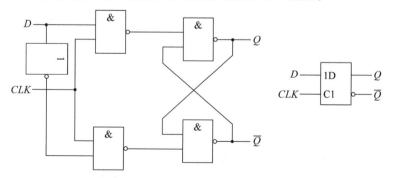

图 5.6 电平触发的 D 触发器的逻辑结构图和逻辑符号

由图 5.6 可知，D 触发器的输出受 CLK 控制，当 CLK 为高电平时，触发器被置为 D 此时的状态值，当 CLK 变为低电平后，触发器保持此状态不变，无论此时 D 输入变与否。电平触发的 D 触发器功能表如表 5.3 所示。

表 5.3　电平触发的 D 触发器功能表

CLK	D	Q	$\bar{Q}$	功能
0	x	不变	不变	保持
1	0	0	1	置 0
1	1	1	0	置 1

使用行为描述电平触发的 D 触发器，如代码 5.7 所示。

代码 5.7　电平触发的 D 触发器模块

```
module dff (
    input d,              //数据输入
    input clk,            //时钟输入
    output reg q,         //正输出
    output reg qb         //反向输出
);

always @(clk) begin       //电平触发
    if (clk) begin
        q <= d;           //当时钟信号为高电平时，将数据赋值给正输出
        qb <= ~d;         //同时将数据的反向值赋值给反向输出
    end
end
endmodule
```

2. 上升沿触发的 D 触发器

为增强电路的抗干扰能力，提高可靠性，希望触发器的触发信号再缩短一些，次态的变化仅在 CLK 信号的上升沿（或下降沿）到达的那一时刻由输入信号决定，其他时刻则呈保持状态。实现这一功能的触发器，称为上升沿（或下降沿）触发的触发器。

上升沿触发的 D 触发器可由两个电平触发的 D 触发器组成，其逻辑结构图和逻辑符号如图 5.7 所示。

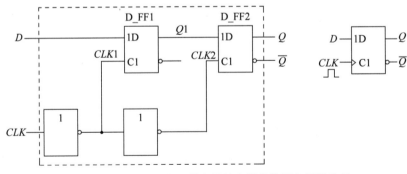

图 5.7　上升沿触发的 D 触发器的逻辑结构图和逻辑符号

由图 5.7 可知，当 $CLK=0$ 时，$CLK1=1$，则 D_FF1 的输出 $Q1$ 由输入端 D 决定，即 $Q1=D$。同时，$CLK2=0$，D_FF2 的输出 Q，即整个电路的输出保持不变。当 CLK 由 0 变为 1 时，$CLK1$ 变为 0，$Q1$ 则等于上升沿变化之前输入端 D 的状态，并保持。同时，$CLK2$ 变为 1，则 D_FF2 的输出等于其输入，而 D_FF2 的输入即 D_FF1 的输出 $Q1$，则输出端 $Q=$

$Q1=D$(D 为 CLK 上升沿达到前的那一刻 D 输入端的状态),此后保持该状态,直至下次上升沿变化时,Q 再次由 D 决定,期间与 D 端的状态无关。上升沿触发的 D 触发器的功能表如表 5.4 所示。

对 D 触发器输入 D 信号时的时序变化,上升沿触发的 D 触发器时序图如图 5.8 所示。

表 5.4 上升沿触发的 D 触发器的功能表

CLK	Q
0	保持
1	保持
↑	D

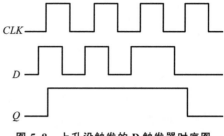

图 5.8 上升沿触发的 D 触发器时序图

由时序图 5.8 所示,我们得到以下结论:上升沿触发的 D 触发器只在时钟信号上升沿时被激活,将输入端 D 的值写入输出端 Q,而其他时刻,输出端 Q 保持不变。

我们使用行为描述方式实现上升沿触发的同步 D 触发器,如代码 5.8 所示。

代码 5.8 上升沿触发的同步 D 触发器模块

```verilog
module dff
  (                                    //模块名及参数定义
    input clk,rst,d,
    output reg q,
    output wire qb
  );
    always @(posedge clk or negedge rst)  //clk 上升沿或 rst 下降沿触发
      if(!rst)                            //复位信号判断,低有效
          q <= 1'b0;                      //复位有效时清零
      else
          q <= d;                         //触发时输出 q 值为输入 d
    assign qb = ~q;
endmodule
```

上升沿触发的同步 D 触发器仿真模块如代码 5.9 所示。

代码 5.9 上升沿触发的同步 D 触发器仿真模块

```verilog
`timescale 1ns/100ps                //仿真时间单位/时间精度
module dff_tb();
  reg clk,rst,d;                    //需要产生的激励信号定义
  wire q,qb;                        //需要观察的输出信号定义
  //初始化过程块
  initial
  begin
    clk = 0;
    rst = 1;
    d = 0;
    #50
```

```
            rst = 0;
        end
        always #10 clk = ~clk;      //产生输入 clk,频率 50MHz
        always #15 d = ~d;
        //module 调用例化格式
        dff  u1 (                   //dff 表示所要例化的 module 名称,u1 是我们定义的例化名称
            .clk(clk),              //输入输出信号连接.
            .rst(rst),
            .d(d),
            .q(q),                  //输出信号连接
            .qb(qb)
                );
endmodule
```

5.3.3 FPGA 实验

实现 D 触发器实验步骤如下：
- 在 STEP FPGA 在线仿真平台,建立工程。
- 新建 Verilog HDL 设计文件,并输入设计代码。
- 可先仿真,验证仿真结果是否与预期相符。
- 如果仿真无误,综合并分配引脚。
- 编译构建并输出编程文件,下载并烧写至 FPGA 的 Flash 之中。
- 观察输出结果。

D 触发器实验小脚丫 FPGA 开发板引脚分配图如图 5.9 所示。

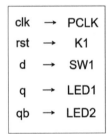

图 5.9 D 触发器实验小脚丫 FPGA 开发板引脚分配图

D 触发器实验仿真时序图如图 5.10 所示。

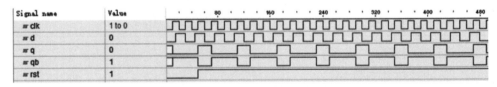

图 5.10 D 触发器实验仿真时序图

实验现象：拨动拨码开关的第 1 位到 ON,给 D 触发器输入 1,则 LED1 灭,LED2 亮输出 $q=1$,notq 输出 0；拨到 OFF 时 LED1 亮,LED2 灭,即 q 输出 0,notq 输出 1(注意 LED 上拉到 3.3V,所以 LED 引脚为 0 时亮)。按下按键 K1,LED1 亮,LED2 灭,即 q 被复位。

5.4 实现 JK 触发器

JK 触发器是数字电路触发器中的一种基本电路单元。JK 触发器具有置 0、置 1、保持和翻转功能。在各类集成触发器中,JK 触发器的功能最为齐全。在实际应用中,它不仅有很强的通用性,而且能灵活地转换其他类型的触发器。

5.4.1 实验任务

本实验任务是设计一个 JK 触发器电路,并通过小脚丫 FPGA 开发板的 12MHz 晶振信号作为触发器时钟信号 CLK,拨码开关的状态作为触发器输入信号 J、K,触发器的输出信号 Q 和 $\overline{Q}$,用来分别驱动开发板上的 LED,在 CLK 上升沿的驱动下,当拨码开关状态变化时 LED 状态发生相应变化。

5.4.2 实验原理

带使能端的 RS 锁存器在触发信号 CLK 有效时,不能在输入端施加 $R=S=1$ 的输入信号,因为此时锁存器的次态不确定,违反了 $SR=0$ 这一约束条件,这一因素限制了其应用。为了解决这个问题,我们可以规定当输入为 $S=R=1$ 时,触发器的次态为初态的取反。如此则不存在状态不确定的情况。为实现上述功能,可以在 $S=R=1$ 时,将输出反馈到输入端,Q 代替 R 端的输入信号,$\overline{Q}$ 代替 S 端的输入信号。分别用 J 代替 S,用 K 代替 R,构成了 JK 触发器。JK 触发器逻辑结构图和逻辑符号如图 5.11 所示。

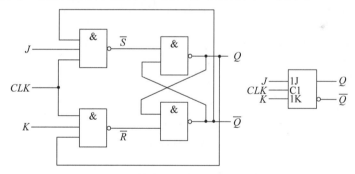

图 5.11 JK 触发器逻辑结构图和逻辑符号

JK 触发器的触发信号 CLK、输入信号 J 和 K,以及输出信号 Q 和 $\overline{Q}$ 的反馈信号组成了一个三输入与非门。JK 触发器的特性表如表 5.5 所示。

表 5.5 JK 触发器的特性表

J	K	Q^n	Q^{n+1}
0	0	0	0
0	0	1	1
0	1	0	0
0	1	1	0
1	0	0	1

续表

J	K	Q^n	Q^{n+1}
1	0	1	1
1	1	0	1
1	1	1	0

我们在 JK 触发器基础上增加异步置位端 SET 和异步复位端 RESET,逻辑符号如图 5.12 所示。

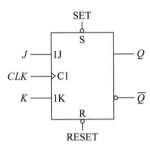

图 5.12 带有异步置位端和复位端的 JK 触发器逻辑符号

这里,使用行为级描述方法实现带异步复位和置位端的 JK 触发器,模块端口输入信号除 clk、j、k 以外,还定义有复位信号 rst 和置位信号 set,如代码 5.10 所示。

代码 5.10 带异步复位和置位端的 JK 触发器模块

```
module jk_ff
(                                   //模块名及参数定义
input clk,j,k,rst,set,
output reg q,
output wire qn
);

assign qn = ~q;
//clk 上升沿以及复位和置位下降沿时触发器工作
always@(posedge clk or negedge rst or negedge set)
    begin
        if(!rst)
            q <= 1'b0;              //异步清零
        else if (!set)
            q <= 1'b1;              //异步置1
        else
            case({j,k})
                2'b00:    q <= q;    //保持
                2'b01:    q <= 0;    //置0
                2'b10:    q <= 1;    //置1
                2'b11:    q <= ~q;   //翻转
            endcase
    end
endmodule
```

带异步复位和置位端的 JK 触发器模块仿真文件如代码 5.11 所示。

代码 5.11　带异步复位和置位端的 JK 触发器模块仿真文件

```verilog
`timescale 1ns/100ps      //仿真时间单位/时间精度
module jk_ff_tb();
reg clk,j,k,rst,set;      //需要产生的激励信号定义
wire q,qn;                //需要观察的输出信号定义
//初始化过程块
initial
begin
    clk = 0;
    j = 0;
    k = 0;
    rst = 1;
    set = 1;
    #50
    set = 0;
    #50
    set = 1;
    #50
    rst = 0;
    #50
    rst = 1;
end
always #10 clk = ~clk;    //产生输入 clk,频率 50MHz
always #20 j = ~j;
always #30 k = ~k;
//module 调用例化格式
jk_ff   u1 (              //jk_ff 表示所要例化的 module 名称,u1 是我们定义的例化名称
        .clk(clk),        //输入输出信号连接.
        .j(j),
        .k(k),
        .rst(rst),
        .set(set),
        .q(q),            //输出信号连接
        .qn(qn)
);
endmodule
```

5.4.3　FPGA 实验

实现 JK 触发器实验步骤如下:
- 在 STEP FPGA 在线仿真平台,建立工程。
- 新建 Verilog HDL 设计文件,并输入设计代码。
- 可先仿真,验证仿真结果是否与预期相符。
- 如果仿真无误,综合并分配引脚。
- 编译构建并输出编程文件,下载并烧写至 FPGA 的 Flash 之中。

- 观察输出结果。

JK 触发器实验小脚丫 FPGA 开发板引脚分配图如图 5.13 所示。

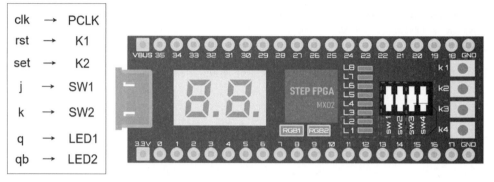

图 5.13 JK 触发器实验小脚丫 FPGA 开发板引脚分配图

JK 触发器实验仿真时序图如图 5.14 所示。

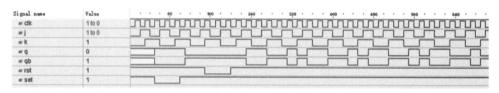

图 5.14 JK 触发器实验仿真时序图

实验现象：拨动拨码开关的第 1 位到 ON，给 JK 触发器的输入 1，则 LED1 灭，LED2 亮输出 $q=1$，$\bar{q}$ 输出 0；拨到 OFF 时 LED1 亮，LED2 灭，即 q 输出 0，$\bar{q}$ 输出 1(注意 LED 上拉到 3.3V，所以 LED 引脚为 0 时亮)。按下按键 K1，LED1 亮，LED2 灭，即 q 被复位。

5.5 生成计数器

在数字电路中，计数器是一种用于累计输入脉冲个数的单元逻辑电路。它主要用于测量、计数和控制的功能，同时也具有分频的作用。

5.5.1 实验任务

利用计数器生成 1s 计时器，每隔 1s 将小脚丫 FPGA 开发板上的 8 个 LED(L1～L8)逐个点亮，全部点亮 1s 后再全部熄灭，再次逐个点亮。实现流水灯的效果。

5.5.2 实验原理

计数器是时序电路中最基础、最重要的模块之一。计数器最典型的应用是计时器，几乎所有与时间或时序相关的应用都离不开计数器。几千年前，古人对天文历法的掌握程度超乎我们的想象，其中，计时是各种历法的基础。对于人类而言，衡量时间的常用单位是秒，分钟，小时等。假如我们手中有一个以秒作为时钟单位的计时器，那么不论是 1 分钟，或是 10 小时，或是 10 天等，都可以通过数秒来掌握时间，也就是以秒为单位的计数。不过对于比秒更小的时长，比如毫秒或微秒等，秒级的计数器则无法准确测量，因此需要更精微的时钟源。

现代计算机等数字系统的运行速度越来越快,比如我们说某型号的CPU是2.7GHz,CPU之所以能如此高频率的运行,正是基于稳定而快速的时钟系统,也可以说是对微小时钟单位的计数系统。

不管古代周密的天文历法,还是现代精密的数字系统,计时的前提是要有一个稳定的时钟源。古人以日月星辰的运行周期为基准制定了历法,而现代数字时钟系统的精准运行得益于我们发现了石英晶体振荡器这种稳定的时钟源。利用晶体振荡器的正逆压电效应这一物理特性,将晶体通电后可以产生非常微弱的周期性振荡信号,经过放大、滤波等方法调理后,得到了稳定的周期信号,作为时序电路的时钟信号。晶体振荡器电路被封装成不同的样式以适应各种应用,一般可分为有源晶振和无源晶振,有源晶振将晶体和外围电路元件封装在一起,只需要供电即可产生周期振荡信号,无源晶振则只有晶体,需要外加专门的时钟电路才能起振。各种封装的晶振如图5.15所示。

图 5.15 各种封装的晶振

小脚丫 FPGA 开发板上集成了12MHz的有源晶振,所产生的振荡信号周期为1/12MHz,约为83.3ns(纳秒)。以此为基准源,通过计算基准时钟信号周期(ΔT_{clk})的次数(N),就可以计算出对应的计数时长(T_{cnt})。计算关系式如下:

$$T_{cnt} = \Delta T_{clk} \times N$$

如果产生1s的定时器,即$T_{cnt}=1$,$\Delta T_{clk}=1/12$MHz,则$N=12$MHz。对12MHz的时钟信号计数12 000 000次,则刚好是1s的时间。

实验任务中在定时1s的基础上,按顺序逐个点亮8个LED,时间间隔1s。即每隔1s有1个LED被点亮,直至8个LED全部点亮,持续1s之后全部熄灭,1s后再次逐个点亮循环。

LED点亮的时间分析如图5.16所示,按照时间的先后顺序,将LED1～LED8点亮的时间填充,每9s一次循环。由此可以清晰地看出哪些时间段内的LED是点亮的。

为实现上述功能这里介绍两种实现思路。

第一种方法,使用1个计数器以12MHz的时钟信号为基准,分别在计数12 000 000×n次($n=\{1,2,3,4,5,6,7,8,9\}$)时输出对应的LED控制信号。当计数值达到12 000 000×9次后,计数器清零,重新开始计数。不同计时长度下计数器所需的计数值如表5.6所示。

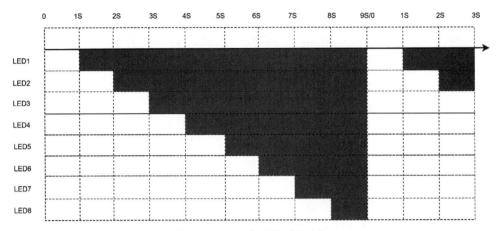

图 5.16　LED 点亮的时间分析

表 5.6　不同计时长度下计数器所需的计数值（以 12MHz 作为基准频率）

时间	计数值 n	时间	计数值 n
1s	12 000 000	6s	72 000 000
2s	24 000 000	7s	84 000 000
3s	36 000 000	8s	96 000 000
4s	48 000 000	9s	108 000 000
5s	60 000 000		

这里需要注意的是定义计数值 n 时设定的位宽，存储 108 000 000 需要 31 位的变量，我们直接定义 n 为 32 位变量如下。

```
reg [31: 0] cnt;                //计数器的计数值变量
```

在本实验中，逻辑运行的基础是对时间的计数，所有状态的改变都是以时间为参考，描述该模块时必须要有 1 个时钟信号作为输入信号，可使用开发板上晶振输出信号作为时钟输入。计数器模块-输入输出信号定义如代码 5.12 所示，此外，还定义 1 个复位信号用于系统的手动异步复位，输出信号则是 8 个 LED。

代码 5.12　计数器模块-输入输出信号定义

```
module counter_led_ctrl(
    input wire clk,                 //12MHz 时钟信号
    input wire rst_n,               //低电平有效的复位信号
    output wire [7:0] led_out       //LED 控制信号
);
```

注意：这里定义的 LED 控制信号是 wire 型，因为要对控制信号赋值，所以还需要定义 1 个寄存器型变量：

```
//led 输出寄存器
reg [7:0] led;
```

因为小脚丫 FPGA 开发板上的 LED 通过电阻上拉到电源所以是反逻辑输出，当 led_out 输出为 0 时点亮，led_out 为 1 时熄灭，所以，我们还需要加一级反相器。

```
//led由上拉电阻接到电源,反逻辑点亮,所以取反
    assign led_out = ~led;
```

计数器实验-定义32位计数器的描述如代码5.13所示。

代码 5.13 计数器实验-定义 32 位计数器

```verilog
//定义一个32位的计数器
reg [31:0] counter = 0;
//递增计数器的过程
always @(posedge clk or negedge rst_n) begin
    if (~rst_n) begin
        counter <= 0;    //当复位信号为低电平时重置计数器
    end else if (counter >= 12000000 * 9 - 1) begin
        counter <= 0;    //当计数器达到12000000×9-1时重置计数器
    end else begin
        counter <= counter + 1;    //计数器递增
    end
end
```

计数器的阈值设置为(12 000 000×9-1),计数值满则重新开始计数。计数值在 12 000 000 的 1~9 整数倍时调整对应的 LED 输出,如代码 5.14 所示。

代码 5.14 计数器实验-根据计数器计数值得到对应 LED 输出

```verilog
//根据计数器的值控制LED的过程
always @(posedge clk) begin
    if (~rst_n) begin
        led <= 8'b00000000;    //当复位信号为低电平时熄灭所有LED
    end else begin
        case (counter)
            12000000:  led <= 8'b00000001;    //点亮第1个LED
            24000000:  led <= 8'b00000011;    //点亮第2个LED
            36000000:  led <= 8'b00000111;    //点亮第3个LED
            48000000:  led <= 8'b00001111;    //点亮第4个LED
            60000000:  led <= 8'b00011111;    //点亮第5个LED
            72000000:  led <= 8'b00111111;    //点亮第6个LED
            84000000:  led <= 8'b01111111;    //点亮第7个LED
            96000000:  led <= 8'b11111111;    //点亮第8个LED
            108000000: led <= 8'b00000000;    //在重置前熄灭所有LED
            default:   led <= led;            //维持LED的当前状态
        endcase
    end
end
```

以上方法比较直观,0~9s 循环 1 次,计数器一直在 1 个循环时间内计数,每 s 修改 1 次对应的 LED 输出值,但是这种方法只使用 1 个计数器所需的逻辑资源,资源少但是需要的存储位数较多,并且难以调整时间间隔和频率,灵活性较差。

第二种方法,使用两个计数器,其中 1 个计数器以 12MHz 的时钟信号为基准,计数 12 000 000 次得到 1Hz 的时钟信号(1s 时钟周期)。另一个计数器以 1Hz 时钟信号为基准,计数 9 次再从 1 开始循环计数,在 1~9 每个计数值输出对应的 LED 控制信号。计数器实验-12MHz 计数器产生 1Hz 时钟信号如代码 5.15 所示,计数器实验-1Hz 计数器计数并切换输出如代码 5.16 所示。

代码 5.15　计数器实验-12MHz 计数器产生 1Hz 时钟信号

```verilog
//定义计数器变量
reg [23:0] cnt_12MHz;                   //12MHz 计数器
//12MHz 计数器,用于生成 1Hz 时钟信号
always @(posedge clk or negedge rst_n) begin
    if (!rst_n) begin
        cnt_12MHz <= 0;
    end else if (cnt_12MHz >= 12_000_000 - 1) begin
        cnt_12MHz <= 0;
    end else begin
        cnt_12MHz <= cnt_12MHz + 1;
    end
end
```

代码 5.16　计数器实验-1Hz 计数器计数并切换输出

```verilog
reg [3:0] cnt;                          //1Hz 计数器
//1Hz 计数器,用于控制 LED
always @(posedge clk or negedge rst_n) begin
    if (!rst_n) begin
        cnt <= 0;
        led <= 0;
    end else if (cnt_12MHz == 12_000_000 - 1) begin
        if (cnt >= 8) begin
            cnt <= 0;
            led <= 0;                   //所有 LED 熄灭
        end else begin
            cnt <= cnt + 1;             //每 s 计数 1 次
            led <= (led << 1) | 1;      //点亮下一个 LED 并保持之前的 LED 点亮
        end
    end
end
```

1Hz 计数器计数 9 次作为 1 次循环,计数间隔为 1s(12MHz 计数器计数 12 000 000 次),每计数 1 次切换对应 LED 输出。

第二种方法只需要计数到 9,所需位数较少。灵活性高,可以独立控制 LED 的点亮频率和持续时间,更容易适应不同的需求。

下面给出第二种方法的完整代码,如代码 5.17 所示。

代码 5.17　计数器实验完整代码

```verilog
module counter_led_ctrl(
    input wire clk,                     //12MHz 时钟信号
    input wire rst_n,                   //低电平有效的复位信号
    output wire [7:0] led_out           //LED 控制信号
);
//led 输出寄存器
reg [7:0] led;
//led 上拉电阻所以取反
assign led_out = ~led;

//定义计数器变量
reg [23:0] cnt_12MHz;                   //12MHz 计数器
reg [3:0] cnt;                          //1Hz 计数器

//12MHz 计数器,用于生成 1Hz 时钟信号
always @(posedge clk or negedge rst_n) begin
```

```verilog
        if (!rst_n) begin
            cnt_12MHz <= 0;
        end else if (cnt_12MHz >= 12_000_000 - 1) begin
            cnt_12MHz <= 0;
        end else begin
            cnt_12MHz <= cnt_12MHz + 1;
        end
    end

    //1Hz 计数器,用于控制 LED
    always @(posedge clk or negedge rst_n) begin
        if (!rst_n) begin
            cnt <= 0;
            led <= 0;
        end else if (cnt_12MHz == 12_000_000 - 1) begin
            if (cnt >= 8) begin
                cnt <= 0;
                led <= 0;                  //所有 LED 熄灭
            end else begin
                cnt <= cnt + 1;
                led <= (led << 1) | 1;   //点亮下一个 LED 并保持之前的 LED 亮起
            end
        end
    end

endmodule
```

5.5.3 FPGA 实验

实现计数器实验步骤如下:
- 在 STEP FPGA 在线仿真平台,建立工程。
- 新建 Verilog HDL 设计文件,并输入设计代码。
- 综合并分配引脚。
- 编译构建并输出编程文件,下载并烧写至 FPGA 的 Flash 之中。
- 观察输出结果。

计数器实验引脚分配图如图 5.17 所示。

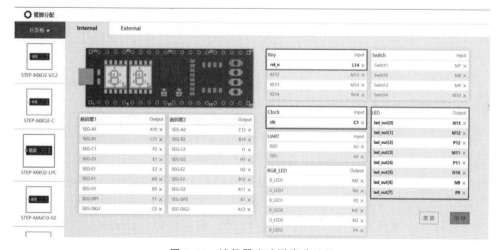

图 5.17 计数器实验引脚分配图

将下载后的配置文件烧录进 FPGA 板卡，并观察实验现象。可以观察到 8 个 LED 依次点亮，时间间隔 1s，全部点亮后熄灭，1s 后再次开始循环，可以使用秒表来计时从而对比实验结果。

5.6 任意整数分频电路

对时钟信号的处理是 FPGA 最擅长的领域之一，其中最常见的处理是对周期信号的缩放，即分频和倍频。在 FPGA 内部一般都集成了锁相环(PLL)，我们在 FPGA 设计时只需要调用锁相环 IP 即可实现对信号的分频和倍频，而锁相环的资源有限，大多数分频的应用会通过代码设计的分频器实现，但是倍频只能通过锁相环实现。所以大多数分频场景，在对时钟要求不高的设计时也能节省锁相环资源。

5.6.1 实验任务

在本实验中我们将实现任意整数的分频器，分频的时钟保持 50% 占空比。

5.6.2 实验原理

FPGA 板卡上的系统时钟频率是由晶振产生的固定振荡频率。系统时钟频率可以为板卡提供一个频率参考基准，而需要生成其他不同频率时就会用到分频或倍频技术。分频就是通过除法关系将基准频率放慢，比如 2kHz 的信号经过 2 倍分频后就是 1kHz。所有小于系统时钟频率(12MHz)的信号都会应用到分频技术，因此它也是 FPGA 中非常重要的技术之一。

分频包括整数倍分频和非整数倍分频，两者的区别在于除数为整数还是小数。在本书中我们主要学习整数倍分频。分频本质上就是利用计数器延缓高低电平的翻转速度，从而使得生成的信号频率低于系统时钟频率。对系统时钟进行偶数倍分频如图 5.18 所示，给出了偶数倍(2 倍、4 倍、6 倍)分频的信号，这里的计数器 cnt 采用了上升沿时钟触发。

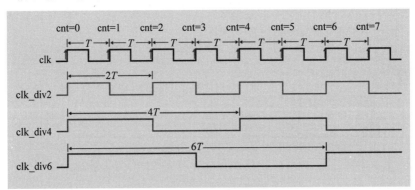

图 5.18 对系统时钟进行偶数倍分频

通过仔细观察分频信号的规律可以发现：2 倍分频的翻转间隔为 1 次计数；4 倍分频的翻转间隔为 2 次计数；6 倍分频的翻转间隔为 3 次计数；因此，对于任意偶数倍分频 N，翻转间隔应当是 $N/2$ 次计数。我们知道小脚丫 FPGA 的系统时钟频率为 12MHz，因此生成

1Hz 的信号需要对系统时钟分频 12 000 000 倍,而翻转间隔也就为 6 000 000 次计数。

奇数倍分频也可以采用上述同样的方法,但结果就是无法实现 50% 的占空比。占空比指的是在一个方波信号的周期中,高电平时长在总周期时长中的占比。50% 的占空比就意味着高低电平占比相同。关于占空比的实际应用请参见后续章节的综合项目训练。

对系统时钟进行奇数倍分频如图 5.19 所示,以 3 倍分频为例,假如翻转间隔设置在 cnt=1 处,则高电平时长为 T,而周期为 $3T$,因此占空比为 1/3;如果设置在 cnt=2 处,则占空比为 2/3。因此总会产生半个系统时钟周期的相位偏差。

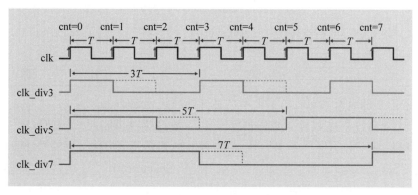

图 5.19 对系统时钟进行奇数倍分频

对于分频倍数较小,如 3 倍、5 倍等应用来说,半个系统时钟周期对占空比的影响较大,而当倍数变大时则可以忽略不计。不同奇数倍数对占空比的影响如表 5.7 所示,从表中可以看到,当分频 99 倍时,占空比约等于 50%。本实验任务中所需要的分频倍数远大于 99 倍,因此实际中不会对结果造成影响。

表 5.7 不同奇数倍数对占空比的影响

奇数分频倍数	占 空 比	奇数分频倍数	占 空 比
3 倍	1/3≈33.3%	9 倍	4/9≈44.4%
5 倍	2/5=40%	99 倍	49/99≈49.5%
7 倍	3/7≈42.9%		

5.6.3 代码设计

根据上述原理,在小脚丫 FPGA 上产生 1Hz 的频率需要用到一个容量为 12 000 000 次的计数器,而该计数器的容量至少为 24 位宽(可借助计算器换算)。我们先对本实验的分频模块 divider 完成端口和计数器定义,如代码 5.18 所示。

代码 5.18 整数分频实验-端口和参数定义

```
module divider (
    input clk,
    input rst_n,
    output clkout
);

parameter N = 12_000_000;
reg [23:0] cnt;
```

接下来采用行为级描述法定义分频计数器,如代码 5.19 所示。在代码中的 always @ (posedge clk or negedge rst_n) 代表块语句可由括号内任意一个条件触发。计数器在计到第 N 次时停止,并在 clk 的下一次上沿触发后再次从 0 开始计数。

代码 5.19　整数分频实验-计数器定义

```
always @(posedge clk or negedge rst_n)begin
    if(!rst_n)                          //重置键按下后,计数器清零
        cnt <= 1'b0;
    else if(cnt == (N-1) )              //计数到 12 000 000 时清零
        cnt <= 1'b0;
    else                                //未计满时递进
        cnt <= cnt + 1'b1;
end
```

最后,采用条件赋值语句将高低电平的翻转间隔设定在 N/2 处。

在模块中加入传导参数可以改善代码的可读性以及可调用性。比如,以上代码中的 divider1 模块只能产生 1Hz 的输出信号,而生成其他频率的输出信号则需要重新修改代码。事实上,设定分频倍数时只需要考虑计数器容量 N 和位宽 WIDTH 这两个参数,而其余代码部分都是一致的。因此在模块定义时,这两个参数可以通过 #(parameter N, parameter WIDTH) 被定义为传导参数。当调用该模块时,仅需要修改传导参数里的内容就可以对整个模块重新定义。完整的 Verilog 语法请参考代码 5.20 对通用分频模块 divider_integer 的描述。

代码 5.20　带有参数传导的通用分频模块

```
module divider_integer # (               //定义传导参数
    parameter WIDTH = 24,                //计数器位宽
    parameter N = 12000000               //计数器容量
)
(
    input clk,
    output reg clkout
);
reg [WIDTH-1:0] cnt;
always @ (posedge clk) begin
    if(cnt >= (N-1))
        cnt <= 1'b0;
    else
        cnt <= cnt + 1'b1;
    clkout <= (cnt < N/2)?1'b1:1'b0;
end
endmodule
```

将代码 5.20 进行逻辑综合并映射至小脚丫 FPGA 上就可以产生 1Hz 的输出信号 clkout,将该信号分配至任意 LED 引脚就可以使其闪烁。除了满足实验要求以外,还可以通过模块化设计同时生成多个其他频率的模块,比如代码 5.21 中设置的顶层模块文件 divider_top,通过调用 2 次分频模块,即可分别生成 2Hz 和 0.5Hz 的输出方波。

代码 5.21　调用整数分频模块生成 2Hz 和 0.5Hz 方波信号功能

```verilog
module divider_top (
    input wire clk,
    input wire rst_n,
    output wire led_2hz,
    output wire led_05hz
);

//分频 6 000 000 倍,产生 2Hz 输出时钟
divider_integer #(.WIDTH (24),.N (6_000_000) ) clk_2hz (
    .clk (clk),
    .clkout (led_2hz)
);
//分频 24 000 000 倍,产生 0.5Hz 输出时钟
divider_integer #(.WIDTH (24),.N (24_000_000) ) clk_05hz (
    .clk (clk),
    .clkout (led_05hz)
);

endmodule
```

5.6.4　FPGA 实验

实现整数分频电路实验步骤如下:
- 在 STEP FPGA 在线仿真平台,建立工程。
- 新建 Verilog HDL 设计文件,并输入设计代码。
- 综合并分配引脚。
- 编译构建并输出编程文件,下载并烧写至 FPGA 的 Flash 之中。
- 观察输出结果。

整数分频实验引脚分配图如图 5.20 所示。

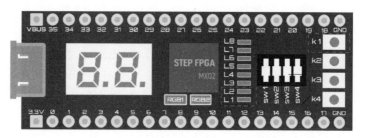

图 5.20　整数分频实验引脚分配图

5.7　机械按键的消抖

机械按键在使用时,由于内部弹片的物理特性,在触点闭合或断开瞬间会产生快速且短暂的接触不稳定现象,即按键抖动,这可能引起控制系统错误解读按键状态,影响系统稳定性。

5.7.1 实验任务

本实验任务是采用软件策略来消除这种按键抖动,确保系统能够准确识别用户的按键意图。

5.7.2 实验原理

机械按键在触电断开或闭合时,其内部的弹片都不可避免地振荡,这就会使对应的电信号在短时间内伴随一连串的抖动,造成系统不稳定,机械开关在按下或松开时产生的抖动噪声如图 5.21 所示。

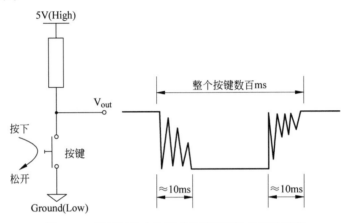

图 5.21 机械开关在按下或松开时产生的抖动噪声

解决这一现象的技术手段被称为开关消抖。开关消抖还可分为硬件消抖和软件消抖。硬件消抖是通过在按键电路中加入 RC 滤波电路,利用电容的充放电效应延长信号变化的时间,平滑抖动。而软件消抖是通过编程逻辑,在检测到按键状态改变时,不立即响应,而是等待一个足够长的时间(典型如 20ms),再次确认按键状态。如果状态保持不变,则认为是有效按键事件,如图 5.22 所示。

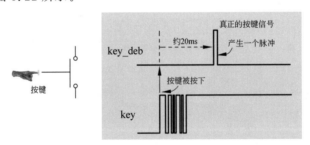

图 5.22 利用延时忽略抖动进而达到软件消抖的目的

鉴于按键抖动现象通常持续不超过 10ms,我们采取的策略是生成一个相对低频的判断信号,以此来自然滤除这些短暂的干扰。具体而言,图 5.23 采用了一个周期为 20ms 的慢速时钟信号作为评判标准。这样一来,即使按钮在任意时间点被按下,系统也会等待至下一个 20ms 周期到来时重新检查按钮状态,只有当此刻按钮仍保持在按下状态,系统才会确认这是一个有效的按下操作,从而有效忽略了期间可能发生的抖动影响。

综上所述,产生一个低速时钟是本实验的关键所在,而这也就要用到前一个实验所学的分频技术。接下来的代码部分将会对这一内容详解。

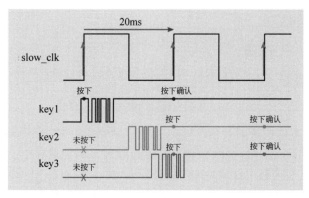

图 5.23　采用一个 20ms 周期的慢速时钟信号作为判定按键是否被真正按下的触发标志

5.7.3　代码设计

按键操作与功能实现之间存在着直接的逻辑关联,其中,某些特定情境下要求按键保持按下状态以持续激活某一功能。然而,更常见的设计需求是按键触发一个瞬时的脉冲信号:即按键一经检测到被按下,即便随后释放,系统也将接收到并基于这一脉冲信号执行后续预设的逻辑步骤。图 5.24 形象地展示了按键消抖的波形图。

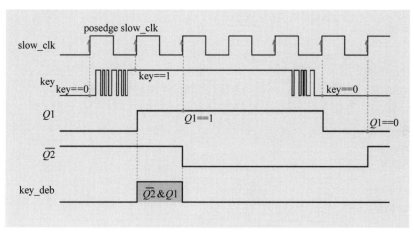

图 5.24　按键消抖的波形图

如图 5.24 所示,$Q1$ 由慢速时钟 slow_clk 触发,因此可以确认按键 key 是否被真正按下;而 $\overline{Q2}$ 信号则在下一个时钟触发时对 $Q1$ 信号取反相运算。最终我们只需要对 $Q1$ 和 $\overline{Q2}$ 两个信号进行与运算,就可以得到一个按键脉冲信号 key_deb,该信号的宽度为 1 个慢速时钟周期。

图 5.25 清晰地展现了实现按键脉冲信号的硬件结构,为后续的软件代码设计奠定了一个模块化的基础框架。针对按键消抖的功能需求,代码 5.22 展示了一个专门设计的软件模块。该模块通过整合不同的硬件级构建块来达成目标,具体包括采用时钟分频模块 divider_integer(源自实验 5.6),以此生成必要的慢速时钟信号 slow_clk;同时,复用了 D 触发器模块 dff(参见实验 5.3)的设计,通过两次实例化以形成数据处理链路。

在此架构中,首先利用分频参数设定为 240 000 的 divider_integer 模块,确保了从输入

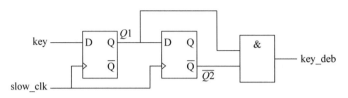

图 5.25　实现按键脉冲信号的硬件结构

时钟 clk 中分频出稳定的慢速时钟信号 slow_clk。紧接着，两次应用 D 触发器模块 dff，分别用来捕捉并保持按键状态(key)及该状态在慢速时钟下的延迟版本。其中，第一次捕获原始按键信号并输出至 Q1，第二次则取 Q1 作为输入，进一步延时产生 Q2。通过逻辑非门操作获得 Q2 的反向信号 Q2_bar，最后，将 Q1 与 Q2_bar 进行逻辑与运算，生成了去抖动后的按键有效脉冲信号 key_deb，其时长严格对应一个慢速时钟周期，有效过滤了因机械按键操作可能引起的不稳定信号，提升了系统响应的准确性和可靠性。

代码 5.22　软件按键消抖模块

```verilog
module debounce (
    input clk,key,
    output key_deb
);

wire slow_clk;
wire Q1,Q2,Q2_bar;

divider_integer #(.WIDTH(17),.N(240000)) U1 (
    .clk(clk),
    .clkout(slow_clk)         //产生低速时钟信号（分频 240 000）次
);
dff U2(                       //例化第一个 D 触发器
    .clk(slow_clk),
    .D(key),
    .Q(Q1)
);
dff U3(                       //例化第二个 D 触发器
    .clk(slow_clk),
    .D(Q1),
    .Q(Q2)
);

assign Q2_bar = ~Q2;
assign key_deb = Q1 & Q2_bar;  //将两个输出结果进行与预算
endmodule
```

5.7.4　FPGA 实验

在进行实验时，利用 LED 的状态以直接观察开关消抖功能的效果。实验的第一步是创建一个顶层模块，称为 top，其核心职责是接收来自按键消抖处理后的信号 key_deb，并利用这一信号来驱动 LED 状态的切换。按键消抖模块的顶层文件框图如图 5.26 所示。本次实践任务中，顶层模块 top 的代码要求自行设计，并且需确保此模块与先前开发的按键消抖模块（命名为 debounce）同处于工程的根目录之下，以便于整合与调试。

按键消抖完整代码如代码5.23所示,展示了一个完整的按键控制LED翻转的模块实例。在这个案例里,特别之处在于使用了经过消抖处理的信号key_deb作为控制LED翻转的依据。每当系统捕捉到按键的一次有效按压动作,LED的状态就会自动反转,即如果之前是点亮状态,则变为熄灭;反之亦然,这通过代码led <= ~led;得以实现,确保了每次按键操作都能触发LED状态的准确切换,由此验证了开关消抖技术对于增强按键反应稳定性的关键作用。

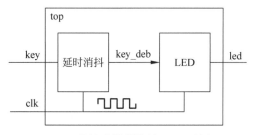

图5.26　按键消抖模块的顶层文件框图

代码5.23　按键消抖完整代码

```verilog
module key_test (
  input clk,key,rst_n,
  output reg led
);
  wire key_pulse;

  always @(posedge key_pulse or negedge rst_n) begin
      if (!rst_n)
          led <= 1'b1;
      else
          led <= ~led;
  end

  debounce u1(
    .clk (clk),
    .key (key),
    .key_deb (key_pulse)
  );
endmodule
```

实现按键消抖实验步骤如下:
- 在STEP FPGA在线仿真平台,建立工程。
- 新建Verilog HDL设计文件,并输入设计代码。
- 综合并分配引脚。
- 编译构建并输出编程文件,下载并烧写至FPGA的Flash之中。
- 观察输出结果。

按键消抖实验引脚分配图如图5.27所示。

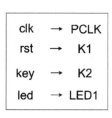

图5.27　按键消抖实验引脚分配图

第 6 章

状态机逻辑电路设计

本章从有限状态机的基本概念入手,逐步深入到状态编码、结构设计,以及用 Verilog 语言实现状态机。然后将通过两个实验性的项目——流水灯和简易交通灯设计——应用和巩固对状态机的理解和编程技能。

6.1 有限状态机

有限状态机,是一种描述事物运行规则的数学模型,即表示有限个数状态以及在这些状态之间的转移和动作等行为的数学模型。状态机不只是一种抽象的计算模型,更是一种思想方法,也是软硬件设计中常用的设计工具。

6.1.1 状态机的概念

有限状态机(Finite State Machine,FSM),又称有限状态自动机,简称状态机,是表示有限个状态以及在这些状态之间的转移和动作等行为的数学模型。有限状态机是指输出取决于过去输入部分和当前输入部分的时序逻辑电路。一般来说,除了输入部分和输出部分外,有限状态机还含有一组具有"记忆"功能的寄存器,这些寄存器的功能是记忆有限状态机的内部状态,它们常被称为状态寄存器。在有限状态机中,状态寄存器的下一个状态不仅与输入信号有关,而且还与该寄存器的当前状态有关,因此有限状态机又可以认为是组合逻辑和寄存器逻辑的一种组合。其中,寄存器逻辑的功能是存储有限状态机的内部状态;而组合逻辑又可以分为次态逻辑和输出逻辑两部分,次态逻辑的功能是确定有限状态机的下一个状态,输出逻辑的功能是确定有限状态机的输出。

状态机的一种表现形式是我们熟知的流程图。当我们希望对一连串相关事件或事物运行规则进行描述时,采用流程图的呈现方式通常比文字描述更加简洁。如图 6.1 所示就是通过状态流程图来描述地铁自助售票的过程。

在这里我们将自助售票的过程划分为 4 种状态:待机、选择目的地车站、支付和打印发卡。而

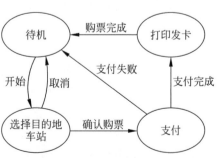

图 6.1 通过状态流程图来描述地铁自助售票的过程

每种状态之间的转换关系都取决于相应的触发条件。

实际上状态机有多种描述方式：状态转移图、状态转移表和硬件描述语言(HDL)描述。状态转移图和状态转移表在设计分析阶段使用便于我们理解状态机，也有设计工具自动转换为代码。在FPGA开发时，我们一般将状态机转移图转换为硬件描述语言描述。

不管状态机使用哪一种表述方式，都需要对事件做出分析，得出该事件有几种不同的状态、转换条件是什么，以及不同状态下的表现情况。

梳理分析地铁自助售票机的整个购票流程，可以得出如图6.2所示的自助售票机售票过程状态转移图。

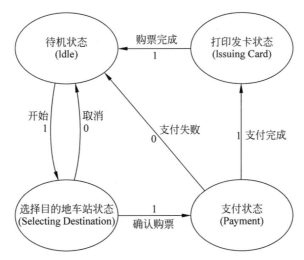

图6.2 自助售票机售票过程状态转移图

1. 4个状态

- 待机状态(Idle)：售票机处于空闲状态，等待乘客的操作。
- 选择目的地车站状态(Selecting Destination)：乘客正在选择要前往的目的地车站。
- 支付状态(Payment)：乘客正在进行支付操作。
- 打印发卡状态(Issuing Card)：售票机打印车票或地铁卡并发出。

2. 状态转换

- 待机状态→选择目的地车站状态：当乘客触摸屏幕上的选择目的地车站选项时，售票机进入选择目的地车站状态。
- 选择目的地车站状态→支付状态：当乘客选择了目的地车站并确认后，进入支付状态。
- 支付状态→打印发卡状态：当支付成功后，进入打印和发卡状态。
- 打印发卡状态→待机状态：当车票或地铁卡打印完成并发出后，返回待机状态。

3. 触发条件

- 触摸屏操作(touchscreen_select)：根据乘客在触摸屏上选择购票按键的操作触发状态之间的转换。
- 确认购票(touchscreen_confirm)：根据乘客在触摸屏上选择目的地车站的操作触发状态之间的转换。
- 支付系统反馈(payment_success)：根据支付系统的反馈触发状态之间的转换。
- 发卡完成信号反馈(issue_ready)：根据发卡机发卡完成信号触发状态之间的转换。

6.1.2 状态编码

状态编码是指将状态用数字进行编码。在 FPGA 中,状态通常被编码成二进制数字,以便在状态机的逻辑中使用。状态编码可以简化状态机的设计和实现,并降低资源消耗。

地铁自助售票机的售票过程共有 4 个状态,使用二进制数字对 4 个状态进行编码,如表 6.1 所示。

表 6.1　四种状态编码成相应的二进制码

状态描述	二进制编码	状态描述	二进制编码
待机状态	00	支付状态	10
选择目的地车站状态	01	打印发卡状态	11

状态被编码成二进制数字之后,会根据不同的触发条件在不同的状态之间转换。由前面的状态分析得知有 4 个输入信号作为触发条件:touchscreen_select、touchscreen_confirm、payment_success 和 printer_ready。各状态之间的触发跳转条件,如表 6.2 所示。

表 6.2　状态间的触发跳转

当前态	触发条件	次态
00	touchscreen_select=1	01
01	touchscreen_confirm=1	10
10	payment_success=1	11
11	issue_ready=1	00

这里所使用的编码是二进制编码,每个状态或数据由一组二进制位组成,其中每个位可以是 0 或 1。对于 n 个状态或数据,二进制编码使用 $\log 2(n)$ 位来表示每个状态或数据。每个状态之间的编码是连续的,即相邻的状态的编码之间只有一个二进制位不同。

除二进制编码外,我们更常用的是独热码,其编码使用一个长度等于状态或数据数量的向量来表示每个状态或数据,其中只有一个元素为 1,其余元素都为 0。对于 n 个状态或数据,独热码编码使用 n 位表示每个状态或数据,其中只有一个位为 1,其余位均为 0。使用独热码编码的地铁自助售票机状态如表 6.3 所示。

表 6.3　使用独热码编码的地铁自助售票机状态表

状态描述	独热码编码	状态描述	独热码编码
待机状态	1000	支付状态	0010
选择目的地车站状态	0100	打印发卡状态	0001

独热码编码使得状态之间的距离相等,易于译码和理解。每个状态的编码都是唯一的,不会出现混淆或冗余。在电路运行时,每次状态的切换只需要跳转 1 位,相比于二进制编码可靠性更高。但是独热码编码所需的位数通常较多,可能会消耗较多的存储空间和计算资源,尤其是在状态数量较大时。

相对于独热码编码,二进制编码在状态之间的转换时,可能会出现多个位同时改变的情况,导致编码之间的距离不均匀,可能增加译码的复杂度。但是所需的位数通常较少,因此可以节省存储空间和计算资源。

不管采用哪一种状态编码方式,在使用 Verilog 描述状态机时一般采用 parameter 或

localparam 语句以参数定义的方式进行编码,以提高代码的可读性和可维护性,状态编码定义如代码 6.1 所示。

代码 6.1　状态机状态编码示例

```
//将所有划分的状态以二进制方式定义
parameter S0 = 3'b000,
          S1 = 3'b001,
          S2 = 3'b010,
          S3 = 3'b011,
          S4 = 3'b100,
          S5 = 3'b101;
```

6.1.3　状态机的结构

构建状态机的过程,实际上就是将整个事物的进程通过划分成若干个有规律的状态,而对系统进行简化,因此对各状态的划分是非常重要的一个环节。

首先,当我们希望对某种事物进行状态机描述时,该事物必须可以被划分成有限数量的状态。其次,每一个状态都必须具有可触发性,也就是说在达到某种触发条件后,该状态会相应做出反应(既可以转至其他状态,也可以再返回至本状态),而在未达到触发条件时不做出任何反应。最后,状态机还需确保任意时刻发生的事件都有且只有一个状态与之相对应。

在使用电路实现状态机时,首先要有存储元件能存储变化状态。时序逻辑电路中,触发器是电路状态的存储元件,所以由一组触发器组成状态寄存器可以记忆当前状态。由于输入信号的历史值不同,而且状态寄存器取值不同,所以时序电路会处于不同的状态。状态机一般设计为 3 个主要部分:次态逻辑、状态寄存器和输出逻辑。

次态逻辑是输入和当前状态的函数,是产生下一状态的组合逻辑电路。

状态寄存器是由多个触发器组成的触发器组,当然,这些触发器使用同一时钟,也就是同步时序。现代电路设计中,一般使用 D 触发器构成状态寄存器。

输出逻辑直接对应电路的输出,可以是组合逻辑电路,也可以是时序逻辑,组合逻辑会产生毛刺导致竞争和冒险现象,所以输出逻辑一般用同步时序逻辑输出。

如果电路的输出只由电路的当前状态决定,这种类型的状态机称为 Moore 状态机,如果电路的输出由电路的当前状态和输入共同决定,则这种状态机称为 Mealy 状态机。典型的 Moore 状态机和 Mealy 状态机结构如图 6.3 所示。

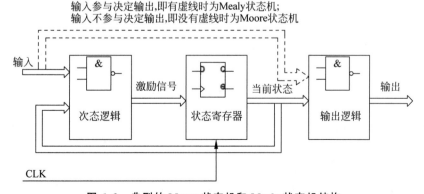

图 6.3　典型的 Moore 状态机和 Mealy 状态机结构

6.1.4 状态机的 Verilog 实现

在使用 Verilog HDL 描述状态机时,描述状态机可以使用以下步骤。

1) 逻辑抽象

根据设计需求分析出不同的状态、转换条件以及不同状态下的输出情况。

2) 状态化简

分析输入和输出,合并化简状态得到最简状态转移图。

3) 状态编码

可以使用二进制编码、格雷码或独热码等编码方式。在模块中使用参数定义语句 parameter 或 localparam 定义电路的状态编码。后期修改状态时只需要修改参数定义的状态编码值即可,无需对代码中的每一处状态值进行修改,便于后期代码维护。

4) 分段描述

使用 always 块描述输入输出逻辑和状态转移。由图 6.3 的结构我们知道一个典型的有限状态机分为次态逻辑、状态寄存器和输出逻辑三个部分,描述该结构的步骤一般是:

- 使用同步时序的 always 块描述状态寄存器实现状态的转移存储。
- 使用电平敏感列表和 case 语句(或 if-else 条件语句)描述状态转换逻辑。
- 描述状态机的输出逻辑。

状态机状态转移图如图 6.4 所示,以此状态机为例来说明对一段式、两段式和三段式状态机的描述。

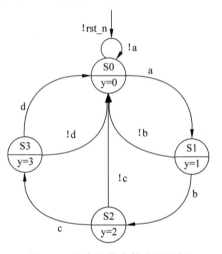

图 6.4 状态机状态转移图示例

在一个 always 块中使用同步时序逻辑实现状态转换和状态下的输出,这种描述方式简单直接,称为一段式状态机,如代码 6.2 所示。

代码 6.2 一段式状态机演示程序

```
//一段式状态机演示程序
//    a    b   c    d
//S0 -> S1 -> S2 -> S3 -> S0
module fsm_exam_p2 (
  input clk,rst_n,a,b,c,d,
  output reg y
  );

//独热码状态编码
parameter S0 = 4'b0001,
          S1 = 4'b0010,
          S2 = 4'b0100,
          S3 = 4'b1000;

//状态变量
reg [3:0] state;
```

```verilog
//第一段 状态寄存器
always @(posedge clk or negedge rst_n) begin
    if (!rst_n) begin
        y <= 0;
        state <= 0;
    end else begin
        case(state)
            S0: begin
                    if(a)
                        state = S1;
                    else
                        state = S0;
                    y = 0;
                end
            S1: begin
                    if(b)
                        state = S2;
                    else
                        state = S0;
                    y = 1;
                end
            S2: begin
                    if(c)
                        state = S3;
                    else
                        state = S0;
                    y = 2;
                end
            S3: begin
                    if(d)
                        state = S0;
                    else
                        state = S0;
                    y = 3;
                end
            default: begin
                        state = S0;
                        y = 0;
                    end
        endcase
    end
end

endmodule
```

虽然使用一个 always 块的描述方式完全没有问题，但是这确实不是一种很好的做法，在学习阶段所接触的状态机比较简单，没有很多复杂的状态转换，所以"使用一段式描述的方法"完全能够实现功能，而且比较符合我们大脑的逻辑思维，但是在遇到复杂的状态机时，一段式描述非常不利于查错和修改。

我们推荐的做法是将时序逻辑和组合逻辑分开描述，在一个 always 块中使用同步时序逻辑实现当前态和次态的切换，也就是状态的存储，另一个 always 块使用组合逻辑实现输入、状态判断和当前状态的输出。这种写法实现了时序逻辑和组合逻辑的解耦，不仅便于阅读、理解和维护，而且有利于综合器优化代码，有利于用户添加合适的时序约束条件，有利于布局布线器实现设计。

两段式描述方式使用两个 always 块，一个 always 块用于描述状态寄存器，另一个 always 块用于描述次态逻辑和输出逻辑，如代码 6.3 所示。

代码 6.3　两段式状态机演示程序

```verilog
//两段式状态机演示程序
//     a   b   c   d
//S0 -> S1 -> S2 -> S3 -> S0
module fsm_exam_p2 (
  input clk,rst_n,a,b,c,d,
   output reg y
  );

//独热码状态编码
parameter S0 = 4'b0001,
          S1 = 4'b0010,
          S2 = 4'b0100,
          S3 = 4'b1000;

//状态变量
reg [3:0] next_state;
reg [3:0] state;

//第一段 状态寄存器
always @(posedge clk or negedge rst_n) begin
    if (!rst_n) begin
        state  <= 4'b0;
    end else begin
        state  <= next_state;
    end
end

//第二段 次态逻辑和逻辑输出
always @( * ) begin
    case(state)
        S0: begin
                if(a)
                    next_state = S1;
                else
                    next_state = S0;
                y = 0;
            end
        S1: begin
                if(b)
                    next_state = S2;
                else
                    next_state = S0;
                y = 1;
            end
        S2: begin
```

```
                    if(c)
                        next_state = S3;
                    else
                        next_state = S0;
                    y = 2;
                end
            S3: begin
                    if(d)
                        next_state = S0;
                    else
                        next_state = S0;
                    y = 3;
                end
            default: begin
                    next_state = S0;
                    y = 0;
                end
        endcase
    end
endmodule
```

二段式状态机的第二个 always 块中使用组合逻辑实现当前状态的输出，可能会产生毛刺，存在竞争和冒险现象，这也是组合逻辑的"老毛病"，解决的办法是输出信号用寄存器"打一拍"，也就是将输出信号通过触发器延迟一个时钟周期输出，但是这个办法在有的情况下条件不允许，此时建议使用多段式描述方式。

采用 3 个及以上 always 块描述状态机称为多段式，将状态寄存器、次态逻辑和输出逻辑分开描述，第一个 always 块采用同步时序逻辑描述状态转移。第二个 always 块采用组合逻辑判断状态转移条件、描述状态转移规律。第三个 always 块描述每一个状态的输出，可以用组合逻辑，也可以用时序逻辑，一般使用同步时序逻辑，以解决组合逻辑的毛刺问题。如此写法看上去有些循规蹈矩，但是三段式状态机的优势在于根据状态转移规律，在上一状态根据输入条件判断当前状态的输出，从而在不插入额外时钟节拍的前提下实现寄存器输出，而且这种"规矩"的写法更容易调试和修改。三段式状态机演示程序如代码 6.4 所示。

代码 6.4　三段式状态机演示程序

```
//三段式状态机演示程序
//     a    b    c    d
//S0 -> S1 -> S2 -> S3 -> S0
module fsm_exam_p3 (
    input clk,rst_n,a,b,c,d,
    output reg y
    );

//独热码状态编码
parameter S0 = 4'b0001,
          S1 = 4'b0010,
          S2 = 4'b0100,
          S3 = 4'b1000;

//machine variable
```

```verilog
    reg [3:0] next_state;
    reg [3:0] state;

//第一段 状态寄存器
always @(posedge clk or negedge rst_n) begin
    if (!rst_n) begin
        state <= 4'b0;
    end else begin
        state <= next_state;
    end
end

//第二段 次态逻辑
always @( * ) begin
    case(state)
        S0: begin
                if(a)
                    next_state = S1;
                else
                    next_state = S0;
            end
        S1: begin
                if(b)
                    next_state = S2;
                else
                    next_state = S0;
            end
        S2: begin
                if(c)
                    next_state = S3;
                else
                    next_state = S0;
            end
        S3: begin
                if(d)
                    next_state = S0;
                else
                    next_state = S0;
            end
        default:    next_state = S0;
    endcase
end

//第三段 逻辑输出
always @(posedge clk or negedge rst_n) begin
    if (!rst_n) begin
        y <= 0;
    end else begin
        case(next_state)
            S0 : y <= 0;
            S1 : y <= 1;
            S2 : y <= 2;
            S3 : y <= 3;
```

```
                default : y <= 0;
            endcase
        end
    end
endmodule
```

6.2 利用状态机实现流水灯

掌握流水灯的原理,利用状态机实现流水灯。

6.2.1 实验任务

小脚丫 FPGA 开发板集成有 8 个 LED,采用状态机的设计思路依次点亮 8 个 LED 构成流水灯的效果,LED 的点亮时间间隔为 500ms。

6.2.2 实验原理

小脚丫 FPGA 板上的 LED 电路原理图如图 6.5 所示。

从 LED 原理图上可以得知,在 8 个 LED 阴极引脚输出高电平(+3.3V),则 8 个 LED 处于熄灭状态,当依次在 LED 阴极引脚输出低电平,则对应 LED 被点亮,设置相邻 LED 被点亮间隔为 500ms,如此运行则是流水灯的效果。

实现以上效果最简单的方案是 LED[7:0]初始化为 FEh,每隔 500ms 将 LED[7:0]循环移位 1 位即可。当然,流水灯任务非常适合采用状态机的设计思路。分析流水灯的运行逻辑,满足任意时刻都处于 1 个 LED 点亮,其余 7 个 LED 熄灭的状态,8 个 LED 则对应 8 种以上状态,分别标记为 S0～S7。流水灯的状态转移图如图 6.6 所示。

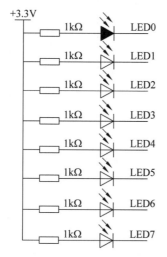

图 6.5 小脚丫 FPGA 板上的 LED 电路原理图

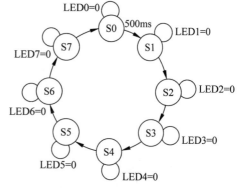

图 6.6 流水灯的状态转移图

由以上状态转移图我们可以分析得到以下状态机信息。

- 状态定义:定义 8 个状态,分别对应 8 个 LED 的点亮顺序。
- 状态转换:在每个状态下,等待 500 毫秒后切换到下一个状态,以便点亮下一个 LED。
- 触发条件：定时器定时 500 毫秒溢出触发下一状态。
- 输出控制：在每个状态下，控制对应的 LED 点亮，其他 LED 熄灭。

6.2.3 代码设计

下面使用三段式状态机描述流水灯状态机的构建过程。

首先对各个状态进行定义和编码。由图 6.6 可知整个过程被划分为 S0,S1⋯S7 共计 8 个状态，采用二进制编码方式，8 个状态需要 1 个 3 位宽的变量来表示，可编码为 000,001, 010⋯111，状态定义如代码 6.5 所示。

代码 6.5　流水灯实验-状态编码

```
parameter S0 = 3'b000,
          S1 = 3'b001,
          S2 = 3'b010,
          S3 = 3'b011,
          S4 = 3'b100,
          S5 = 3'b101,
          S6 = 3'b110,
          S7 = 3'b111;
```

相邻状态之间每 500ms 转换一次，触发条件是 500ms 定时时间到。为此我们定义一个计数器产生 500ms 的延时，并在每次计数器溢出后对状态 state 进行更新。计数器的设计代码如代码 6.6 所示。

代码 6.6　流水灯实验-计数器 verilog 代码

```
//计数器计数变量
reg [23: 0] cnt;
//计时器阈值,用小脚丫 FPGA 板载 12MHz 晶振为时钟输入,计数 6000000 次则为 50ms
parameter CNT_NUM = 24'd6000000;
//50ms 计时器
always @(posedge clk or negedge rst_n) begin
    if(!rst_n) begin
        cnt <= 24'b0;
    end if(cnt == CNT_NUM - 1)
        cnt <= 24'b0;
    else
        cnt <= cnt + 1'b1;
end
```

三段式状态机的第一段是状态寄存器的描述，在系统时钟驱动下，完成状态转换，设计代码如代码 6.7 所示。

代码 6.7　流水灯实验-流水灯状态机第一段

```
//第一段: 状态寄存器
always @(posedge clk or negedge rst_n) begin
    if(!rst_n) begin
        state <= 3'b0;
    end else begin
        state <= next_state;
    end
end
```

状态机第二段，在 always 块内将所有触发条件（判断定时器是否溢出）列入敏感信号列表，这里使用的是电平敏感信号。状态转换条件是判断计数值 cnt 是否达到设定值。设计代码如代码 6.8 所示。

代码 6.8　流水灯实验-流水灯状态机第二段

```verilog
//第二段：次态逻辑，通过判断cnt的值是否达到阈值作为切换条件
always @( * ) begin
    case(state)
        S0: begin
                if(cnt == CNT_NUM - 1)
                    next_state = S1;
                else
                    next_state = S0;
            end
        S1: begin
                if(cnt == CNT_NUM - 1)
                    next_state = S2;
                else
                    next_state = S1;
            end
        S2: begin
                if(cnt == CNT_NUM - 1)
                    next_state = S3;
                else
                    next_state = S2;
            end
        S3: begin
                if(cnt == CNT_NUM - 1)
                    next_state = S4;
                else
                    next_state = S3;
            end
        S4: begin
                if(cnt == CNT_NUM - 1)
                    next_state = S5;
                else
                    next_state = S4;
            end
        S5: begin
                if(cnt == CNT_NUM - 1)
                    next_state = S6;
                else
                    next_state = S5;
            end
        S6: begin
                if(cnt == CNT_NUM - 1)
                    next_state = S7;
                else
                    next_state = S6;
            end
        S7: begin
                if(cnt == CNT_NUM - 1)
                    next_state = S0;
```

```
                else
                    next_state = S7;
            end
        default: begin
            next_state = S0;
        end
        endcase
    end
```

最后,采用同步时序逻辑,生成触发器输出。流水灯状态机第三段设计代码如代码 6.9 所示。

代码 6.9　流水灯实验-流水灯状态机第三段

```
//第三段 输出逻辑,当前状态下的输出
//小脚丫 FPGA 的板载 LED 引脚有上拉电阻,所示 LED 输出引脚为 0 时,所连接的 LED 点亮
always @ (posedge clk or negedge rst_n) begin
    if(!rst_n) begin
        LEDs <= 8'b11111110;
    end else begin
        case(next_state)
            S0:  LEDs <= 8'b11111110;
            S1:  LEDs <= 8'b11111101;
            S2:  LEDs <= 8'b11111011;
            S3:  LEDs <= 8'b11110111;
            S4:  LEDs <= 8'b11101111;
            S5:  LEDs <= 8'b11011111;
            S6:  LEDs <= 8'b10111111;
            S7:  LEDs <= 8'b01111111;
        endcase
    end
end
```

将以上片段整合后即构成了三段式状态机控制本实验流水灯的代码,如代码 6.10 所示。

6.10　采用三段式状态机实现流水灯实验

```
module ledchaser_p3 (
    input clk,rst_n,
    output reg [7:0] LEDs
);
//状态编码,将所有划分的状态以二进制方式定义
parameter S0 = 3'b000,
          S1 = 3'b001,
          S2 = 3'b010,
          S3 = 3'b011,
          S4 = 3'b100,
          S5 = 3'b101,
          S6 = 3'b110,
          S7 = 3'b111;

//状态变量
reg [2:0]state,next_state;
```

```verilog
//计数器计数变量
reg [23: 0] cnt;
//计时器阈值,用小脚丫FPGA板载12MHz晶振为时钟输入,计数6000000次则为500ms
parameter CNT_NUM = 24'd6000000;
//50ms 计时器
always @(posedge clk or negedge rst_n) begin
    if(!rst_n) begin
        cnt <= 24'b0;
    end if(cnt == CNT_NUM - 1)
        cnt <= 24'b0;
    else
        cnt <= cnt + 1'b1;
end

//第一段: 状态寄存器
always @(posedge clk or negedge rst_n) begin
    if(!rst_n) begin
        state <= 3'b0;
    end else begin
        state <= next_state;
    end
end
//第二段: 次态逻辑,通过判断cnt的值是否达到阈值作为切换条件
always @(*) begin
    case(state)
        S0: begin
                if(cnt == CNT_NUM - 1)
                    next_state = S1;
                else
                    next_state = S0;
            end
        S1: begin
                if(cnt == CNT_NUM - 1)
                    next_state = S2;
                else
                    next_state = S1;
            end
        S2: begin
                if(cnt == CNT_NUM - 1)
                    next_state = S3;
                else
                    next_state = S2;
            end
        S3: begin
                if(cnt == CNT_NUM - 1)
                    next_state = S4;
                else
                    next_state = S3;
            end
        S4: begin
                if(cnt == CNT_NUM - 1)
                    next_state = S5;
                else
```

```verilog
                    next_state = S4;
                end
            S5: begin
                    if(cnt == CNT_NUM - 1)
                        next_state = S6;
                    else
                        next_state = S5;
                end
            S6: begin
                    if(cnt == CNT_NUM - 1)
                        next_state = S7;
                    else
                        next_state = S6;
                end
            S7: begin
                    if(cnt == CNT_NUM - 1)
                        next_state = S0;
                    else
                        next_state = S7;
                end
            default: begin
                next_state = S0;
            end
        endcase
    end
    //第三段 输出逻辑,当前状态下的输出
    //小脚丫 FPGA 的板载 LED 引脚有上拉电阻,所示 LED 输出引脚为 0 时,所连接的 LED 点亮
    always @ (posedge clk or negedge rst_n) begin
        if(!rst_n) begin
            LEDs <= 8'b11111110;
        end else begin
            case(next_state)
                S0:    LEDs <= 8'b11111110;
                S1:    LEDs <= 8'b11111101;
                S2:    LEDs <= 8'b11111011;
                S3:    LEDs <= 8'b11110111;
                S4:    LEDs <= 8'b11101111;
                S5:    LEDs <= 8'b11011111;
                S6:    LEDs <= 8'b10111111;
                S7:    LEDs <= 8'b01111111;
            endcase
        end
    end

endmodule
```

如果将逻辑切换和状态输出放在同一个 always 块,则构成了两段式描述方法,如代码 6.11 所示。

代码 6.11 采用两段式状态机实现流水灯实验

```verilog
module ledchaser_p2(
    input clk,rst_n,
```

```verilog
        output reg [7:0] LEDs
);
//状态编码,将所有划分的状态以二进制方式定义
parameter S0 = 3'b000,
          S1 = 3'b001,
          S2 = 3'b010,
          S3 = 3'b011,
          S4 = 3'b100,
          S5 = 3'b101,
          S6 = 3'b110,
          S7 = 3'b111;

//状态变量
reg [2:0] state,next_state;
//计数器计数变量
reg [23:0] cnt;
//计时器阈值,用小脚丫 FPGA 板载 12MHz 晶振为时钟输入,计数 6000000 次则为 500ms
parameter CNT_NUM = 24'd6000000;
//50ms 计时器
always @(posedge clk or negedge rst_n) begin
    if(!rst_n) begin
        cnt <= 24'b0;
    end if(cnt == CNT_NUM - 1)
        cnt <= 24'b0;
    else
        cnt <= cnt + 1'b1;
end


//第一段: 状态寄存器
always @(posedge clk or negedge rst_n) begin
    if(!rst_n) begin
        state <= 3'b0;
    end else begin
        state <= next_state;
    end
end

//第二段: 次态逻辑和状态输出逻辑
//在 1 个 always 块内,通过判断 cnt 的值是否达到阈值作为切换条件,并且输出当前状态下的 LED
输出值

always @( * ) begin
    if(!rst_n) begin
        next_state = S0;
        LEDs = 8'b11111110;
    end else begin
        case(state)
            S0: begin
                //通过判断 cnt 的值是否达到阈值作为切换条件
                if(cnt == CNT_NUM - 1)
                    next_state = S1;
                else
                    next_state = S0;
```

```verilog
                        //S0 状态下第一个 LED 亮,小脚丫 FPGA 的板载 LED 引脚有上拉电阻,所示
                          LED 输出引脚为 0 时,LED 点亮
                        LEDs = 8'b11111110;
            end
        S1: begin
                if(cnt == CNT_NUM - 1)
                    next_state = S2;
                else
                    next_state = S1;
                LEDs = 8'b11111101;
            end
        S2: begin
                if(cnt == CNT_NUM - 1)
                    next_state = S3;
                else
                    next_state = S2;
                LEDs = 8'b11111011;
            end
        S3: begin
                if(cnt == CNT_NUM - 1)
                    next_state = S4;
                else
                    next_state = S3;
                LEDs = 8'b11110111;
            end
        S4: begin
                if(cnt == CNT_NUM - 1)
                    next_state = S5;
                else
                    next_state = S4;
                LEDs = 8'b11101111;
            end
        S5: begin
                if(cnt == CNT_NUM - 1)
                    next_state = S6;
                else
                    next_state = S5;
                LEDs = 8'b11011111;
            end
        S6: begin
                if(cnt == CNT_NUM - 1)
                    next_state = S7;
                else
                    next_state = S6;
                LEDs = 8'b10111111;
            end
        S7: begin
                if(cnt == CNT_NUM - 1)
                    next_state = S0;
                else
                    next_state = S7;
                LEDs = 8'b01111111;
            end
        default: begin
            next_state = S0;
```

```
                    LEDs = 8'b11111110;
                end
            endcase
        end
    end

endmodule
```

6.2.4 FPGA 实验

实现流水灯实验步骤如下：
- 在 STEP FPGA 在线仿真平台，建立工程。
- 新建 Verilog HDL 设计文件，并输入设计代码。
- 综合并分配引脚。
- 编译构建并输出编程文件，下载并烧写至 FPGA 的 Flash 中。
- 观察输出结果。

流水灯的引脚分配图如图 6.7 所示。

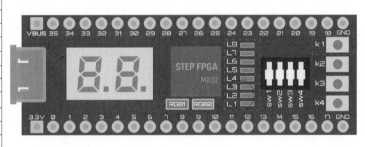

信号名称	开发板设备	FPGA引脚
clk	PCLK	C1
rst	K1	L14
LED0	LED1	N13
LED1	LED2	M12
LED2	LED3	P12
LED3	LED4	M11
LED4	LED5	P11
LED5	LED6	N10
LED6	LED7	N9
LED7	LED8	P9

图 6.7 流水灯的引脚分配图

实验现象：按下按键 K1 复位程序，可以看到 8 个 LED 从 LED1 开始依次点亮，LED8 熄灭后再从 LED1 开始循环点亮。

6.3 简易交通信号灯设计

十字路口的交通信号灯是一个非常经典的状态机系统，从耳熟能详的交通规则"红灯停、绿灯行、黄灯亮了等一等"我们也可以知道，这其实是三种不同颜色的信号灯在无限循环切换的过程。

6.3.1 实验任务

图 6.8 为某十字路口交通信号灯的示意图，真实的十字路口因为双向车道的原因一般有两对红绿灯，本项目将任务简化，只保留利用小脚丫开发板上的两个 RGB 三色灯上实现一个简易版十字路口交通信号灯，如图 6.9 所示。

这里假设南北向道路的绿、黄灯、红灯亮灯持续时间分别为 40s、3s、30s，东西向道路的绿灯、黄灯、红灯亮灯持续时间分别为 27s、3s、43s，且该信号灯带有重置功能。

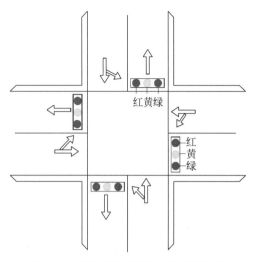

图 6.8 十字路口交通信号灯的示意图

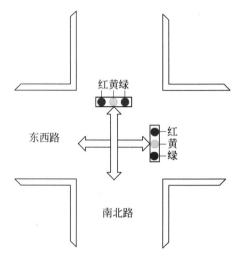

图 6.9 简易版十字路口交通信号灯

6.3.2 实验原理

红绿灯的运行规则非常有意思,南北向道路在绿灯结束之后是短暂的黄灯,而这段时间东西向车道则是红灯,接下来,东西向道路变绿灯持续一段时间后再变黄灯,南北向道路变红灯等下次绿灯。如此循环往复下去。我们使用时序图显示会更清晰,简易交通信号灯工作流程时序图如图 6.10 所示。

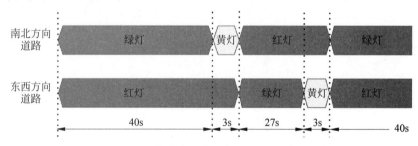

图 6.10 简易交通信号灯工作流程时序图

我们将每一次状态的变化用虚线划分,经过时序图分析会发现一个工作周期其实可以划分为 4 个阶段,这 4 个阶段根据对应持续时间依次切换。如此,我们将 4 个阶段看作 4 个状态,状态转换的触发条件是定时时间。状态机的状态转移图很好地描述了整个系统运转的过程,简易交通信号灯状态转移图如图 6.11 所示。

状态机分析。

- 状态定义。

S0:南北道路绿灯点亮,东西道路红灯点亮,持续 40s 的时间。

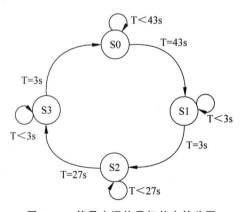

图 6.11 简易交通信号灯状态转移图

S1：南北道路黄灯点亮，东西道路红灯点亮，持续 3s 的时间。
S2：南北道路红灯点亮，东西道路绿灯点亮，持续 27s 的时间。
S3：南北道路红灯点亮，东西道路黄灯点亮，持续 3s 的时间。
- 状态转换。

S0→S1：定时器 40s 计数溢出。
S1→S2：定时器 3s 计数溢出。
S2→S3：定时器 27s 计数溢出。
S4→S0：定时器 3s 计数溢出。

6.3.3 代码设计

通过对状态图的分析我们得知这是一个典型的以计时器溢出作为触发信号的状态机，下面我们使用三段式状态机的描述方法来实现，并在 STEP FPGA 开发板上运行，控制 2 个板载的 RGB 三色灯。小脚丫 FPGA 开发板 RGB 三色 LED 的连接示意图如图 6.12 所示。

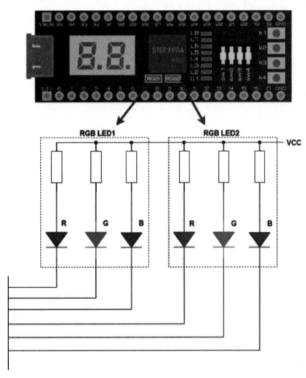

图 6.12　小脚丫 FPGA 开发板 RGB 三色 LED 的连接示意图

在设计该状态机的 Verilog 代码前，首先明确模块的输入信号和输出信号。输入信号是 12MHz 系统时钟和复位按键，输出信号则是三色 LED 的控制信号，小脚丫 FPGA 开发板上的 RGB 三色灯通过上拉电阻连接到 FPGA 的 3 路引脚，所以如果需要点亮 RGB LED 中的某一路时，将对应颜色 LED 的引脚输出低电平（用 0 表示），另外两路其他颜色 LED 输出高电平（用 1 表示）即可。三路输出信号和 LED 颜色对应关系如下：011 对应红色（R），101 对应绿色（G），110 对应蓝色（B），而黄灯则可以通过同时点亮 R 和 G 合成，这里我们为了演示方便，用蓝色代替黄色。此外，该任务中需要两个 RGB LED，共有 6 路输出信号。简易交通信号灯模块端口定义如代码 6.12 所示。

代码 6.12　简易交通信号灯模块-simple_traffic 端口定义

```verilog
module simple_traffic
(
    clk ,        //时钟
    rst_n,       //复位
    RGB_out      //三色 led 代表交通信号灯
);
input clk,rst_n;
output reg [5:0]    RGB_out;
```

由状态转移图我们知道共有 4 种状态，使用参数定义语句 parameter 定义 S0~S3 四种状态，采用二进制编码方式。除此之外，我们还对定时器设置值和各状态下的输出信号进行了定义，这样做便于代码的阅读和维护。参数定义如代码 6.13 所示。

代码 6.13　简易交通信号灯模块-参数定义

```verilog
//状态机状态编码
parameter S1 = 4'b00,
          S2 = 4'b01,
          S3 = 4'b10,
          S4 = 4'b11;
//计时参数
parameter time_s1 = 4'd15,
          time_s2 = 4'd3,
          time_s3 = 4'd7,
          time_s4 = 4'd3;
//各个状态下的输出信号
parameter led_s1 = 6'b101011,    //LED2 绿色 LED1 红色
          led_s2 = 6'b110011,    //LED2 蓝色 LED1 红色
          led_s3 = 6'b011101,    //LED2 红色 LED1 绿色
          led_s4 = 6'b011110;    //LED2 红色 LED1 蓝色
```

这里我们例化时序逻辑电路中学习过的时钟分频模块（divide.v），设置输出信号的时钟频率为 1Hz，在 1Hz 频率时钟信号下实现状态转移的同步逻辑，即每隔 1s 实现当前态和次态的切换。时钟分频和转态转移如代码 6.14 所示。

代码 6.14　简易交通信号灯模块-时钟分频和转态转移

```verilog
//产生 1 秒的时钟周期
divide#(.WIDTH(32),.N(12000000)) CLK1H (
            .clk(clk),
            .rst_n(rst_n),
            .clkout(clk1h));

//第一段 同步逻辑 描述次态到现态的转移
always @ (posedge clk1h or negedge rst_n) begin
    if(!rst_n)
        cur_state <= S0;
    else
        cur_state <= next_state;
end
```

从图 6.11 中的状态机分析得知，状态机的触发条件是定时器的计数值，当计时小于指

定读秒时间则仍停留在原状态；当计时达到指定读秒时间时则跳转至下一状态。该部分的内容在 always 块通过组合逻辑实现，always 块的敏感信号列表中列出所有可能导致转态转换的电平敏感信号，状态转换逻辑具体描述如代码 6.15 所示。

代码 6.15　简易交通信号灯模块-状态转换逻辑

```
//第二段 组合逻辑描述状态转移的判断
always @ (cur_state or rst_n or timecont) begin
    if(!rst_n) begin
            next_state = S0;
    end
    else begin
        case(cur_state)
            S0:begin
                if(timecont == 1)
                    next_state = S1;
                else
                    next_state = S0;
            end

            S1:begin
                if(timecont == 1)
                    next_state = S2;
                else
                    next_state = S1;
            end

            S2:begin
                if(timecont == 1)
                    next_state = S3;
                else
                    next_state = S2;
            end

            S3:begin
                if(timecont == 1)
                    next_state = S0;
                else
                    next_state = S3;
            end

            default: next_state = S0;
        endcase
    end
end
```

第三段，通过条件语句 case(...) 区分不同状态下的输出，该部分描述为同步时序逻辑电路，以避免竞争和冒险现象。此外，在 always 块中需要同步定时器的运行。计数器可以是递增模式，也可以是递减模式。这里我们设置为递减计数，在每一个状态下，将计数变量 timecont 设置为该状态下的计数阈值，即计时参数。在当前状态下持续递减，并判断是否递减完成，设定时间值递减完成后切换至下一状态。状态输出具体描述如代码 6.16 所示。

代码 6.16　简易交通信号灯模块-状态输出

```verilog
//第三段  同步逻辑 描述次态的输出动作
always @ (posedge clk1h or negedge rst_n) begin
    if(!rst_n) begin
        RGB_out <= led_s1;
        timecont <= time_s1;
        end
    else begin
        case(next_state)
            S1:begin
                RGB_out <= led_s1;
                if(timecont == 1)
                    timecont <= time_s1;
                else
                    timecont <= timecont - 1;
                end

            S2:begin
                RGB_out <= led_s2;
                if(timecont == 1)
                    timecont <= time_s2;
                else
                    timecont <= timecont - 1;
                end

            S3:begin
                RGB_out <= led_s3;
                if(timecont == 1)
                    timecont <= time_s3;
                else
                    timecont <= timecont - 1;
                end

            S4:begin
                RGB_out <= led_s4;
                if(timecont == 1)
                    timecont <= time_s4;
                else
                    timecont <= timecont - 1;
                end

            default:begin
                RGB_out <= led_s1;
                end
        endcase
    end
end
```

6.3.4　FPGA 实验

实现简易交通信号灯的实验步骤如下。

- 在 STEP FPGA 在线仿真平台，建立工程。

- 新建 Verilog HDL 设计文件,并键入设计代码。
- 导入之前的时钟分配模块源文件。
- 综合并分配输入输出信号引脚。
- 编译构建并输出编程文件,下载并烧写至 FPGA 的 Flash 之中。
- 观察输出结果。

简易交通信号灯的引脚分配图如图 6.13 所示。

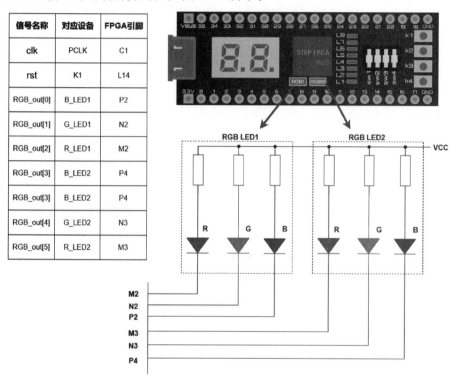

信号名称	对应设备	FPGA引脚
clk	PCLK	C1
rst	K1	L14
RGB_out[0]	B_LED1	P2
RGB_out[1]	G_LED1	N2
RGB_out[2]	R_LED1	M2
RGB_out[3]	B_LED2	P4
RGB_out[3]	B_LED2	P4
RGB_out[4]	G_LED2	N3
RGB_out[5]	R_LED2	M3

图 6.13 简易交通信号灯的引脚分配图

第7章

模数转换项目

本章将深入探讨模数转换器(Analog to Digital Converter,ADC)和数模转换器(Digital to Analog Converter,DAC)的原理和应用,这些内容对于深入理解和掌握现代数字系统设计至关重要。首先介绍了 ADC 和 DAC 的基本概念和工作原理,了解它们在数字与模拟信号转换过程中的核心作用。接下来通过具体的实例深入展示了如何在实际项目中应用这些转换器,让读者能够将这些知识应用到实践中,极大地促进了对模数/数模转换技术的深度理解和实践能力的提升。

7.1 模数转换器与数模转换器

随着电子设计的复杂度和功能需求不断增加,单纯的模拟电路或者数字电路通常都无法满足全部功能的实现。现在许多电路系统中都会同时包含模拟部分与数字部分,而实现两者之间的相互转换与交互则至关重要。模数转换器也称 A/D 转换器,顾名思义,可以将模拟信号转换成数字信号。当信号变为由 0 和 1 组成的数字信号后,就可以通过数字逻辑电路实现所需的逻辑功能,ADC 和 DAC 转换框图如图 7.1 所示。本书之后的内容主要围绕 FPGA 与 74 系列逻辑电路展开。

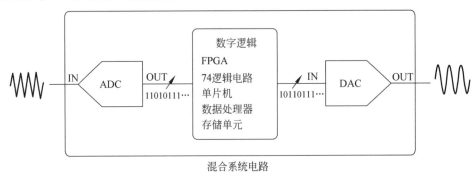

图 7.1 ADC 和 DAC 转换框图

当数字逻辑电路完成复杂的逻辑运算后,生成的数据仍然是抽象的数字信号,而如果需要将其转换成诸如声、光、力等模拟信号时,则需要借助数模转换器也称 D/A 转换器方可以转换成最终的模拟信号用于输出。接下来我们先分别介绍这两种电路的工作原理与应用场景。

7.1.1 模数转换器

我们所处的大自然本质是一个模拟的世界,而对于现代电子系统来说,数据的运算都是以数字形式运行的,电子系统对大自然中如声、光、力、电磁场等物理量的感知和衡量则是通过传感器实现的。大部分传感器都是利用材料的物理属性进而将所感知的物理量,如声音、光强、压力等参数准确地转换成对应的模拟电信号。压力传感器的工作原理示意图如图 7.2 所示,由于有些材料如石英、陶瓷等具有压电效应,因此在收到不同作用力时可以产生对应的模拟电压信号。

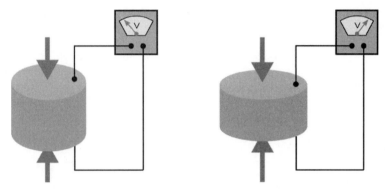

图 7.2　压电传感器的工作原理示意图

学习 ADC 的工作原理首先要了解采样的概念。将一个时域连续的模拟信号转化成时域离散的数字信号的过程称之为采样,其本质就是通过有限数量的点对连续的曲线还原的过程。在采用过程中,采样点个数以及采样位数将决定最终结果的准确度。如图 7.3 所示,我们通过 2 位采样位宽对一个模拟信号进行采样。

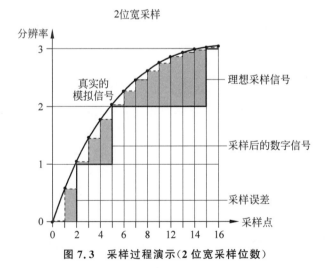

图 7.3　采样过程演示(2 位宽采样位数)

采样位宽为 2 则意味着可通过 4 组二进制数:00,01,10,11 来表达当前的模拟信号,因此采样后的数字信号只会在这 4 个区间内取值,因此分辨率为 $2^2=4$。由于分辨率较低,采样后信号也存在较大的误差。相比而言,如图 7.4 所示,3 位宽(分辨率为 $2^3=8$)与 4 位宽($2^4=16$)采样会随着分辨区间的增加,其误差明显降低。

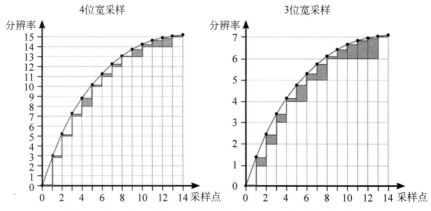

图 7.4 不同位宽导致的分辨率直接决定采样后的信号精度

分辨率则决定了最终采样的精度,而它也是 ADC 的一个重要指标。应用中常见的 ADC 分辨率包括 8 位、10 位、12 位及 24 位。分辨率越高的 ADC 对应更高的采样精度和更小的误差,当然分辨率越高 ADC 芯片的成本也越高。

除此之外,采样率也是 ADC 的另一个重要指标。采样速率代表单位时间内可用于完成一轮采样的点数。比如,如图 7.5 所示,减少了单位时间内的采样点,在这种情况下即便拥有足够的采样分辨率也仍会造成较大误差,且在信号较为陡峭的地方误差更加明显。

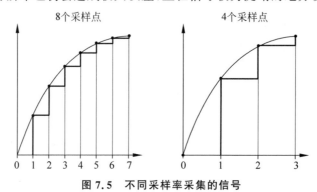

图 7.5 不同采样率采集的信号

下一部分的内容则会详细讲解分辨率和采样速率等参数对于 ADC 选型时的实际工程意义。

ADC 的功能就是对模拟信号采样,因此采样位数(分辨率)和采样速率是衡量其性能的两个关键指标。除此之外,信噪比、转换时间、采样线性度、采样误差等也是需要考虑的指标,不过这些内容不在本书当前的讨论范围内。

前文提到,常用的 ADC 采样位数有 8 位、10 位、12 位和 24 位,当然,有些要求精度更高的应用也会采用更高位的采样精度。以一个 10 位 ADC 为例,如果使用该 ADC 对一个幅值为 0~5V 的模拟信号采样,则有:

$$采样精度 = \frac{5\text{V}}{2^{10}} = \frac{5\text{V}}{1024} \approx 5\text{mV}$$

其中,采样位数为 10,则有 $2^{10} = 1024$,也就是将满量程进行 1024 等分,在本例中,该 ADC 理论上能分辨的最小模拟信号精度为 5mV。由此可见,采样位数直接决定了最终的采样精度。在现实世界中,硬件上总是存在一些噪声,可能会降低 ADC 的性能,因此在设计需要精确测量结果的应用时,还需要考虑信噪比(SNR)。

另一个重要指标则是采样速率,也就是单位时间内可用于完成一轮采样的点数,采样率的基本单位是 SPS(每秒样本数),在 ADC 中常用的单位是 MSPS(Mega Samples Per Second),比如采样速率为 1MSPS 代表每秒钟的采样点数为 1 000 000 个,即 1 兆。

选用 ADC 采样率时需要关注被采样模拟信号的最高频率。比如,用 1MSPS 对一个 60Hz 的信号采样绰绰有余,但如果被采集的模拟信号最高频率可达 5MHz,则必须采用更快采样速率的 ADC。因为按照奈奎斯特定理,也称为香农采样定理的定义,如果使用均匀周期采样,要想完全恢复原来的信号,采样频率至少比原信号最高频率大两倍。因此选用合适的 ADC 采样速率是确保转化后的数字信号尽可能反映真实模拟信号的必要条件。

在工程设计中往往还需虑到模拟信号的基准频率,奈奎斯特频率,傅里叶级数等理论,这些不在本书的讨论范围之内。仅从实用角度来说,ADC 的采样率应当高于模拟信号基准频率,对于采集不同类型信号对 ADC 采样率的要求,如表 7.1 所示。

表 7.1 采集不同类型信号对 ADC 采样率的要求

模拟信号波形	基 频 倍 数	ADC 采样率要求/MSPS
正弦波	2	2
三角波	5	5
方波	5	5

7.1.2 数模转换器

数模转换器,顾名思义就是将数字信号转换成模拟信号,数字信号是离散的,而模拟信号是连续的。DAC 的操作与 ADC 完全相反,将数字信号转换为模拟信号的过程称为重构,即信号还原。决定重建过程准确性(也是 DAC 质量)的两个重要参数是位数和转换率。显然,位数越多的 DAC 还原精度越高,不同位数的 DAC 还原模拟信号的真实度如图 7.6 所

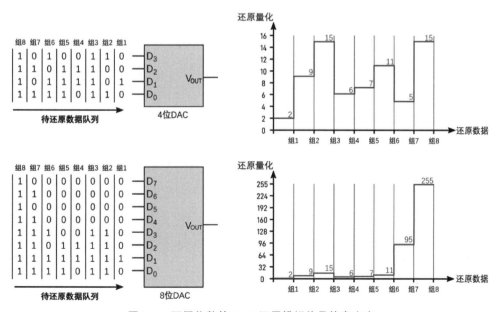

图 7.6 不同位数的 DAC 还原模拟信号的真实度

示,对比了 4 位 DAC 和 8 位 DAC 对 8 组二进制数据进行模拟信号还原时的真实度。

对于 4 位 DAC 来说,其还原能力仅为 0000~1111 范围内的数据,超出该范围的数据或者取其低 4 位,或者取其高 4 位。图 7.6 在对数据组 7 和 8 还原时,8 位 DAC 可以较为准确地还原出模拟信号,而 4 位 DAC 则只截取了高 4 位,造成了还原时的信号失真。

与 ADC 类似,在 DAC 选型时也有两个重要的指标:位数和还原速度。位数则直接决定了 DAC 的信号还原分辨率,也就是当二进制数据中的最低有效位发生变化时所对应的模拟信号变化量。对于 N 位 DAC 来说,其分辨率为 $1/(2^N)$。表 7.2 给出了不同位宽下的 DAC 分辨率,以及 5V 供电电压时理论上能分辨的最小模拟电压。常见的 DAC 位数为 8 位、10 位和 12 位。不同位数的 DAC 还原模拟信号的分辨率如表 7.2 所示。

表 7.2 不同位数的 DAC 还原模拟信号的分辨率

DAC 位数	分 辨 率	分辨电压(5V 供电)
4	1/16	31.25mV
8	1/256	19.5mV
10	1/1024	4.88mV
12	1/4096	1.22mV

除了位数之外,还原速度(或称转换率)也是在 DAC 选型时的另一个重要参数,更高的转换率可以生成更高频率的模拟信号。同样两个 4 位 DAC 在不同转化率的情况下所还原出的模拟信号如图 7.7 所示。

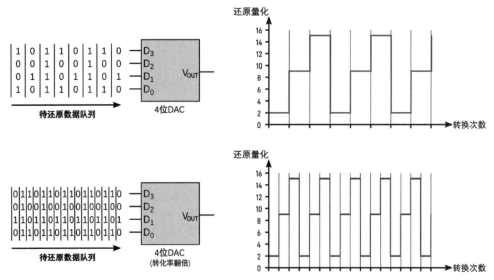

图 7.7 不同转化率的 DAC 所还原的模拟信号对比

不难看出,当转化率增加时,可以还原出的模拟信号频率也会增加。DAC 的转化率的常用单位也是 MSPS,即每秒可转化的数据。比如,一个 10 位转化率为 10MSPS 的 DAC 则代表每秒钟可以将含有 10 个 bit 的数据转化 10 兆次。

7.1.3 选择 ADC 和 DAC 芯片

选择合适的 ADC 或 DAC 器件需要综合考虑很多参数,其中位数、采样率或转换率是最先考虑的两个重要因素。位数越高,采样率或转换率越高,信号的"写真"越清晰,"还原度"越高,但是大多数情况下我们选择的原则是适用就好,因为参数越高成本也越高,而且位数和采样率越高,给数字系统带来的存储和处理成本也越大。所以"鱼"和"熊掌"如何取舍,需要综合考虑很多因素。

许多需要高处理速度的应用不会追求 ADC 或 DAC 的高位宽。例如,所有数字示波器都应指定采样率和模拟带宽,如图 7.8 所示。示波器每秒可以采样 $1G(10^9)$ 个采样点,并且可以捕获和显示 200MHz 频率内的波形。由于五个采样点实际上是识别一个完整正弦波周期的最小数量,这解释了为什么最大带宽通常是采样率的 1/5。高速的采样率,必然会给数字存储和处理带来压力,所以 ADC 的精度不会很高,大多数示波器的 ADC 位宽是 8 位、10 位或 12 位,这就是一种精度和采样率权衡的结果。

12 位的 ADC 采样位宽对大多数电子项目已经足够精确了,在学习阶段,甚至多功能的便携式测试测量设备能够满足学习项目的需求,比如硬禾推出的"梅林雀 Zoolark"口袋仪器,它同时具有示波器和信号发生器功能,如图 7.9 所示。示波器的 ADC 具有 12 位深度,额定带宽为 1MHz,采样率为 5Msps。函数发生器的 DAC 具有 12 位深度,额定为 15Msps。

图 7.8 所有数字示波器都应指定采样率和模拟带宽

图 7.9 Zoolark 口袋仪器

另一方面,大多数音频应用不需要非常高的采样(转换)率,因为人耳只能听到 20kHz 以内的音频信号。根据著名的奈奎斯特定理,采样率必须至少是信号最大频率的两倍才能获得良好的采样结果,因此许多现代音频记录仍然使用 44.1kHz 采样率,尽管 96kHz 和 192kHz 也可用。例如,我们有一张 60 分钟的 CD,以 16 位深度、44.1kHz 采样率录制,则该 CD 中存储的实际信息为:$16 \times 44.1 \times 3600 = 2\ 534\ 400\ 000 = 316MB$。

事实上,用于音频应用的现代电子系统中,ADC 或 DAC 的高位宽是通过一种称为 Sigma-delta 调制的技术实现的,该技术通过权衡采样或转换速度来提供非常高的位宽。后续章节我们会继续讨论 Sigma-delta 调制的原理和实现。

选择 ADC 或 DAC 芯片时另一个重要的考虑因素是接口和协议,ADC 作为模拟世界和数字世界之间的传话筒,需要与不同的数字设备交换数据,如:微控制器(MCU)、数字信号处理器(DSP)或 FPGA。不同的数字设备通信所支持的接口和协议是不同的,以下是一些常见的 ADC 数据接口协议及其用法的描述,这里我们只是对常用接口作简单的概述。

1. SPI(串行外设接口)

描述:SPI 是一种常见的串行通信协议,它使用主从架构,通过四根线(MISO、MOSI、

SCK、CS)进行数据传输。SPI 像微信群聊：你(ADC)可以通过 SPI 向你的朋友(微控制器)快速发送消息(数据)，即使在聊天的时候，也可以同时听到别人的回复。它用四条线连接，就像是你们之间有专门的聊天、听、看和确认消息的线。

用法：适用于速度较快的应用，允许设备以全双工模式通信。在 ADC 应用中，SPI 可用于快速读取转换结果，常用于需要高速数据采集的场合。

2. I^2C(互连集成电路)

描述：I^2C 是一种两线制的串行通信协议，使用一根数据线(SDA)和一根时钟线(SCL)进行通信。I^2C 像对讲机：通过 I^2C，你用一条线发送信息，另一条确认对方收到。就像在一个频道上，大家轮流说话，每个人都有自己的呼叫号。适合不急于分享很多信息，但想保持联系的场合。

用法：适用于速度较慢、线路简单的应用，允许多个从设备连接到单个主设备。在 ADC 应用中，I^2C 接口用于在低速数据传输场合中读取数据，适合功耗和空间有限的应用。

3. UART(通用异步收发传输器)

描述：UART 是一种异步串行通信协议，通过 RX(接收)和 TX(发送)两根线进行数据传输。UART 像发短信：UART 就像是你和朋友通过短信交流，一次只能发一条，接收和发送都各用一条线。简单可靠，但不是最快的方式。

用法：通常用于设备之间的低速、长距离通信。在 ADC 应用中，UART 接口可以用于简单的数据记录器或与计算机通信，传输转换后的数据。

4. 并行接口

描述：并行接口允许同时传输多位数据，通过多个数据线路(通常是 8 位或 16 位)同时传输数据。并行接口像寄快递：并行接口可以让你一次性寄出很多包裹(数据)，因为它有很多线路同时工作。这样，你的秘密会更快到达，但需要更多的线来连接。

用法：适用于需要高速数据传输的应用，如视频图像处理。在 ADC 应用中，并行接口能够提供足够的带宽来处理高速数据流。

5. LVDS(低压差分信号)

描述：LVDS 是一种高速差分信号传输技术，能够在较低的电压下提供高速数据传输，减少功耗和电磁干扰。LVDS 像高速列车：LVDS 以更低的电压和更少的干扰，快速准确地送达你的信息。就像坐高速列车，既快速又安全，适合长距离和要求高速的信息传递。

用法：适用于高速和长距离数据传输。在高速 ADC 应用中，LVDS 接口常用于传输高速数据流，如雷达和通信系统。

7.2 FPGA 驱动 ADC(I^2C 接口)实例

I^2C 通信协议(Inter-Integrated Circuit)是由 Philips 公司开发的一种简单、双向二线制同步串行总线，只需要两根线即可在连接于总线上的器件之间传送信息。I^2C 通信协议和通信接口在很多工程中有广泛的应用，如数据采集领域的串行 A/D，图像处理领域的摄像头配置，工业控制领域的 X 射线管配置等等。除此之外，由于 I^2C 协议占用引脚特别少，两根线便可实现。硬件实现简单，可扩展型强，现在被广泛地使用在系统内多个集成电路(IC)间的通信。

7.2.1 ADC 芯片 PCF8591

PCF8591 是 NXP 公司的一款单芯片、单电源、低功率的 8 位 CMOS 数据采集器件,带有四个模拟输入、一个模拟输出和一个串行 I^2C 总线接口。带有三个地址引脚 A0、A1 和 A2 用于编程硬件地址,允许使用最多 8 个连接至 I^2C 总线的器件而无需额外硬件。通过两线双向 I^2C 总线将地址、控制和数据串行传送至器件或从器件串行传送。器件功能包括模拟输入多路复用、片上跟踪和保持功能、8 位模拟-数字转换和 8 位数字-模拟转换。最大转换速率由 I^2C 总线的最大速度决定。

I^2C 只需要两根线即可在连接于总线上的器件之间传送信息。主器件用于启动总线传送数据,并产生时钟以开放传送的器件,此时任何被寻址的器件均被认为是从器件。如果主机要发送数据给从器件,则主机首先寻址从器件,然后主动发送数据至从器件,最后由主机终止数据传送;如果主机要接收从器件的数据,首先由主器件寻址从器件,然后主机接收从器件发送的数据,最后由主机终止接收过程。这里不做过多的讲解,I^2C 接口硬件连接如图 7.10 所示。

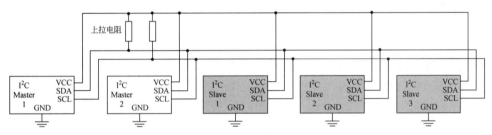

图 7.10 I^2C 接口硬件连接

PCF8591 有 4 路模拟输入和 1 路模拟输出,此外还有三个地址配置引脚,引脚信息如图 7.11 所示。

FPGA 作为 I^2C 主设备,PCF8591 作为 I^2C 从设备,从设备的地址由固定地址和可编程地址组成,我们的外设底板已将可编程地址 A0、A1、A2 接地,所以 7 位地址为 7'h48,加上最低位的读写控制,所以给 PCF8591 写数据时的寻址地址为 8'h90,对 PCF8591 读数据时的寻址地址为 8'h91。PCF8591 的 I^2C 地址说明如图 7.12 所示。

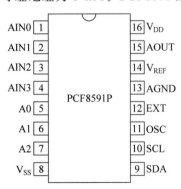

图 7.11 PCF8591 引脚信息

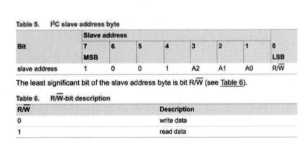

图 7.12 PCF8591 的 I^2C 地址说明

PCF8591 集成了多项功能，当需要不同的功能时要对 PCF8591 做相应的配置，配置数据存储在名为 CONTROL BYTE 的寄存器中，寄存器功能配置说明如图 7.13 所示，详细请参考 PCF8591 的 datasheet，本设计中我们只使用通道 1 的 ADC 功能，配置数据为 8'h01。

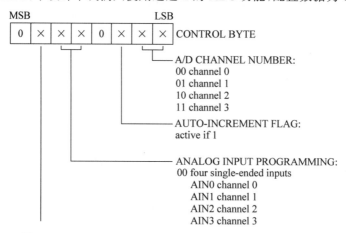

图 7.13 PCF8591 CONTROL BYTE 的寄存器功能配置说明

7.2.2 PCF8591 的 I^2C 通信

本设计中我们需要两次通信：第一次为配置数据，具体为开始→写寻址→读响应→写配置数据→读响应→结束；第二次为读 ADC 数据，具体为开始→读寻址→读响应→读 ADC 数据→写响应→循环读。

PCF8591 数据转换时序如图 7.14 所示。

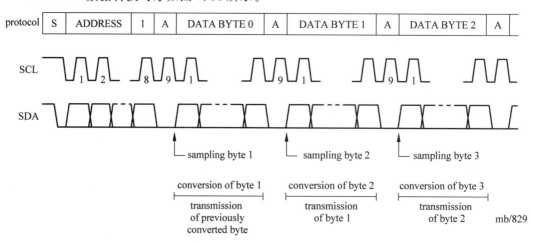

图 7.14 PCF8591 数据转换时序

通过上面的介绍大家应该对如何驱动 PCF8591 进行 ADC 采样有了整体的概念，还有一些细节就是 I^2C 通信时序说明，如图 7.15 所示。

以上时序图给出了 PCF8591 一次 I^2C 通信的时序图。I^2C 总线的协议特点如下：

（1）传输速率。

PCF8591 支持的 I^2C 传输速率是 100kHz，而标准的 I^2C 传输速率可达 400kHz。

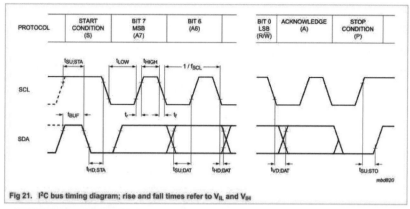

图 7.15 I^2C 通信时序说明

（2）地址和数据格式。

每次传输的第一个字节通常是设备地址（加上读写位），随后是需要传输的数据字节。一次数据传输可分为以下几个事件。

- 起始条件（Start Condition）：当 SCL 为高电平时，SDA 从高电平跳变到低电平，标志着一次通信的开始。
- 数据传输（Data Transfer）：数据在 SCL 的高电平期间保持稳定，每个字节后跟随一个应答位。发送方在 SCL 为低电平时放置数据位，而接收方在 SCL 的下一个高电平期间读取数据位。
- 应答位（ACK/NACK）：数据字节后的应答位是通信的重要部分。接收方通过在 SCL 的下一个高电平期间将 SDA 拉低（ACK）或保持高（NACK）来响应发送方。
- 停止条件（Stop Condition）：在 SCL 为高电平的情况下，SDA 从低电平跳变到高电平，标志着通信的结束。

7.2.3　PCF8591 的数据传输

使用 FPGA 驱动 PCF8591 读取 A/D 转换数据，可参考以下流程，如图 7.16 所示。

在编写代码时,我们可以将整个过程分解为几个关键模块,并针对这些模块编写 Verilog 代码。

1. 主控制模块

1) 功能

协调整个 FPGA 与 PCF8591 的通信流程。该模块控制何时开始数据读取或写入操作,并处理状态机来管理不同阶段的转换。

2) 内容

- 状态机:定义不同的操作状态,如"空闲""发送起始位""发送地址""读取数据""写入数据"等。
- 流程控制:根据状态机的当前状态,控制数据的发送和接收,以及与 I^2C 通信模块的交互。

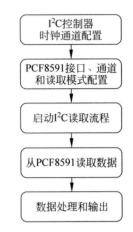

图 7.16 FPGA 驱动 PCF8591 读取 A/D 转换数据流程

首先我们将该模块的名称和接口定义如代码 7.1 所示。

代码 7.1 PCF859 读写模块端口示例

```
module ADC_I2C
(
    input clk_in,              //系统时钟
    input rst_n_in,            //系统复位,低有效
    output scl_out,            //I²C 总线 SCL
    inout sda_out,             //I²C 总线 SDA
    output reg adc_done,       //ADC 采样完成标志
    output reg [7:0] adc_data  //ADC 采样数据
);
```

需要注意的是 I^2C 的 SDA 线是双向的,也就是对 FPGA 来说既需要输出也需要输入,所以这里设置为 inout 类型。

模块主框架采用状态机控制,定义为以下几个状态。

```
localparam IDLE  = 3'd0;
    localparam MAIN  = 3'd1;
    localparam START = 3'd2;
    localparam WRITE = 3'd3;
    localparam READ  = 3'd4;
    localparam STOP  = 3'd5;
```

IDLE 状态完成初始化操作。MAIN 状态控制整个数据读写流程,START 状态是通信起始状态配置,WRITE 状态完成 PCF8591 寄存器的配置,READ 状态实现 A/D 转换数据的读取,STOP 状态完成 I^2C 通信的停止时序。

2. 时钟管理模块

1) 功能

生成 I^2C 通信所需的时钟信号,以及可能需要的其他时钟信号。I^2C 通信通常需要较低的时钟频率(如 100kHz 或 400kHz)。

2) 内容
- 时钟分频：从 FPGA 的主时钟信号生成所需的 I^2C 时钟频率。

根据 PCF8591 的数据书册得知 PCF8591 的 I^2C 接口时钟频率最高为 100kHz，我们准备使用 4 个节拍完成 1bit 数据的传输，所以需要 400kHz 的时钟触发完成该设计，使用计数器分频产生 400kHz 时钟信号 clk_400khz，如代码 7.2 所示。

代码 7.2 PCF8591 计数器实例

```verilog
//根据 PCF8591 的 datasheet,I2C 的频率最高为 100kHz,
//我们准备使用 4 个节拍完成 1bit 数据的传输,所以需要 400kHz 的时钟触发完成该设计
//使用计数器分频产生 400kHz 时钟信号 clk_400khz
reg clk_400khz;
reg [9:0] cnt_400khz;
always@(posedge clk_in or negedge rst_n_in) begin
    if(!rst_n_in) begin
        cnt_400khz <= 10'd0;
        clk_400khz <= 1'b0;
    end else if(cnt_400khz >= CNT_NUM - 1) begin
        cnt_400khz <= 10'd0;
        clk_400khz <= ~clk_400khz;
    end else begin
        cnt_400khz <= cnt_400khz + 1'b1;
    end
end
```

3. I^2C 通信模块

1) 功能

实现 I^2C 协议并与 PCF8591 通信。这是核心模块，负责生成 I^2C 时钟信号(SCL)和数据信号(SDA)，并通过这两条线与 PCF8591 进行通信。

2) 内容

- 起始条件和停止条件生成：通过控制 SDA 在 SCL 为高电平时的跳变来生成起始和停止条件。
- 字节发送与接收：发送设备地址、操作码（读或写）以及数据。接收来自 PCF8591 的数据或应答位。
- 应答位检测：在数据传输后检测从设备的应答。

I^2C 通信模块如代码 7.3 所示。

代码 7.3 I^2C 通信模块

```verilog
START:begin //I2C 通信时序中的起始 START
    //对 START 中的子状态执行控制 cnt_start
    if(cnt_start >= 3'd5) cnt_start <= 1'b0;
    else cnt_start <= cnt_start + 1'b1;
    case(cnt_start)
        //将 SCL 和 SDA 拉高,保持 4.7μs 以上
        3'd0:    begin sda_out_r <= 1'b1; scl_out_r <= 1'b1; end
        //clk_400khz 每个周期 2.5us,需要两个周期
        3'd1:    begin sda_out_r <= 1'b1; scl_out_r <= 1'b1; end
        //SDA 拉低到 SCL 拉低,保持 4.0μs 以上
        3'd2:    begin sda_out_r <= 1'b0; end
        //clk_400khz 每个周期 2.5μs,需要两个周期
```

```verilog
                3'd3:   begin sda_out_r <= 1'b0; end
                //SCL 拉低,保持 4.7us 以上
                3'd4:   begin scl_out_r <= 1'b0; end
                //clk_400khz 每个周期 2.5μs,需要两个周期,返回 MAIN
                3'd5:   begin scl_out_r <= 1'b0; state <= MAIN; end
                default: state <= IDLE;  //如果程序失控,进入 IDLE 自复位状态
            endcase
        end
        WRITE:begin                          //I2C 通信时序中的写操作 WRITE 和相应判断操作 ACK
            if(cnt <= 3'd6) begin            //共需要发送 8bit 的数据,这里控制循环的次数
                if(cnt_write >= 3'd3) begin cnt_write <= 1'b0; cnt <= cnt + 1'b1; end
                else begin cnt_write <= cnt_write + 1'b1; cnt <= cnt; end
            end else begin
            //两个变量都恢复初值
                if(cnt_write >= 3'd7) begin cnt_write <= 1'b0; cnt <= 1'b0; end
                else begin cnt_write <= cnt_write + 1'b1; cnt <= cnt; end
            end
            case(cnt_write)
                //按照 I2C 的时序传输数据
                //SCL 拉低,并控制 SDA 输出对应的位
                3'd0:   begin scl_out_r <= 1'b0; sda_out_r <= data_wr[7 - cnt]; end
                3'd1:   begin scl_out_r <= 1'b1; end     //SCL 拉高,保持 4.0μs 以上
                3'd2:   begin scl_out_r <= 1'b1; end     //clk_400khz 每个周期 2.5μs,需要两个周期
                3'd3:   begin scl_out_r <= 1'b0; end     //SCL 拉低,准备发送下 1bit 的数据
                //获取从设备的响应信号并判断
                3'd4:   begin sda_out_r <= 1'bz; end     //释放 SDA 线,准备接收从设备的响应信号
                3'd5:   begin scl_out_r <= 1'b1; end     //SCL 拉高,保持 4.0μs 以上
                //获取从设备的响应信号并判断
                3'd6:   begin if(sda_out) state <= IDLE; else state <= state; end
                //SCL 拉低,返回 MAIN 状态
                3'd7:   begin scl_out_r <= 1'b0; state <= MAIN; end
                default: state <= IDLE;           //如果程序失控,进入 IDLE 自复位状态
            endcase
        end
        READ:begin                           //I2C 通信时序中的读操作 READ 和返回 ACK 的操作
            if(cnt <= 3'd6) begin            //共需要接收 8bit 的数据,这里控制循环的次数
                if(cnt_read >= 3'd3) begin cnt_read <= 1'b0; cnt <= cnt + 1'b1; end
                else begin cnt_read <= cnt_read + 1'b1; cnt <= cnt; end
            end else begin
            //两个变量都恢复初值
                if(cnt_read >= 3'd7) begin cnt_read <= 1'b0; cnt <= 1'b0; end
                else begin cnt_read <= cnt_read + 1'b1; cnt <= cnt; end
            end
            case(cnt_read)
                //按照 I2C 的时序接收数据
                //SCL 拉低,释放 SDA 线,准备接收从设备数据
                3'd0:   begin scl_out_r <= 1'b0; sda_out_r <= 1'bz; end
                3'd1:   begin scl_out_r <= 1'b1; end        //SCL 拉高,保持 4.0μs 以上
                3'd2:   begin adc_data_r[7 - cnt] <= sda_out; end    //读取从设备返回的数据
                3'd3:   begin scl_out_r <= 1'b0; end        //SCL 拉低,准备接收下 1bit 的数据
                //向从设备发送响应信号
                //发送响应信号,将前面接收的数据锁存
                3'd4:   begin sda_out_r <= 1'b0;
```

```
            adc_done <= 1'b1;
            adc_data <= adc_data_r;
        end
            3'd5:   begin scl_out_r <= 1'b1; end          //SCL 拉高,保持 4.0μs 以上
            3'd6:   begin scl_out_r <= 1'b1; adc_done <= 1'b0; end
            3'd7:   begin scl_out_r <= 1'b0; state <= MAIN; end    //SCL 拉低,返回 MAIN 状态
            default: state <= IDLE; //如果程序失控,进入 IDLE 自复位状态
        endcase
    end
STOP: begin    //I²C 通信时序中的结束 STOP
    if(cnt_stop >= 3'd5) cnt_stop <= 1'b0;                //对 STOP 中的子状态执行控制 cnt_stop
    else cnt_stop <= cnt_stop + 1'b1;
    case(cnt_stop)
        3'd0:   begin sda_out_r <= 1'b0; end      //SDA 拉低,准备 STOP
        3'd1:   begin sda_out_r <= 1'b0; end      //SDA 拉低,准备 STOP
        3'd2:   begin scl_out_r <= 1'b1; end      //SCL 提前 SDA 拉高 4.0μs
        3'd3:   begin scl_out_r <= 1'b1; end      //SCL 提前 SDA 拉高 4.0μs
        3'd4:   begin sda_out_r <= 1'b1; end      //SDA 拉高
//完成 STOP 操作,返回 MAIN 状态
        3'd5:   begin sda_out_r <= 1'b1; state <= MAIN; end
        default: state <= IDLE;                   //如果程序失控,进入 IDLE 自复位状态
    endcase
end
```

4. 数据处理模块(根据后一级功能要求设计)

1) 功能

处理从 PCF8591 读取的数据和准备发送到 PCF8591 的数据。该模块可能还负责一些基本的信号处理任务,如滤波或转换。

2) 内容

- 数据缓存:临时存储读取的数据。
- 信号处理:简单的算法处理,如平均值计算或阈值判断。

数据处理模块一般对数据做简单的滤波、缓存、缩放、平均等处理,或者对接后续数据处理接口。本实验重在讲解数据的获取过程,数据处理部分,读者可以根据需要自行设计,数据接口是 8 位的 adc_data。

7.2.4 硬件实现

小脚丫 FPGA 核心板上没有集成 PCF8591 模块,小脚丫 FPGA 开发板与 PCF8591 模块的硬件连接如图 7.17 所示,两者只需要 4 根线即可:VCC、GND、SCL 和 SDA。SCL 和 SDA 可以使用 FPGA 的任意 GPIO,之所以连接 IO0 和 IO1 是因为 MXO2 FPGA 内部有硬件的 I2C IP,这两个引脚可以配置为固定的 I²C 总线接口。

需要注意的是:I²C 总线的两根信号线 SCL 和 SDA 在芯片内部是开漏输出模式,使用时需要接电阻上拉到电源。图 7.17 中的 SCL 和 SDA 信号线没有上拉是因为在 PCF8591 电路模块内部已做上拉处理。PCF8591 模块中当没有做上拉处理,而外部不方便接电阻时,另一种处理方法是在 FPGA 的引脚约束时,将 FPGA 的 SCL 和 SDA 两引脚做上拉处理。

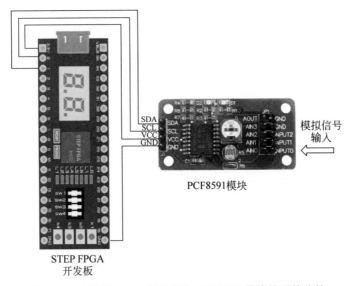

图 7.17 小脚丫 FPGA 开发板与 PCF8591 模块的硬件连接

7.3 FPGA 驱动 DAC(SPI 接口)实例

SPI(Serial Peripheral Interface,串行外设接口)是一种同步外设接口,它可以使单片机与各种外围设备以串行方式进行通信以交换信息。外围设备包括 Flash RAM、网络控制器、LCD 显示驱动器、A/D 转换器和 MCU 等。

7.3.1 DAC 芯片 DAC081S101

DAC081S101 是一款由 Texas Instruments(TI)生产的 8 位单通道数字模拟转换器。其主要特性如下。

- 分辨率:8 位。
- 通道数:单通道。
- 接口类型:串行(SPI 兼容)。
- 供电电压:2.7~5.5V,适合于低功耗应用。
- 输出类型:电压输出,能够直接驱动负载。
- 封装:提供多种封装选项,包括极小型封装,适合紧凑或便携式设计。
- 工作温度范围:广泛的工作温度范围,适合多种环境。

DAC081S101 使用简单的串行接口进行数据传输,所需的 I/O 引脚数量很少,易于与微控制器或 FPGA 等数字系统集成。DAC081S101 SOT 封装器件信息如图 7.18 所示。

- V_{OUT} 是 DAC 模拟电压输出。
- GND 是整个芯片的参考地。
- V_A 是电源。
- D_{IN} 是串行数据输入。

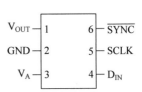

图 7.18 DAC081S101 SOT 封装器件信息

- SCLK 是串行时钟输入。
- SYNC 是用于数据输入的帧同步输入。

DAC081S101 采用 CMOS 工艺制造，由开关和电阻串组成的切换结构，后面跟输出缓冲区。电源作为基准电压。输入编码为直二进制，理想输出电压为：

$$V_{OUT} = V_A \times (D/256)$$

这里的 D 是加载到 DAC 寄存器的十进制值，可以取任意值取值范围为 0~255。输出缓冲放大器是一种轨到轨类型，提供 0~V_A 的输出电压范围。

DAC081S101 内有一个 16 位的输入移位寄存器，如图 7.19 所示。高 2 位和低 4 位是无用位，PD1 和 PD0 决定了操作模式（正常模式或三种省电模式之一）。D7~D0 是串行输入寄存器，在 SCLK 的第 16 个下降沿更新为 DAC 输入值。

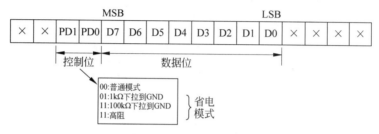

图 7.19 输入移位寄存器

7.3.2 DAC081S101 的串行通信

DAC081S101 芯片和 FPGA 之间连接有三根线（DIN、SCLK、SYNC），兼容 SPI 总线，可实现快速数据更新。SPI 是一种高速的、全双工、同步的通信总线，并且在芯片的引脚上只占用四根线（CS、SCK、MISO、MOSI），事实上 3 根也可以（单向传输时），占用引脚少节约了芯片的引脚，同时为 PCB 的布局上节省空间，正是出于这种简单易用的特性，如今越来越多的芯片集成这种通信协议。

SPI 设备分为主设备和从设备，设备之间共用 SCK、MOSI 和 MISO，另外每个从设备有一根 CS 线（不共用），通信在主设备和从设备之间进行，从设备与从设备之间无法直接通信。SPI 的主从通信方式如图 7.20 所示，主设备可以同时连接多个从设备，当主设备和某个从设备通信时，先控制该从设备 CS 信号拉低，然后通过 SCK、MISO 和 MOSI 进行数据传输。

为了让 SPI 总线更加灵活应用，SPI 总线分为 4 种模式，由两个参数控制。

- CPOL：时钟极性选择，为 0 时 SCK 空闲为低电平，为 1 时 SCK 空闲为高电平。
- CPHA：时钟相位选择，为 0 时在 SCK 第一个跳变沿采样，为 1 时在 SCK 第二个跳变沿采样。

SPI 总线协议的不同模式是 CPOL 和 CPHA 的组合结果。SPI 的 4 种模式时序图如图 7.21 所示。

- 模式 1：CPOL=0，CPHA=0：此时空闲态时，SCK 处于低电平，数据采样是在第 1 个边沿，也就是 SCK 由低电平到高电平的跳变，所以数据采样是在上升沿，数据发送是在下降沿。
- 模式 2：CPOL=0，CPHA=1：此时空闲态时，SCK 处于低电平，数据发送是在第 1

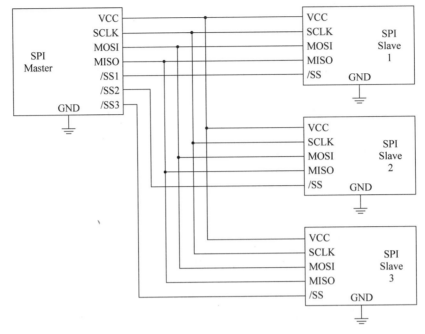

图 7.20 SPI 的主从通信方式

个边沿,也就是 SCK 由低电平到高电平的跳变,所以数据采样是在下降沿,数据发送是在上升沿。

- 模式 3：CPOL=1,CPHA=0：此时空闲态时,SCK 处于高电平,数据采集是在第 1 个边沿,也就是 SCK 由高电平到低电平的跳变,所以数据采集是在下降沿,数据发送是在上升沿。

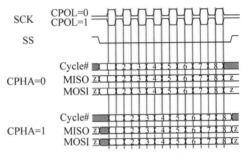

图 7.21 SPI 的 4 种模式时序图

- 模式 4：CPOL=1,CPHA=1：此时空闲态时,SCK 处于高电平,数据发送是在第 1 个边沿,也就是 SCK 由高电平到低电平的跳变,所以数据采集是在上升沿,数据发送是在下降沿。

DAC081S101 的串行通信时序如图 7.22 所示。

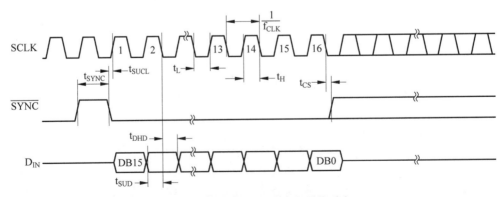

图 7.22 DAC081S101 的串行通信时序

写序列首先将 SYNC 线拉低。一旦 SYNC 为低，D_{IN} 信号在 SCLK 的节拍下传输数据，当 SCLK 下降沿时 D_{IN} 数据被锁存到 16 位移位寄存器，所以 FPGA 控制在上升沿更新 D_{IN} 数据。SCLK 空闲时为低电平，CPOL＝0，上升沿（第二个边沿）采样；CPHA＝1，DAC081S101 的串行通信时序符合 SPI 的第二种工作模式。在第 16 个下降时钟沿，最后一个数据位被锁定，此时 DAC 寄存器内容更新。此刻，同步线 SYNC 可以保持低或高。要注意的是，在任何一种情况下，它都必须在下一个写序列开始之前处于高位，因为下一个写周期由 SYNC 的下降沿来启动。

7.3.3　DAC081S101 的数据传输

DAC081S101 的 FPGA 驱动模块如图 7.23 所示，对外输入/输出接口除时钟和复位信号之外，还有 8 位数据输入和 1 位传输完成标志，此外则是与 DAC 相连的 3 条串行线。

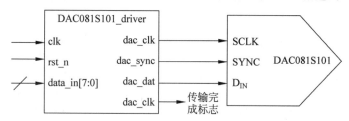

图 7.23　DAC081S101 的 FPGA 驱动模块

DAC081S101_driver 模块的端口定义如代码 7.4 所示。

代码 7.4　DAC081S101_driver 模块的端口定义

```
module DAC081S101_driver
(
input clk,              //系统时钟
input rst_n,            //系统复位,低有效
output reg dac_done,    //传输完成标志
input [7:0] data_in,    //8 位输入数据
output reg dac_sync,    //SPI 总线 CS
output reg dac_clk,     //SPI 总线 SCLK
output reg dac_dat      //SPI 总线 MOSI
);
```

输入移位寄存器共有 16 位，每一个 SCK 时钟输入 1 位数据，16 个时钟完成一次 DAC 转换，传输的 16 位数据，最高 2 位为无效数据，次 2 位为模式控制数据，再次 8 位为 DAC 有效数据（DB7～DB0），最低 4 位为无效数据。

针对 DAC081S101 时序，我们用 Verilog 设计一个计数器，当计数器值不同时完成不同操作，实现一次 DAC 转换，程序实现如代码 7.5 所示。

代码 7.5　PCF8591 计数器描述

```
reg [7:0] cnt;
always @(posedge clk or negedge rst_n)
    if(!rst_n) cnt <= 1'b0;
    else if(cnt >= 8'd34) cnt <= 1'b0;
    else cnt <= cnt + 1'b1;
```

```verilog
reg [7:0] data;
always @(posedge clk or negedge rst_n)
if(!rst_n) begin
    dac_sync <= HIGH; dac_clk <= LOW; dac_dat <= LOW;
end else case(cnt)
    8'd0 : begin dac_sync <= HIGH; dac_clk <= LOW; data <= data_in; end
    8'd1,8'd3,8'd5,8'd7,8'd9,8'd11,8'd13,8'd15,
    8'd17,8'd19,8'd21,8'd23,8'd25,8'd27,8'd29,8'd31,
    8'd33: begin dac_sync <= LOW; dac_clk <= LOW; end
    8'd2 : begin dac_sync <= LOW; dac_clk <= HIGH; dac_dat <= LOW;       end   //15
    8'd4 : begin dac_sync <= LOW; dac_clk <= HIGH; dac_dat <= LOW;       end   //14
    8'd6 : begin dac_sync <= LOW; dac_clk <= HIGH; dac_dat <= LOW;       end   //13
    8'd8 : begin dac_sync <= LOW; dac_clk <= HIGH; dac_dat <= LOW;       end   //12
    8'd10: begin dac_sync <= LOW; dac_clk <= HIGH; dac_dat <= data[7];   end   //11
    8'd12: begin dac_sync <= LOW; dac_clk <= HIGH; dac_dat <= data[6];   end   //10
    8'd14: begin dac_sync <= LOW; dac_clk <= HIGH; dac_dat <= data[5];   end   //9
    8'd16: begin dac_sync <= LOW; dac_clk <= HIGH; dac_dat <= data[4];   end   //8
    8'd18: begin dac_sync <= LOW; dac_clk <= HIGH; dac_dat <= data[3];   end   //7
    8'd20: begin dac_sync <= LOW; dac_clk <= HIGH; dac_dat <= data[2];   end   //6
    8'd22: begin dac_sync <= LOW; dac_clk <= HIGH; dac_dat <= data[1];   end   //5
    8'd24: begin dac_sync <= LOW; dac_clk <= HIGH; dac_dat <= data[0];   end   //4
    8'd26: begin dac_sync <= LOW; dac_clk <= HIGH; dac_dat <= LOW;       end   //3
    8'd28: begin dac_sync <= LOW; dac_clk <= HIGH; dac_done <= HIGH;     end   //2
    8'd30: begin dac_sync <= LOW; dac_clk <= HIGH; dac_done <= LOW;      end   //1
    8'd32: begin dac_sync <= LOW; dac_clk <= HIGH; end                         //0
    8'd34: begin dac_sync <= HIGH; dac_clk <= LOW; end
    default : begin dac_sync <= HIGH; dac_clk <= LOW;    end
endcase
```

整个采样周期用了35个系统时钟,如果我们采用12MHz时钟作为该模块系统时钟,转换率 $Fs=12MHz/35=342.86Ksps$,DAC 主频 $Fsclk=12/2=6MHz$,DAC081S101 芯片手册 Fsclk 最高频率为 30MHz,所以想要更高的转换率,可以将系统时钟的频率从 12MHz 倍频到 60MHz。

7.3.4 硬件实现

小脚丫 FPGA 核心板上没有集成 DAC081S101 芯片,读者可自行设计扩展模块与小脚丫 FPGA 开发板连接。此外,STEP FPGA 推出的全功能扩展底板设计了基于 DAC081S101 的 DAC 模块,小脚丫全功能扩展底板 STEP BaseBoardV3.0 如图 7.24 所示。

图 7.24 小脚丫全功能扩展底板 STEP BaseBoardV3.0

全功能底板设计的 DAC 电路在 DAC 输出端增加了一个 RC 滤波器和一个由 LM721 构成的电压跟随器以增强驱动能力，DAC081S101 的 DAC 电路如图 7.25 所示。

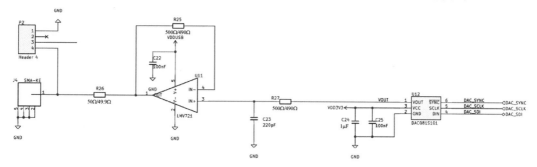

图 7.25　DAC081S101 的 DAC 电路

7.4　通过高速比较器和 FPGA 逻辑实现 Sigma Delta ADC

Sigma Delta ADC 的基本原理是将模拟输入信号与一个参考信号进行比较，通过积分器累积误差，然后用一个 1 位 DAC 反馈来调整参考信号，以此来逼近输入信号。过程中产生的脉冲密度（或脉冲频率）与模拟信号的大小成正比，然后通过数字滤波器和下采样来提取高精度的数字输出。

7.4.1　Sigma Delta ADC 实现原理

FPGA 芯片一般不会集成 ADC 功能，大多数 FPGA 模拟采样的应用则需要搭配一颗 ADC 芯片。其实，在转换速率要求不高的情况下，完全可以通过 FPGA 搭配简单的外围电路实现 ADC 功能。下面将介绍如何借助一颗高速比较器制作一个简易的 Sigma Delta ADC。

实现 Sigma Delta ADC 需要用到 1 个 DAC 芯片用于反馈信号，从节省成本的角度出发，我们可以使用 PWM+RC 滤波器的方式产生模拟信号用以替代 DAC。模拟输入信号与参考信号的比较功能则由比较器实现。比较器可选用单独的高速比较器芯片，如果 FPGA 具有 LVDS 的接口，比较器功能也可以在 FPGA 内部实现。读者可参考 Lattice 官网关于如何利用 FPGA 和 RC 网络制作简易 Sigma Delta ADC 的文章，其制作方案原理框图如图 7.26 所示。

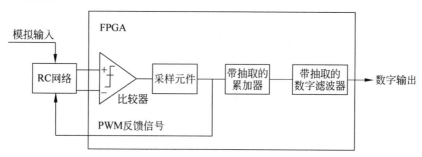

图 7.26　Lattice 官网介绍的简易 Sigma Delta ADC 制作方案原理框图

7.4.2 简易 Sigma Delta ADC 方案

这里我们采用 FPGA 搭配高速比较器来实现简易 Sigma Delta ADC 硬件方案。基于 STEP FPGA 的简易 Sigma Delta ADC 硬件方案如图 7.27 所示,模拟信号连接至比较器的正相输入端,反馈信号经过 RC 滤波连接至反相输入端,比较器输出连接至 FPGA。

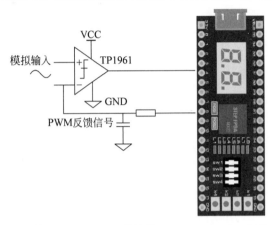

图 7.27 基于 STEP FPGA 的简易 Sigma Delta ADC 硬件方案

1. RC 滤波器

由一个电阻和一个电容构成的 RC 网络是一个低通滤波器,其输出是数字脉冲序列在一段时间内的平均值,用于精确跟踪比较器端子处的模拟输入电压。它的优点是零件少、成本低,主要的缺点是模拟信号被限制在了比较器的输入电压范围内。PWM 反馈信号在 FPGA 引脚的 0V 和 VCCIO(FPGA 引脚电压)之间波动。因此,滤波后的信号反馈到比较器的负输入端,理论上可以匹配 0V 到 VCCIO 之间的任何输入电压。

RC 滤波器的截止频率与 ADC 的采样速率和 FPGA 工作频率有关。RC 网络时间常数 $\tau = RC$ 应该足够大,以充分滤除 PWM 流,但不要大到降低响应时间。假设过采样时钟频率为 f_{CLK},则推荐 $\tau \times f_{CLK} = 200 \sim 1000$。模拟输入端放置一个合适的电阻,起到保护比较器的高阻抗输入端的作用。

如图 7.28 所示是 SSD ADC 模拟输入端拓扑结构。输入端通过电阻分压的方式具有更灵活的模拟输入电压范围,关于电阻值和电容值的取值方法,这里我们不做讨论,读者可以参考 Lattice 官网关于简易 Sigma Delta ADC 实现方案的技术文章。

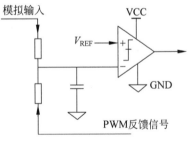

图 7.28 SSD ADC 模拟输入端拓扑结构

2. 比较器

比较器可以看作是 1 位的模数转换器。比较器可选用外部比较器或在 FPGA 内部利用 LVDS 输入缓冲区实现,小脚丫 FPGA 开发板没有预留 LVDS 接口,我们使用外部比较器实现。比较器选用 3PEAK 生产的高速比较器 TP1961,该比较器具有 7ns 传输延迟,适合 +3V 和 +5V 单电源应用,具有轨到轨输入和输出性能。读者也可以选用其他高速比较器,需要注意的是输出要匹配 FPGA 的 I/O 类型 LVCMOS33。

3. 采样元件（FPGA 内部模块）

Sigma-Delta ADC 的关键是过采样。Lattice 参考设计中使用单个触发器来捕获比较器的输出，以采样时钟速率 f_{CLK} 驱动。小脚丫 FPGA 板载 12MHz 的晶振，作为过采样时钟频率太低了，我们通过锁相环 PLL 将时钟倍频到 120MHz 作为系统主时钟（当然还可以更高，最高建议倍频不要超过 360MHz）。采样元件的输出是模拟输入信号调制后的 PWM 信号。

4. 数字滤波器（FPGA 内部模块）

滤波器提供 PWM 流的基本集成和一定程度的抗混叠。第一级滤波器（积分器或累加器）将 PWM 流从 1 位高频数据流转换为多位中频数据流。累加器的位深度必须至少与期望的数字输出位宽度一样大。累加器可以建模为所有系数都等于 1 的 FIR 滤波器。累加器的输出数据宽度为 ACCUM_BITS，抽取率为 $2^{\text{ACCUM\_BITS}}$。因此，累加器的输出频率为：

$$F_{\text{ACCUM}} = f_{\text{CLK}} / 2^{\text{ACCUM\_BITS}}$$

通过将累加器计数器定制为 2 的幂以外的值，可以实现更大范围的 F_{ACCUM}。第二个状态滤波器对累加器数据执行算术平均功能，为 ADC 的输出频率提供进一步的抽取以及抗混叠功能。同样，平均函数可以建模为所有系数等于 1 的 FIR 滤波器，也称为"方框"型 FIR 滤波器。累加器的输出数据宽度为 ADC_WIDTH，抽取率为 2LPF_DEPTH_BITS。则平均电路的输出频率为：

$$F_{\text{ADC}} = F_{\text{ACCUM}} / 2^{\text{LPF\_DEPTH\_BITS}} = f_{\text{CLK}} / 2^{\text{ACCUM\_BITS} + \text{LPF\_DEPTH\_BITS}}$$

在参考设计中，$f_{\text{CLK}} = 62.5\text{MHz}$，ACCUM_BITS=10，LPF_DEPTH_BITS=3。因此，输出采样频率 $f_{\text{ADC}} = 7.629\text{KHz}$。

虽然方框滤波器实现相对简单，但它是一个抗混叠性相对较差的滤波器，仅提供 −13dB 的阻带衰减。虽然 SSD ADC 适用于低频的传感器信号采样和电压轨监测，但它并不适用于需要完全重构数字化输入波形的应用，如音频。当然，可以在 FPGA 中实现更复杂的数字滤波器替代方框滤波器，读者可自行尝试。

5. 分辨率

最大理论分辨率与转换器的位数有关：

$$V_{\text{RESOLUTION}} = \pm \frac{1}{2} \Delta V_{\text{IN}} / 2^{\text{ADC\_BITS}}$$

其中，ΔV_{IN} 是 RC 网络中模拟输入信号最大值与最小值之差。因此，8 位转换器理论上可以解析 3.3V 到 ±6.44mV。如前所述，实际分辨率受测量电路中的不确定度误差和噪声的影响。

7.4.3 FPGA 内部模块实现

简易 SSD ADC 的实现方案中，在 FPGA 内部实现的部分有采样元件、累加器和数字滤波器，这里我们借鉴 Lattice 官网给出的参考设计，实现方案框图如图 7.29 所示。

顶层模块 adc_top 输入输出及参数描述如代码 7.6 所示。

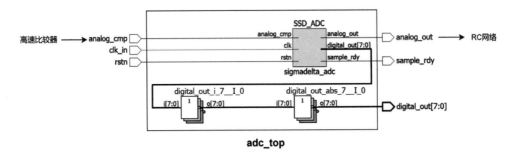

图 7.29　简易 SSD ADC 的实现方案框图

代码 7.6　ADC 读写功能

```
module ADC_top (

    clk_in,
    rstn,
    digital_out,
    analog_cmp,
    analog_out,
    sample_rdy);

parameter
ADC_WIDTH = 8,           //ADC 转换器位精度
ACCUM_BITS = 10,         //2^ACCUM_BITS 累加器抽取率
LPF_DEPTH_BITS = 3,      //2^LPF_DEPTH_BITS 均值滤波器的抽取率
INPUT_TOPOLOGY = 1;      //0：直接模拟输入模式：模拟输入直接连接到比较器＋输入
                         //1：分压网络输入模式：模拟输入经电阻分压连接到比较器－输入

//输入端口
input clk_in;            //时钟输入
input rstn;
input analog_cmp;        //比较器输入来自 LVDS 缓冲器或外部比较器

//输出端口
output analog_out;       //反馈至 RC 网络
output sample_rdy;
output [7:0] digital_out; //数字输出
```

在顶层模块中例化了 SSD ADC 的主要实现模块 sigmadelta_adc，此外则是一些内部连线和简单的逻辑门电路，如代码 7.7 所示。

代码 7.7　**sigmadelta_adc 实现代码**

```
// ***************************************************************
//
//   Internal Wire & Reg Signals
//
// ***************************************************************
wire clk;
wire analog_out_i;
wire sample_rdy_i;
wire [ADC_WIDTH - 1:0] digital_out_i;
wire [ADC_WIDTH - 1:0] digital_out_abs;
```

```
    assign clk = clk_in;

//***********************************************************************
//
//   SSD ADC using onboard LVDS buffer or external comparitor
//
//***********************************************************************
    sigmadelta_adc #(
        .ADC_WIDTH(ADC_WIDTH),
        .ACCUM_BITS(ACCUM_BITS),
        .LPF_DEPTH_BITS(LPF_DEPTH_BITS)
        );
    SSD_ADC(
        .clk(clk),
        .rstn(rstn),
        .analog_cmp(analog_cmp),
        .digital_out(digital_out_i),
        .analog_out(analog_out_i),
        .sample_rdy(sample_rdy_i)
        );

    assign digital_out_abs = INPUT_TOPOLOGY ? ~digital_out_i : digital_out_i;

//***********************************************************************
//
//   output assignments
//
//***********************************************************************

    assign digital_out = ~digital_out_abs;      //invert bits for LED display
    assign analog_out  = analog_out_i;
    assign sample_rdy  = sample_rdy_i;
```

SSD ADC 主要功能在 sigmadelta_adc 模块中实现，输入输出端口及内部信号定义如下。

```
//***********************************************************************
//
//   SSD Top Level Module
//
//***********************************************************************
module sigmadelta_adc (
    clk,
    rstn,
    digital_out,
    analog_cmp,
    analog_out,
    sample_rdy);

parameter
    ADC_WIDTH = 8,                  //ADC Convertor Bit Precision
    ACCUM_BITS = 10,                //2^ACCUM_BITS is decimation rate of accumulator
    LPF_DEPTH_BITS = 3;             //2^LPF_DEPTH_BITS is decimation rate of averager
```

```verilog
    //input ports
    input clk;                                //sample rate clock
    input rstn;                               //async reset,asserted low
    input analog_cmp ;                        //input from LVDS buffer (comparitor)

    //output ports
    output analog_out;                        //feedback to comparitor input RC circuit
    output sample_rdy;                        //digital_out is ready
    output [ADC_WIDTH - 1:0] digital_out;     //digital output word of ADC

    //***************************************************************
    //
    //   Internal Wire & Reg Signals
    //
    //***************************************************************
    reg delta;                                //captured comparitor output
    reg [ACCUM_BITS - 1:0] sigma;             //running accumulator value
    reg [ADC_WIDTH - 1:0] accum;              //latched accumulator value
    reg [ACCUM_BITS - 1:0] counter;           //decimation counter for accumulator
    reg rollover;                             //decimation counter terminal count
    reg accum_rdy;                            //latched accumulator value 'ready'
```

SSD ADC 模块所需采样和累加器模块描述如代码 7.8 所示。

代码 7.8　SSD ADC 模块所需采样

```verilog
    //***************************************************************
    //
    //   SSD 'Analog' Input - PWM
    //
    //   External Comparator Generates High/Low Value
    //
    //***************************************************************

    always @ (posedge clk)
    begin
        delta <= analog_cmp;          //capture comparitor output
    end

    assign analog_out = delta;        //feedback to comparitor LPF

    //***************************************************************
    //
    //   Accumulator Stage
    //
    //   Adds PWM positive pulses over accumulator period
    //
    //***************************************************************

    always @ (posedge clk or negedge rstn)
    begin
        if( ~rstn )
        begin
```

```
                sigma <= 0;
                accum <= 0;
                accum_rdy <= 0;
        end else begin
            if (rollover) begin
                //latch top ADC_WIDTH bits of sigma accumulator (drop LSBs)
                accum <= sigma[ACCUM_BITS - 1:ACCUM_BITS - ADC_WIDTH];
                sigma <= delta;          //reset accumulator, prime with current delta value
            end else begin
                if (&sigma != 1'b1)      //if not saturated
                    sigma <= sigma + delta; //accumulate
            end
            accum_rdy <= rollover;       //latch 'rdy' (to align with accum)
        end
end

// ***********************************************************************
//
//Sample Control - Accumulator Timing
//
// ***********************************************************************

always @(posedge clk or negedge rstn)
begin
    if( ~rstn ) begin
        counter <= 0;
        rollover <= 0;
        end
    else begin
        counter <= counter + 1;        //running count
        rollover <= &counter;          //assert 'rollover' when counter is all 1's
        end
end
```

Box 滤波器例化 box_ave 模块描述如代码 7.9 所示。

代码 7.9   Box 滤波器例化 box_ave 模块

```
box_ave #(
    .ADC_WIDTH(ADC_WIDTH),
    .LPF_DEPTH_BITS(LPF_DEPTH_BITS))
box_ave(
    .clk(clk),
    .rstn(rstn),
    .sample(accum_rdy),
    .raw_data_in(accum),
    .ave_data_out(digital_out),
    .data_out_valid(sample_rdy)
);
```

Box 滤波器模块描述代码大家可以参考 Lattice 网站参考设计。

第8章

综合项目

本章将深入探讨几个综合项目,这些项目不仅展现了硬件工程的复杂性,还体现了其在实际应用中的重要性和多样性。完成这些实践项目,学生可以理解和掌握如何将理论知识应用于解决实际的设计问题,从而加深对FPGA技术和硬件描述语言(HDL)的理解。通过设计、实施和优化FPGA项目,学生能够熟练掌握各种工具和技术,如综合工具、模拟仿真、时序分析等。

全面参与完成从项目设计、编码、测试到最终实现的整个流程,学生能够综合运用他们在课程中学到的知识,包括数字逻辑设计、硬件描述语言、系统级设计等,从而加深对FPGA设计全流程的理解。综合项目是FPGA教材中极为重要的组成部分,它们通过提供实践经验,帮助学生更好地理解和掌握FPGA设计和实现的复杂过程,为未来的职业生涯打下坚实的基础。

8.1 十字路口交通信号灯控制系统

随着现代城市及交通工具的发展,交通事故也急剧增加,为了改善交通秩序及减少交通事故,交通信号灯起着越来越重要的作用。在越来越多的城市的各个路口上安装了交通信号灯,来改善交通秩序。现代城市在日常运行控制中,越来越多地使用红绿灯对交通进行指挥和管理。而一套完整的交通信号灯控制系统通常要实现自动控制和手动控制去实现其红绿灯的转换。基于FPGA设计的交通灯控制系统电路简单、可靠性好。

8.1.1 项目背景

在之前的章节中我们利用FPGA开发板上的三色灯模拟了十字路口的红绿灯运行过程,而现在的信号灯系统通常增加一些"智能控制"功能,以提高整体的交通运行效率。如图8.1所示,某地步行街的十字路口,主路车辆川流不息,而次路车少人多。为方便行人过马路,又不影响主路通车效率,在次路路口设置了按钮控制的红绿灯。主路一直是绿灯通行,除非行人按下过马路按钮,主路变红灯,对向次路变绿灯放行。

在这个项目中,我们将实现一个类似的交通控制系统,使用一些传感器和LED进行更复杂的数字设计。我们使用如图8.2所示的十字路口交通信号灯控制板,以协助整个系统的搭建。下面我们将解释传感器的基本工作原理和每个数字模块的设计方法。

图 8.1 某地步行街的十字路口按钮控制红绿灯

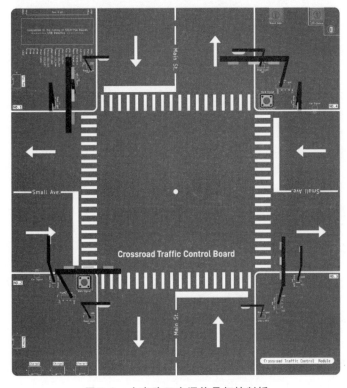

图 8.2 十字路口交通信号灯控制板

让我们先熟悉一下这个十字路口的交通模型,了解一下它能做什么。十字路口交通信号灯控制板的功能模块详细说明如图 8.3 所示。

这里我们假设南北方向道路为车流量大的主路,东西方向的道路为人流量大的次路。因此东西向道路可以在夜间将交通信号灯设置为备用模式,只有在传感器激活之后才会运行。控制板上的重要功能接口如下所示。

- 系统电源 5V。连接到 STEPFPGA 板上的 VBUS(pin40)。
- 所有路灯均由 N 型 MOS 管驱动。

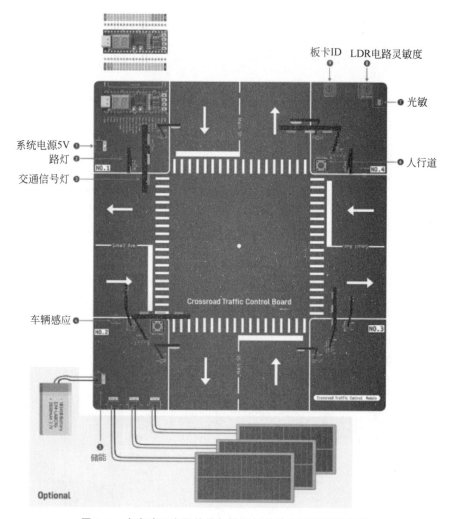

图 8.3　十字路口交通信号灯控制板的功能模块详细说明

- 4 个 RGB LED 作为交通信号灯。
- 次路上有 2 个霍尔效应传感器用于探测车辆通过。
- 电池连接到系统电源 5V,为 STEP FPGA 板供电。
- 太阳能电池板转换为恒定的 4.2V,为电池充电。
- 次路上的 2 个按钮,用于检测行人通过。
- 光敏电阻(LDR),用于检测环境光。
- 对 LDR 电路的灵敏度有手动调节的电位器。
- 一个电位器手动设置一个标识板。

STEP FPGA 开发板引脚名称如图 8.4 所示。仔细观察板上如图 8.4 所示的引脚名称,其中 GPIO6～GPIO19 连接到交通信号灯和车载传感器。如果您想进一步扩展应用程序,仍有 22 个空闲的 GPIO。

我们将在接下来的内容中解释所有这些与 FPGA 相连的功能模块。

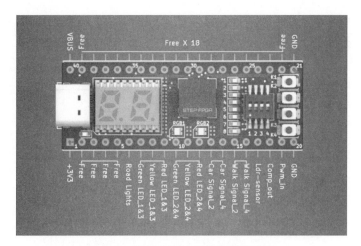

图 8.4　STEP FPGA 开发板引脚名称

8.1.2　车辆和行人检测

为了给这个项目增添一些乐趣,我们在次路(2 号和 4 号)上放置了两个霍尔效应磁传感器和两个按钮。磁传感器检测车辆是否正在等待通过十字路口,当然必须将磁铁附着在车辆模型上。磁传感器是 EST248,一种双极霍尔效应开关,其功能框图如图 8.5 所示。

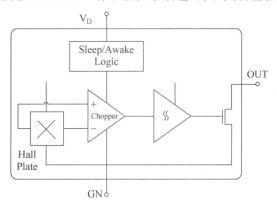

图 8.5　EST248 霍尔效应传感器功能框图

EST248 的输出为漏极开路结构,因此我们需要在输出端连接一个上拉电阻。当检测到磁场时,内部场效应晶体管(FET)对地短路,从而输出低电平,表示逻辑 0。要注意的是,如图 8.6 所示,磁传感器的放置位置必须使磁通量投射到有效的感应区域。为了验证这一点,您可以使用磁传感器并使用 Zoolark 或示波器确定输出信号的范围。

图 8.6　磁传感器放置位置

图 8.7 所示是霍尔效应传感器的磁场检测电路的原理图。当未检测到磁场时，10kΩ 电阻将开漏输出上拉至 V_{CC}，并且仅在汽车（铁磁材料）接近时产生逻辑 0。

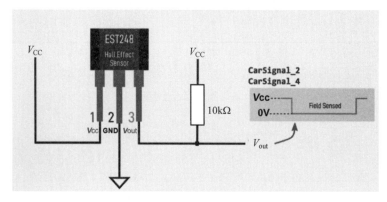

图 8.7　霍尔效应传感器的磁场检测电路原理图

在使用 Verilog HDL 设计数字模块时，我们只需检测两个输入信号 CarSignal_2 和 CarSignal_4 的逻辑电平，在检测到磁场时切换逻辑电平。

8.1.3　路灯控制

交通信号灯控制板上使用 LED 模拟路灯，路灯需要在晚上自动打开，确切地说是要在晚上光照不足时打开，一种控制方式是使用实时时钟，比如将路灯设置为晚上 7 点左右打开，但是在恶劣的暴风雨天气中，还没有到定时时间但是光线很暗，这时应该在路上提供必要的照明。此外，在夏令时和冬令时之间切换也会引起麻烦，尤其是对于高纬度地区。实际情况来看，路灯启动靠谱的方法是基于实际环境光，而不考虑时钟上的定时时间，最简单且省成本的方法之一是使用光敏电阻（简称 LDR），不同环境光强度下 LED 的电阻变化如图 8.8 所示。

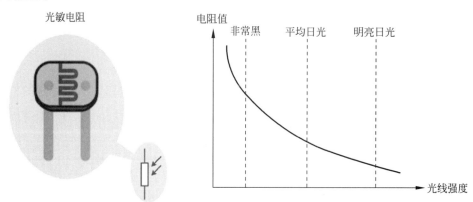

图 8.8　不同环境光强度下 LED 的电阻变化

LDR 本质上是一个可变电阻器，当光线照射到顶部感光膜层上时，其电阻值会降低。根据光强度的不同，电阻可能从 1MΩ（非常暗）到几百欧姆（非常亮）不等。如图 8.9 所示电路是一个分压器电路，它产生一个连续的模拟输出电压，指示周围环境的亮度。

由于 FPGA 只能处理数字信号 1 和 0,因此我们必须将输出的模拟信号转换为数字信号。回顾第 7 章,具有高分辨率位数和快速采样率的 ADC 可以精确地将电压信号转换为数字 1 和 0。然而,在这种情况下,系统只需要知道外面是暗的还是亮的,这表明 1 位数字信号就足够了。构建 1 位 ADC 的最简单方式是使用电压比较器,如图 8.10 所示。

在 Verilog HDL 实现中,数字模块将 LDR_Sense 作为输入,同样,该输入的逻辑电平指示白天(当 LDR_Sense==0 时)和夜间(当 LDR_Sense==1 时)。调整板载电位计 LDR_Sensor 可为 V_{REF} 提供不同的阈值参考电压,从而改变 LDR 传感器的灵敏度。

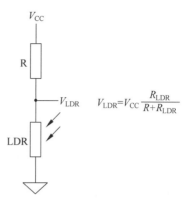

图 8.9 通过分压器电路获取 LDR 的模拟输出信号

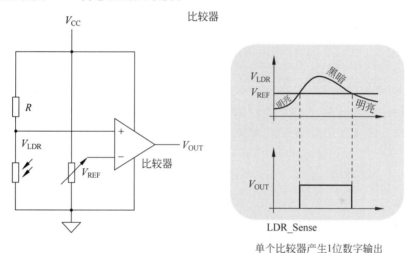

图 8.10 使用电压比较器构建 1 位 ADC

8.1.4 交通信号灯控制系统的状态机

在白天,我们假设主路和次路的交通流量保持正常,因此我们在白天使用与简易交通信号灯项目中相同的状态图。

在夜间,次路上的交通流量可能会显著减少,因此交通信号灯应彻底进入待机模式。在这种模式下,除非行人按下按钮或车辆正在等待通过十字路口,否则次路始终保持红灯状态。同时,该系统在夜间打开所有路灯。智能交通控制模块的状态机整个过程如图 8.11 所示。

交通信号灯的状态说明如表 8.1 所示。

在 Verilog 中,我们使用 3 段结构来描述本项目中的状态机。

1. 第 1 段:执行状态的转换

这部分是顺序逻辑,其中所有状态都与时钟同步。该时钟不一定是 FPGA 的系统时钟,具体取决于我们的设计。代码 8.1 所示为生成一个 1Hz 的时钟 clk_1Hz,我们使用此信号来执行状态转换。

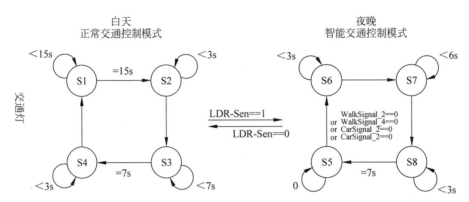

图 8.11 智能交通控制模块的状态机整个过程

表 8.1 交通信号灯的状态说明

系列	状态说明	系列	状态说明
S1 系列	主路灯变为绿色,次路灯变为红色	S5 系列	主路灯变为绿色,次路灯变为红色
S2 系列	主路灯变为黄色,次路灯变为红色	S6 系列	主路灯变为黄色,次路灯变为红色
S3 系列	主路灯变为红色,次路灯变为绿色	S7 系列	主路灯变为红色,次路灯变为绿色
S4 系列	主路灯变为红色,次路灯变为黄色	S8 系列	主路灯变为红色,次路灯变为黄色

代码 8.1 生成一个 1Hz 的时钟

```verilog
//第 1 段 - 实现与时钟同步的状态转换
//产生 1Hz 信号
reg clk_1Hz;
reg [23:0] cnt;
always @(posedge clk or negedge rst_n)
    begin
        if(!rst_n) begin
            cnt <= 0;
            clk_1Hz <= 0;
        end else if(cnt == 24'd5_999_999) begin
            cnt <= 0;
            clk_1Hz <= ~clk_1Hz;
        end else cnt <= cnt + 1'b1;
    end

reg [7:0] timecnt;
always @(posedge clk_1Hz or negedge rst_n)
    if(!rst_n) c_state <= S1;
    else c_state <= n_state;
end
```

2. 第 2 段：描述状态的转换

这部分是组合逻辑,仅描述当给定不同的触发条件时状态将跳转到的位置,如代码 8.2 所示。

代码 8.2 状态机示例第 2 部分-描述状态的转换

```verilog
//第 2 部分 - 描述状态的转换
reg [2:0] c_state,n_state;
wire SmallAve_Wakeup = pedestrain2 & pedestrain4 & CarSignal_2 & CarSignal_4;
```

```verilog
always @( * ) begin
    if(!rst_n)begin
        n_state = S1;
    end
    else begin
        case(c_state)
            S1: if(!timecnt)begin
                    if(LDR_Sen) n_state = S5;
                    else n_state = S2;
                    end
                else n_state = S1;
            S2: if(!timecnt)begin
                    if(LDR_Sen) n_state = S5;
                    else n_state = S3;
                    end
                else n_state = S2;
            S3: if(!timecnt)begin
                    if(LDR_Sen) n_state = S5;
                    else n_state = S4;
                    end
                else n_state = S3;
            S4: if(!timecnt)begin
                    if(LDR_Sen) n_state = S5;
                    else n_state = S1;
                    end
                else n_state = S4;
            S5: if(!LDR_Sen) n_state = S3;
                else if (SmallAve_Wakeup) n_state = S5;
                else n_state = S6;
            S6: if(!timecnt) begin
                    if(!LDR_Sen) n_state = S1;
                    else n_state = S7;
                    end
                else n_state = S6;
            S7: if(!timecnt)begin
                    if(!LDR_Sen) n_state = S1;
                    else n_state = S8;
                    end
                else n_state = S7;
            S8: if(!timecnt)begin
                    if(!LDR_Sen) n_state = S1;
                    else n_state = S5;
                    end
                else n_state = S8;
            default:n_state = S1;
        endcase
    end
end
```

3. 第 3 段：描述在每个状态要执行的操作

这部分是与状态机时钟同步的顺序逻辑，最终告诉所有寄存器和每个状态下的输出信号会发生什么，如代码 8.3 所示。

代码 8.3 状态机示例-同步输出

```verilog
//第 3 段 - 描述在每种状态下实现的操作，与时钟同步
always @(posedge clk_1Hz or negedge rst_n) begin
```

```verilog
        if(!rst_n)begin
            timecnt <= 8'd15;
            TrafficLights_Main <= GREEN; TrafficLights_Small <= RED;
        end
        else begin
            case(n_state)
                S1: begin
                    TrafficLights_Main <= GREEN; TrafficLights_Small <= RED;
                    if(timecnt == 0) timecnt <= 8'd15;
                    else timecnt <= timecnt - 1'b1;
                end
                S2: begin
                    TrafficLights_Main <= YELLOW; TrafficLights_Small <= RED;
                    if(timecnt == 0) timecnt <= 8'd2;
                    else timecnt <= timecnt - 1'b1;
                end
                S3: begin
                    TrafficLights_Main <= RED; TrafficLights_Small <= GREEN;
                    if(timecnt == 0) timecnt <= 8'd7;
                    else timecnt <= timecnt - 1'b1;
                end
                S4: begin
                    TrafficLights_Main <= RED; TrafficLights_Small <= YELLOW;
                    if(timecnt == 0) timecnt <= 8'd2;
                    else timecnt <= timecnt - 1'b1;
                end
                S5: begin
                    TrafficLights_Main <= GREEN;
                    TrafficLights_Small <= RED;
                    timecnt <= 8'd0;
                end
                S6: begin
                    TrafficLights_Main <= YELLOW; TrafficLights_Small <= RED;
                    if(timecnt == 0) timecnt <= 8'd2;
                    else timecnt <= timecnt - 1'b1;
                end
                S7: begin
                    TrafficLights_Main <= RED; TrafficLights_Small <= GREEN;
                    if(timecnt == 0) timecnt <= 8'd5;
                    else timecnt <= timecnt - 1'b1;
                end
                S8: begin
                    TrafficLights_Main <= RED; TrafficLights_Small <= YELLOW;
                    if(timecnt == 0) timecnt <= 8'd2;
                    else timecnt <= timecnt - 1'b1;
                end
                default:;
            endcase
        end
end
```

8.1.5 其他功能

在光照强度的检测中,我们使用了 1 位比较器,而对于需要更精确地测量模拟传感器读数的应用,比较器的 1 位输出显然是不够的。通常的方案是使用具有更高位深度的模数转换器,但是在这里我们使用第 7 章介绍过的 Σ-Δ ADC 的好方法,即使用单个 GPIO 对代表模拟信号的足够精确的数字数据进行采样。该 1 位 ADC 的结构框图如图 8.12 所示。

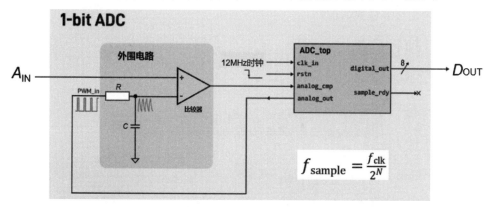

图 8.12　1 位 ADC 结构框图

该模块 ADC_top 是莱迪思半导体发布的通用数字模块，完整代码扫描书后二维码获得。

该模块是 Σ-Δ 调制技术的实现，我们将在后面的钢琴项目中回顾该主题。要使用此模块，我们需要一个比较器和一个 RC 低通滤波器。RC 的分量值计算如下：

$$RC \gg \frac{1}{2\pi f_{\text{sample}}}$$

如果我们对数字输出使用 8 位深度，则采样频率 f_{sample} 为：

$$f_{\text{sample}} = \frac{12\text{MHz}}{2^8} = 47\text{kHz}$$

因此，当 $R=3\text{k}\Omega, C=1\text{nF}$ 时，可以满足该公式。此外，在 47kHz 的采样频率下，根据奈奎斯特采样定理，该电路的快速采样速度足以对低于 23kHz 的模拟信号进行采样。如果需要对更高频率的信号进行采样，则需要提高时钟频率或降低数字输出的位深度。

在 LDR 电路旁边还有另一个称为 Board_Addr 的电位计，1 位 ADC 模块与该电位计的接口如图 8.13 所示。

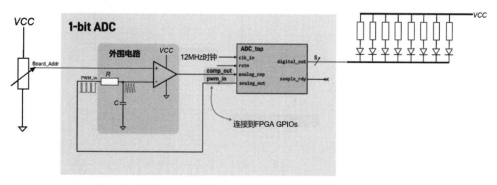

图 8.13　1 位 ADC 模块与该电位计的接口

手动旋转该电位器时，模拟电压的幅值会发生变化，Σ-Δ ADC 模块将模拟电压值转换为 8 位数字信号，该数据可由 STEP FPGA 板上的 8 个 LED 表示。这意味着如果你想建立一个有多个十字路口交通信号灯控制板的道路系统，可以通过将电位计旋转到不同的位置来识别每个板子的唯一 ID。

这个红绿灯项目的完整代码可以扫描书后二维码获得，需要在其中分配 FPGA 的 GPIO 引脚以匹配数字模块的信号。

8.1.6 项目总结

十字路口交通信号灯控制项目总结如图 8.14 所示。

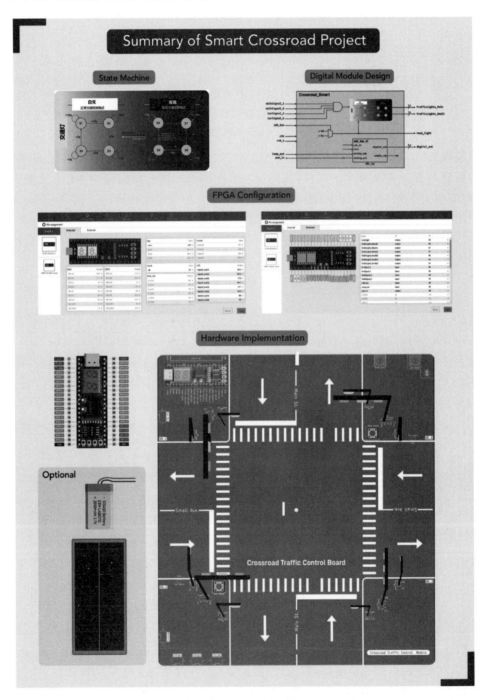

图 8.14 十字路口交通信号灯控制项目总结

8.2 电梯控制系统

在考虑当今高层建筑日益增多的背景下,电梯成为了不可或缺的垂直运输设备。为了提高电梯运行的安全性、效率和可靠性,采用高度可定制和灵活的 FPGA(现场可编程门阵列)技术来设计电梯控制系统变得越来越受到重视。基于 FPGA 的电梯控制系统项目围绕设计和实现一个可靠、高效和安全的电梯控制系统展开,利用 FPGA 的高速并行处理能力和灵活性,以满足现代城市建筑对电梯系统的复杂需求。

8.2.1 项目概述

在这个项目中,让我们建立一个电梯控制系统。一个电梯系统的简化说明如图 8.15 所示,它由一个刚性的墙结构、一个拽引电机(通常带有滑轮系统),以及一个容纳乘客的轿厢组成。显然,在轿厢和每个楼层都有控制面板。为简单起见,在这个项目中,我们只考虑轿厢内的控制面板。

这里我们使用细木棍、细线和亚克力板等材料搭建一个电梯模型,如图 8.16 所示。另外我们还需要电梯控制系统的元件,包括:1 个超声波传感器模块(HR-04)、1 片电机驱动器 L293、1 个直流电机、1 个直流电源模块、1 个小脚丫 FPGA 开发板、1 块面包板、5 个按键和若干不同颜色的杜邦线。

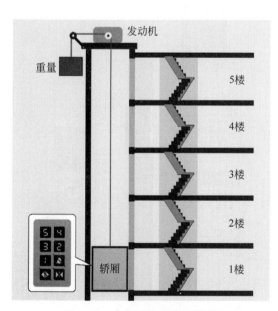

图 8.15 电梯系统的简化说明

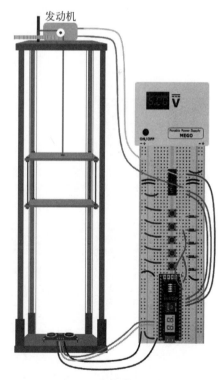

图 8.16 电梯模型示意图

这个简单的机电系统由一个传感器(超声波传感器)来提供反馈信号和一个执行器(直流电机)来产生动力。我们也可以利用小脚丫 FPGA 开发板上的 LED 和数码管来显示一些基本信息，比如当前"楼层"。

8.2.2 总体方案

这次我们首先从系统级设计开始。在电气方面，该系统包括四个部分：
- 1个用户输入界面，允许用户选择指定的楼层。
- 1个位置传感器，它告诉电梯轿厢的当前位置。
- 电机控制电路，控制电机正反转以升降电梯轿厢。
- 1块处理整个系统逻辑的FPGA控制板。

整个电梯系统的电路示意图如图8.17所示。

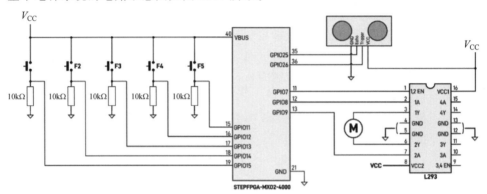

图 8.17 电梯系统的电路示意图

使用面包板搭建的电梯控制电路如图8.18所示。

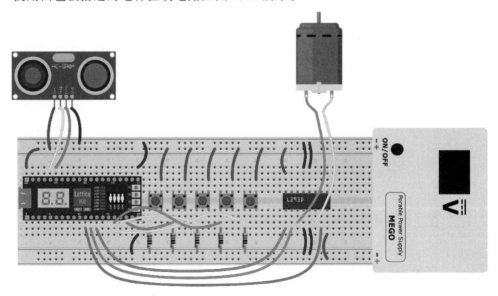

图 8.18 使用面包板搭建的电梯控制电路

用户输入界面使用5个轻触按键作为输入，对应楼层1到5。如图8.18所示按键输入设置成下拉模式，对FPGA来说按键输入信号默认为低电平，当有按键按下时，输入信号变为高电平。

超声波传感器可以放置在电梯模型的底部,以测量地面和电梯箱之间的距离,所以这里需要更长的跳线。当然了,真正的电梯使用更复杂的检测系统来确保电梯的安全,所以这里的超声波解决方案纯粹是为了好玩搭建的模型。

为了驱动直流电机,我们使用了一个流行的 H 桥电机驱动芯片 L293 来达到目的。同样,这个直流电机被放置在电梯模型的顶部,所以这里也需要更长的导线。

8.2.3 开关防抖设计

按钮或按键之类的硬件开关很常用,它的原理非常简单,但是在数字系统中对按键信号的处理,可没有想象的那么容易。当我们关闭开关或按下按键时,"眼见为实"的是开关两端的金属触点立即结合在一起,但实际上它们不是"一拍即合"。按下机械按键时信号的弹跳变化过程如图 8.19 所示:由于金属触点本身的弹性或按压时的"手抖"都会导致触点多次弹跳,在信号达到一个稳定的电压水平之前,已经产生了多次电平转换,弹跳过程可能需要数百微秒或几毫秒,当处理器(微控制器或 FPGA)去采样输入信号时,弹跳过程的按键输入信号可以认为是随机的,输入给系统的很有可能是"假情报"。

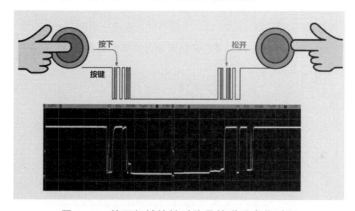

图 8.19 按下机械按键时信号的弹跳变化过程

我们必须采取一些手段,使得系统既能随时感受到按键的状态变化,又能对稳定后的信号采样。常用的硬件消抖措施如图 8.20 所示,通过在上拉或下拉电阻两端并联滤波电容来消除电平抖动。电容的特性是"通交隔直",因此快速变化的电压抖动可以被滤除,而稳定的直流电压下则不起作用。我们自行车上的减震器和这里的电容是类似的功能。

然而,想象一下你有 1000 台设备,每台都有 10 个按钮,那么你需要一万个电容来处理开关抖动问题。一种更经济友好的处理方法是通过定时器延时实现软件消抖。

使用软件方法拆卸开关如图 8.21 所示。当第一次检测到电平变化之后,我们要求系统延时 20ms,之后再次确认按键信号的状态,而不是第一次电平变化就立即得出结论;如果确认信号翻转,则系统会发出一个短脉冲用于指示按键被按下一次。

能够实现按键消抖功能的数字电路如图 8.22 所示,我们可以生成一个 50Hz 的慢时钟信号 slow_clk,作为触发器的同步时钟信号,同时,按键信号作为触发器的输入,由于抖动持续时间一般小于 10ms,这意味着 D 触发器存储的数据不会受到抖动噪声的影响。

代码 8.4 是实例化三个子模块的 Verilog 实现。代码可能不是实现软键分解模块的最聪明的方式,但可以很好地说明结构编码风格。

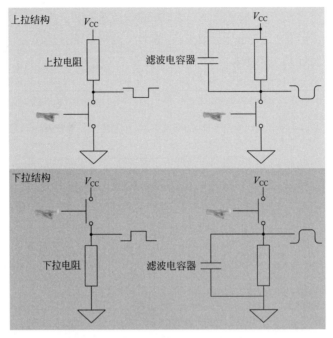

图 8.20 通过并联滤波电容器来消抖

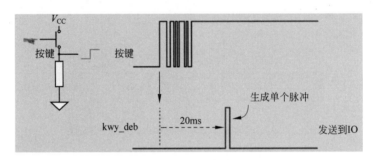

图 8.21 使用软件方法拆卸开关

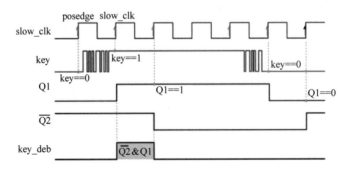

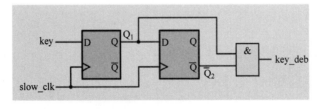

图 8.22 使用两个 D 触发器实现按键消抖功能

代码 8.4　按键消抖模块的实现

```verilog
module debounce (
    input clk,key,
    output key_deb                        //按键输出结果
);

wire slow_clk;
wire Q1,Q2,Q2_bar;

divider_integer #(.WIDTH(17),.N(240000)) U1 (
    .clk(clk),
    .clkout(slow_clk)
);
dff U2(
    .clk(slow_clk),
    .D(key),
    .Q(Q1)
);
dff U3(
    .clk(slow_clk),
    .D(Q1),
    .Q(Q2)
);

assign Q2_bar = ~Q2;
assign key_deb = Q1 & Q2_bar;             //若有按键按下则输出一个clk时钟周期的脉冲
endmodule
```

请注意，每次按下一个键时，此代码只产生一个脉冲；如果你希望输出信号保持当前电压水平，除非释放该键，则将分配更改为：

```verilog
assign key_deb = Q2;
```

8.2.4　超声波传感器位置检测

我们知道声音以 343m/s 的速度在空气中传播，因此通过声波在介质中传输的时间就可以计算出传输距离，即声波发出开始计时，遇到目标物体阻挡再次返回起始点结束计时，通过一来一回的时间间隔再乘以声波速度就可以得出传输距离，其过程如图 8.23 所示。由于人类的听觉频率在 20Hz～20kHz 的范围内，大多数空气中使用的超声波传感器使用 40kHz 的频率。

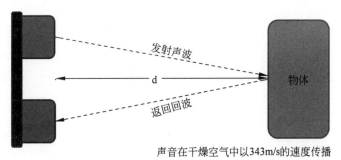

图 8.23　超声波距离传感器的工作原理

以常用的 SR04 超声波传感器模块为例来说明其工作原理,如图 8.24 所示。SR04 超声波传感器模块有 4 个引脚,分别如下。

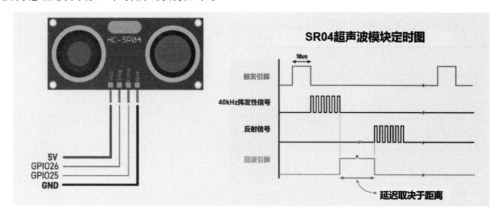

图 8.24　SR04 超声波传感器模块的工作原理

- V_{CC}：+5V 电源供电。
- Trig：触发信号输入。
- Echo：回响信号输出。
- GND：接地。

SR04 超声波传感器模块的工作过程是：由一个 $10\mu s$ 宽度的脉冲信号(由 Trig 引脚输入)作为启动信号触发测量过程,触发后,模块内部将发出 8 个 40kHz 的脉冲信号,由超声波发射探头发出后在空气中传输,超声波接收探头会不停地监测是否有该频率下的回波,一旦检测到有回波信号则输出响应信号 Echo。回响信号的脉冲宽度与所测的距离成正比。由此通过发射信号到收到的回响信号时间间隔可以计算得到距离。

使用超声波传感器模块 HR_SR04 时需要执行操作：向 HC-SR04 板上的 Trig 引脚连续输入脉冲信号(脉冲宽度为 $10\mu s$),发送周期不小于 60ms。测量从 HC-SR04 板的 Echo 引脚发送回的脉冲宽度。

以 12MHz 时钟信号为基准,分频产生频率为 1Hz、脉冲宽度 $10\mu s$ 周期信号的过程,cnt_10us 为分频值,如图 8.25 所示。

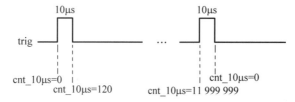

图 8.25　频率为 1Hz、脉冲宽度 $10\mu s$ 周期信号(基准频率 12MHz)过程

一旦超声波模块接收到回响信号,它将通过计算反射信号 Echo 的脉冲宽度来测量物体的距离。定量地说,距离的计算方法为：

$$\text{Range} = \frac{T_{high} \times 343\text{m/s}}{2} \approx 170 T_{high} (\text{m})$$

其中,Range 是测量距离,单位为 m,T_{high} 是来自超声波传感器的回波引脚 Echo 的反射信号脉冲宽度。

有许多方法可以估计 T_{high}，我们将通过计数器来实现这一点。例如，上面的等式可以写成：

$$\text{Range} = 170 \times \frac{N}{f_{clk}}$$

其中，clk 是计数器的时钟信号，其频率 f_{clk} 是 170Hz 的倍数。N 是计数器的计数值。计数器的时钟信号选多少合适？对距离测量有什么影响呢？如图 8.26 所示，我们分别使用频率为 1700Hz、17kHz 和 34kHz 的时钟信号来测算相同的 T_{high}。

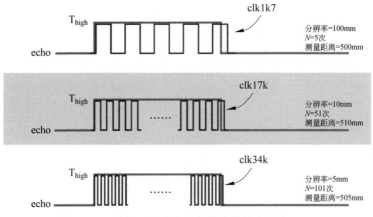

图 8.26　使用不同时钟频率的计数器来测算 T_{hihg}

图 8.26 表明，测算 echo 信号有多少个计数值时，会存在最后一个计数时钟的误差，很显然计数器的时钟信号频率越高，计数误差会越小，继而测量分辨率越高。对于我们的程序来说，时钟频率为 17kHz 就足够了。虽然对 FPGA 来说产生比 17kHz 更高的时钟频率轻而易举，但是测量分辨率不能超过 SR-04 超声波传感器的硬件限制，因此频率再高也没有意义。

在下面的 Verilog 代码中，我们编写了模块 hc_sr04 的基本端口定义，该端口与 HC-SR04 板接口相连。hc_sr04 模块的代码如代码 8.5 所示。

代码 8.5　hc_sr04 模块的代码

```
module hc_sr04 (
    input clk, rst_n,            //时钟和复位，STEP FPGA 开发板有 12MHz 晶振
    input echo,                  //输入，HC_SR04 → echo
    output trig,                 //输出，HC_SR04 → trig
    output reg [15:0] distance   //测量距离
);
```

图 8.27 显示了超声波传感器模块 SR-04 与所描述的数字模块 hc_sr04 的连接。当然，我们需要将该模块的输入和输出分配到 STEP FPGA 的物理 IO 引脚上。

在代码中，我们使用了一个 16 位宽的输出变量 distance[0:15]（可达 65 535 个计数），以保证足够多的计数值，当我们想提高测量分辨率时就会用到，比如使用 170kHz 时钟信号测算反射信号 echo 的脉冲宽度，计数值是使用 17kHz 时钟的 10 倍。此外，16 位宽的输出变量，使该模块适用于更长测距范围和更高分辨率的超声波传感器。

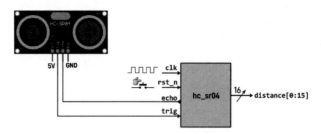

图 8.27　与超声波传感器硬件接口

8.2.5　二进制转 BCD 码

如果我们想显示超声波传感器到目标物体的测量距离，例如在 STEP FPGA 开发板的两段数码管上显示距离，那么我们需要一个二进制编码—十进制转换器，称为 BCD 转换器。

我们喜欢用十进制数字，所以希望数码管只显示从 0 到 9 的数字。对应于数字 0 到数字 9 的 10 个 BCD 码，如表 8.2 所示。

表 8.2　十进制数字的 BCD 码

十 进 制 数	BCD 码	十 进 制 数	BCD 码
0	0000	5	0101
1	0001	6	0110
2	0010	7	0111
3	0011	8	1000
4	0100	9	1001

"加三移位法"是二进制数转换为 BCD 码最常用的算法，有很多文章解释了该算法的数学原理，所以我们不在本书中详细介绍。模块 bin_to_bcd 的端口定义，如图 8.28 所示。

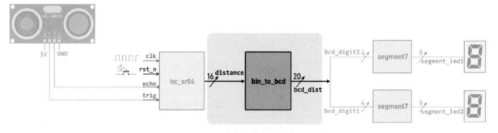

图 8.28　二进制转 BCD 码模块的端口定义

16 位输入信号 distance 是来自超声波传感器模块 hc_sr04 的输出数据。16 位二进制数据的最大值对应十进制数是 65 535，这意味着如果你想以十进制的形式显示整数，至少需要 5 个段管。从 4.7 节中回顾，驱动每个段管需要一个 4 位输入信号，因此输出信号 bcd_dist 的最小位宽是 20。

在这个项目中，我们将测量单位设置为 cm，已知电梯的高度小于 99cm，也就是只有两位数，因此只需要两段数码管即可显示。如图 8.29 所示，两个数码管驱动程序模块 segment7 只能从上一模块 20 位输出中获取较低的 8 位。

实现 16 位输入模块 bin_to_bcd 的版本代码在代码 8.6 中给出。

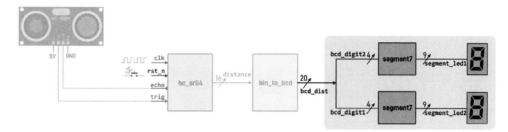

图 8.29　从 BCD 模块输出中取最后 8 位，以显示两位十进制数字

代码 8.6　16 位输入 BCD 模块的实现（最多显示 5 位十进制数字）

```verilog
module bin_to_bcd (
    input rst_n,
    input [15:0] bin_code,    //16 位宽数据输入
    output reg [19:0] bcd_code //20 位宽 BCD 码输出
);
reg [35:0] shift_reg;
always @ (bin_code or rst_n) begin
    shift_reg = {20'h0,bin_code};
    if(!rst_n) bcd_code = 0;
    else begin
        repeat(16) begin         //重复 16 次
            if (shift_reg[19:16] >= 5)
                shift_reg[19:16] = shift_reg[19:16] + 2'b11;
            if (shift_reg[23:20] >= 5)
                shift_reg[23:20] = shift_reg[23:20] + 2'b11;
            if (shift_reg[27:24] >= 5)
                shift_reg[27:24] = shift_reg[27:24] + 2'b11;
            if (shift_reg[31:28] >= 5)
                shift_reg[31:28] = shift_reg[31:28] + 2'b11;
            if (shift_reg[35:32] >= 5)
                shift_reg[35:32] = shift_reg[35:32] + 2'b11;
            shift_reg = shift_reg << 1;
        end
        bcd_code = shift_reg[35:16];
    end
end
endmodule
```

下面我们将超声波传感器模块、BCD 转换模块和数码管显示模块结合起来构建一个顶层模块，模块与 HC-SR04 连接读取测量距离后显示到数码管上，如果该部分内容测试通过，那么说明我们的电梯控制系统的"感官系统"设计成功了。代码 8.7 是测试超声波传感器的顶部模块 SR04_display，测量结果可以显示在 STEP FPGA 开发板的数码管上。

代码 8.7　顶部模块：显示超声波模块测量的距离（单位为 cm）

```verilog
module SR04_display(
    input clk,rst_n ,
    input echo,                    //由 HC_SR04 模块的 ECHO 信号输入
    output trig,                   //向 HC_SR04 模块输出触发脉冲
    output [8:0] segment_led_1,    //7 段数码管显示 1
    output [8:0] segment_led_2     //7 段数码管显示 2
);
```

```
    wire [15:0] distance;                         //由 HC_SR04 输出的测量距离
    //例化 HC_SR04 模块输出测量距离
    hc_sr04 ultrsonic(clk,rst_n,echo,trig,distance);

    wire [19:0] bcd_distance;                     //BCD 码转换值
    //例化 bin_to_bcd 模块将二进制转换为 BCD 码
    bin_to_bcd bin_to_bcd_U(rst_n,distance,bcd_distance);

    wire [3:0] bcd_digit1;                        //显示数字个位
    wire [3:0] bcd_digit2;                        //显示数字十位
    //转换低 4 位 BCD 到二进制用于数码管模块显示
    assign   bcd_digit1 = bcd_distance[3:0];
    //转换高 4 位 BCD 到二进制用于数码管模块显示
    assign   bcd_digit2 = bcd_distance[7:4];
    //例化 segment7 模块在 Segment1 上显示第一个数字

    segment7 seg_x1(
            .seg_data(bcd_digit1),
            .segment_led (segment_led_1)
    );
    //例化 segment7 模块在 Segment2 上显示第二个数字
    segment7 seg_x10(
            .seg_data(bcd_digit2),
            .segment_led (segment_led_2)
    );
    endmodule
```

8.2.6 控制电机旋转

为了使电梯上下移动,我们需要控制电机的旋转方向,电梯模型中使用的是直流电机,它的旋转方向由流过线圈的电流方向决定。控制直流电机双向运动的常用电路称为 H 桥,其最简单的抽象形式,可以用 4 个开关来解释,如图 8.30 所示。

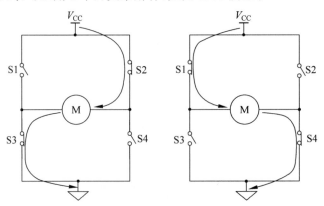

图 8.30 通过改变电流方向来控制直流电机的方向

如图 8.31 所示,我们把 4 个开关换成是双极型晶体管(BJT),这是一种电流控制型晶体管。关于晶体管的内容,相信大家在模拟电子技术课程中已经学过,在本书中,如果我们想设置直流电机的旋转方向为逆时针(CCW)或顺时针(CW),可以设置晶体管的基极输入端分别为逻辑 1、0 或逻辑 0、1。

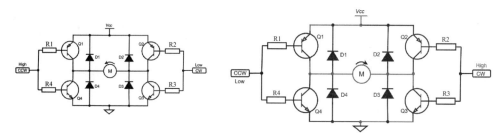

图 8.31　由 4 个晶体管构成的 H 桥控制直流电机的双向运动

以上电路的 H 桥也可以换成 MOSFET，或是专用的直流电机驱动集成电路，如 L9110、L298N 或 L293N 等。这里我们使用 L293N，其内部结构和应用电路示意如图 8.32 所示。

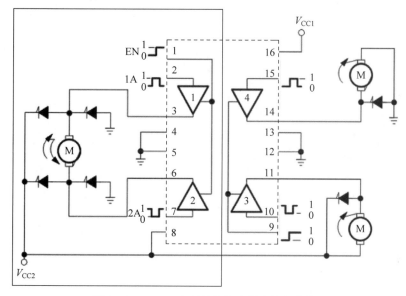

图 8.32　L293N 内部结构和应用电路示意图

如果该电机在运行过程中的电流过大，那么我们需要在回路中增加一个小电阻以限制一下电流。另外，还可以通过 PWM 模式调节电机的平均电压，当然了，该项目已经足够复杂，这里我们不再研究 PWM 驱动方法。使用 L293 芯片驱动直流电机的原理图如图 8.33 所示。

L293N 芯片在不同控制输入逻辑下直流电机的运转情况如表 8.3 所示。注意，x 的意思是"不在乎"。电机的右转、左转动作对应于电梯的升降动作。当电梯在某一层停机时，电机电源应该断开。

表 8.3　不同控制输入逻辑下直流电机的运转情况

EN（GPIO7）	1A（GPIO8）	2A（GPIO9）	电机运转情况
1	0	0	快速制动
1	0	1	右转
1	1	0	向左转
1	1	1	快速制动
0	x	x	自由运行停止

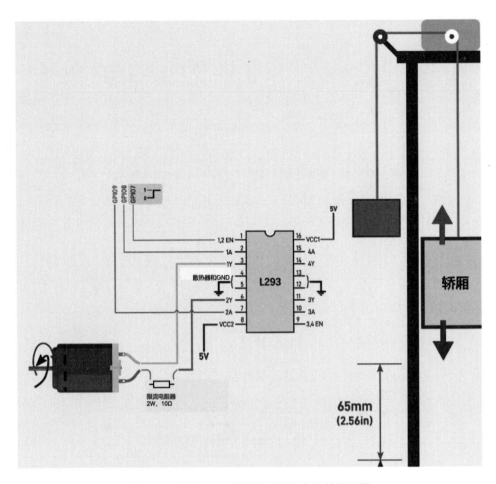

图 8.33 使用 L293 芯片驱动直流电机的原理图

8.2.7 设计状态机

我们已经了解了每个模块的功能,现在还需要设计一套整个工作流程的控制逻辑,下面我们通过状态机来处理这个电梯系统的控制算法。

本项目的整个活动可以分为 1 层到 5 层的 5 个状态。如图 8.34 所示,一个代表 3 层电梯运动控制器的部分状态机。状态转换的触发条件是来自代表楼层的按钮输入信号。

在每种状态下,系统还要持续监测从超声波模块发送的距离数据,以确定直流电机驱动器的动作。

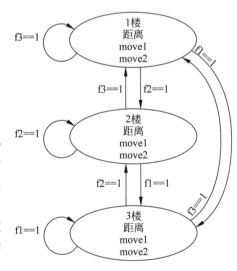

图 8.34 电梯运动控制器的部分状态机

8.2.8 最终实施

最终，我们将构建一个顶级模块，将所有独立的子模块集成到一个整体的数字系统中。elevatorCtrl 是顶层模块的端口定义，如图 8.35 所示。

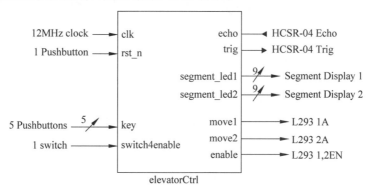

图 8.35 电梯控制器系统的顶层模块

整个硬件系统由 FPGA 板上实现的 ctrl 数字模块组成，是系统的核心。此外，我们需要确保外围模块，如超声波传感器、电机驱动器、按键处理、数码管显示等模块供电可靠，并通过电路板或导线连接到 STEP FPGA 的外部引脚上，如图 8.36 所示。

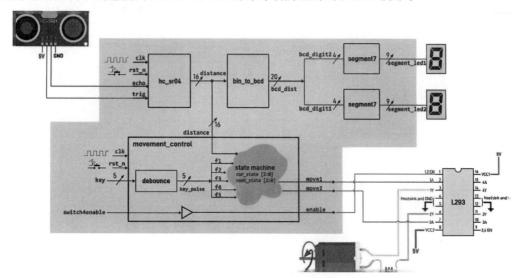

图 8.36 电梯控制器顶部模块的数字系统

电梯控制器顶部模块的数字系统完整的 Verilog 代码扫描书后的二维码获得，其中所有的子模块都被集成到一个 Verilog 文件中。

由于代码的长度较长，其中所有的子模块都被集成到一个 Verilog 文件中。

要测试此代码，请确保超声波传感器等模块与 FPGA 开发板的 GPIO 连接正确。此外，如果电机旋转过快，我们可以在电机主电路串联一个小电阻（功率 1W 以上，阻值 10Ω）来限制电流。

8.2.9 项目总结

电梯控制器项目总结如图 8.37 所示。

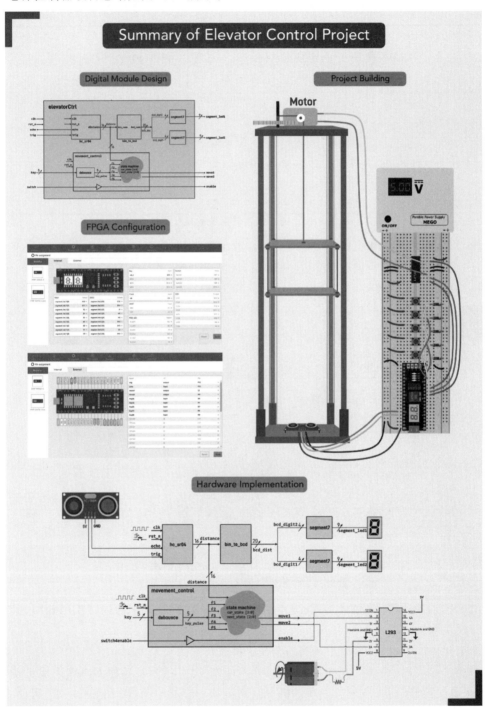

图 8.37 电梯控制器项目总结

8.3 自制数字密码锁储物柜

数码储物柜在日常生活中很常见。如图 8.38 所示,简单数码储物柜通常包含一个数字面板用于输入密码,以及一个电控螺栓用于锁定或释放柜门。如果用户输入错误的密码,LED 指示灯或蜂鸣器可能会被触发,提示用户重新输入。

在这个项目中,我们使用了一个有十个数字和两个功能键"∗"和"♯"的键盘面板。开门时,用户应按"∗",然后快速输入四位数字密码,然后按"♯"键完成操作。如果按下"∗"后等待时间过长,或者用户输入错误密码,系统将复位,蜂鸣器发出报警。默认情况下,打开这扇门的密码是"1234"。

图 8.38 带有数字面板的数码储物柜的示意图

8.3.1 硬件总体结构设计

图 8.39 所示是小脚丫 FPGA 板控制的简化后的数字储物柜模型电路结构。键盘按矩阵结构布置,以节省占用的 GPIO 数量。在本例中,仅使用 7 个 GPIO 就可以控制 12 个密钥。

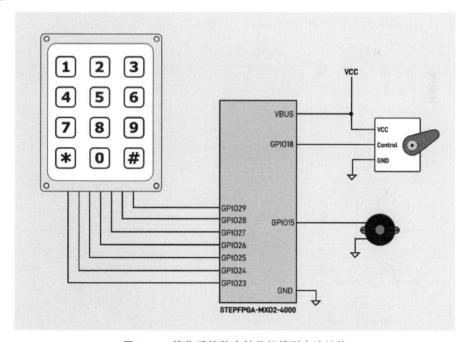

图 8.39 简化后的数字储物柜模型电路结构

当"∗"键被按下并释放时,系统进入"监听模式"。用户应在 5s 内输入四位数字密码。在第 5s,如果检测到"♯",系统将检查密码的正确性。输入正确的密码会触发电子门闩(核心机构是带杆的舵机)旋转一定程度以打开门;否则门闩不动作,蜂鸣器发出短警报。

8.3.2 矩阵键盘输入模块

到目前为止，我们在本书中看到的所有实验都使用一个 GPIO 来控制一个开关，显然这种方式很简单，但在 IO 使用方面效率不高，因为控制 12 个按键需要占用 12 个 GPIO，更不用说有超过 100 个键的键盘了。为了提高 IO 的使用效率，我们设计了矩阵键盘。4×3 开关矩阵接线示意如图 8.40 所示。

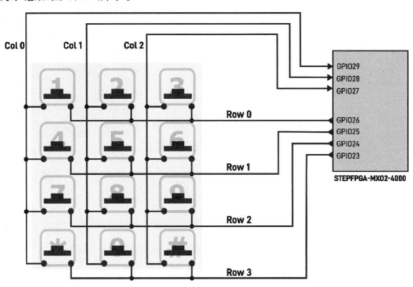

图 8.40　带有 7 个 GPIO 的 4×3 矩阵键盘（没有上拉/下拉电阻）

我们可以用 4×3 矩阵排列 12 个密钥，因此使用 7 个 GPIO 就足以定位每个密钥。矩阵的排列方式为：第 1、第 2、第 3、第 4 行信号设置为输出扫描模式，其余三列信号 Col1、Col2、Col3 连接到三个设置为输入读取模式的 GPIO。

图 8.41 显示了四个行信号扫描的瞬间：Row0、Row2、Row3 输出 1，即高电平；Row1

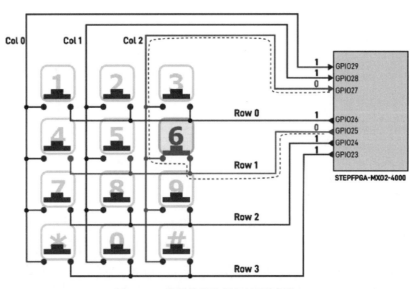

图 8.41　检测按键"6"被按下的机构

输出 0,即低电平。如果在这个时刻按键"6"被按下,Col0～Col2 端在不断监测按钮另一端的电压水平,低电平(逻辑 0)将被 Col2 检测到。

显然,这四行必须不断扫描以检测键盘上的任何变化。图 8.42 为 Row0、Row1、Row3 输出为 1,Row 2 输出为 0 的时,如果用户按下"8"键,那么当开关闭合时,Col1 将检测到 0,如图 8.42 所示。

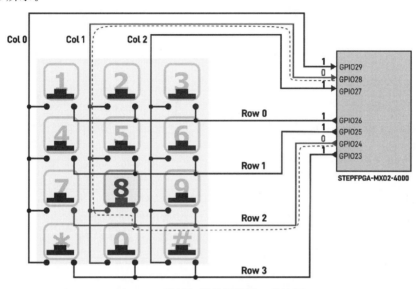

图 8.42 连续扫描检测按键 8 被按下

按照上面说明的工作机制,矩阵键盘驱动接口如图 8.43 所示,4 路输出 row 向矩阵键盘输出扫描信号,3 路 col 信号用于检测电平变化,4 位的 keyPressed 寄存器用于输出按键值。

该模块采用状态机设计,共 Row0_SCAN、Row1_SCAN、Row2_SCAN 和 Row3_SCAN 4 种状态,状态扫描更新频率为 200Hz,扫描时钟基准由一个时钟分频模块产生,以确保密钥的任何变化都能及时更新,并且也可以起到按键消抖的作用,该模块的状态机示意如图 8.44 所示。

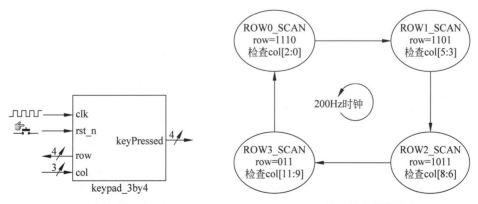

图 8.43 矩阵键盘驱动接口   图 8.44 键盘控制模块状态机

与 3×4 键盘矩阵板接口的 keypad_3by4.v 模块的 Verilog 代码如代码 8.8 所示,也可以在代码仓库中找到,扫描书后二维码获取。

代码 8.8 矩阵键盘扫描模块 keypad_3by4.v

```verilog
module keypad_3by4 (
    input clk,
    input rst_n,
    input [2:0] col,
    output reg[3:0]row,
    output reg[3:0]keyPressed,

     output reg[8:0]seg_led_1,
     output reg[8:0]seg_led_2
);
//12MHz 时钟信号分频产生 200Hz 用于状态扫描
localparam NUM_FOR_200HZ = 60000;
//状态定义
localparam ROW0_SCAN = 2'b00;
localparam ROW1_SCAN = 2'b01;
localparam ROW2_SCAN = 2'b10;
localparam ROW3_SCAN = 2'b11;
//按键变量定义
reg[11:0]key,key_r;
reg[11:0]key_out;                           //消抖后的按键状态输出

//产生 200Hz 信号用于状态扫描更新时钟
reg[15:0]cnt;
reg clk_200hz;
always@(posedge clk or negedge rst_n) begin
    if(!rst_n) begin
        cnt <= 16'd0;
        clk_200hz <= 1'b0;
    end else begin
        if(cnt >= ((NUM_FOR_200HZ >> 1) - 1)) begin   //右移 1 位即除以 2
            cnt <= 16'd0;
            clk_200hz <= ~clk_200hz;
        end else begin
            cnt <= cnt + 1'b1;
            clk_200hz <= clk_200hz;
        end
    end
end
//状态切换
reg[1:0]c_state;
always@(posedge clk_200hz or negedge rst_n) begin
    if(!rst_n) begin
        c_state <= ROW0_SCAN;
        row <= 4'b1110;
    end else begin
        case(c_state)
            ROW0_SCAN: begin c_state <= ROW1_SCAN; row <= 4'b1101; end
            ROW1_SCAN: begin c_state <= ROW2_SCAN; row <= 4'b1011; end
            ROW2_SCAN: begin c_state <= ROW3_SCAN; row <= 4'b0111; end
            ROW3_SCAN: begin c_state <= ROW0_SCAN; row <= 4'b1110; end
            default:begin c_state <= ROW0_SCAN; row <= 4'b1110; end
        endcase
```

```verilog
            end
        end
//状态输出
always@(negedge clk_200hz or negedge rst_n) begin
    if(!rst_n) begin
        key_out <= 12'hfff;
    end else begin
        case(c_state)
            ROW0_SCAN: begin                  //扫描列 0,1,2
                    key[2:0] <= col;
                    key_r[2:0] <= key[2:0];
                    key_out[2:0] <= key_r[2:0]|key[2:0];    //再次确认按键是否按下

                end
            ROW1_SCAN: begin                  //扫描列 3,4,5
                    key[5:3] <= col;
                    key_r[5:3] <= key[5:3];
                    key_out[5:3] <= key_r[5:3]|key[5:3];

                end
            ROW2_SCAN: begin
                    key[8:6] <= col;          //扫描列 6,7,8
                    key_r[8:6] <= key[8:6];
                    key_out[8:6] <= key_r[8:6]|key[8:6];

                end
            ROW3_SCAN: begin
                    key[11:9] <= col;         //扫描列 9,10,11
                    key_r[11:9] <= key[11:9];
                    key_out[11:9] <= key_r[11:9]|key[11:9];

                end
            default:key_out <= 12'hfff;
        endcase
    end
end

//按键状态消抖后检测确认
reg [3:0]key_code;
reg[11:0]key_out_r;
wire[11:0]key_pulse;
always @ ( posedge clk  or  negedge rst_n )begin
    if (!rst_n) key_out_r <= 12'hfff;
    else key_out_r <= key_out;
end

assign key_pulse = key_out_r & (~key_out);      //按键边沿检测确认

//解码输出结果 对应按键值
always@(*)begin
    case(key_pulse)
        12'b0000_0000_0001: key_code = 4'd1 ;   //key 1
        12'b0000_0000_0010: key_code = 4'd2 ;   //key 2
```

```verilog
            12'b0000_0000_0100: key_code = 4'd3 ;     //key 3
            12'b0000_0000_1000: key_code = 4'd4 ;     //key 4
            12'b0000_0001_0000: key_code = 4'd5 ;     //key 5
            12'b0000_0010_0000: key_code = 4'd6 ;     //key 6
            12'b0000_0100_0000: key_code = 4'd7 ;     //key 7
            12'b0000_1000_0000: key_code = 4'd8 ;     //key 8
            12'b0001_0000_0000: key_code = 4'd9 ;     //key 9
            12'b0010_0000_0000: key_code = 4'd10;     //key *
            12'b0100_0000_0000: key_code = 4'd0 ;     //key 0
            12'b1000_0000_0000: key_code = 4'd12;     //key #
            default: key_code = 4'd15;
        endcase
    end

    always@(posedge clk or negedge rst_n)begin
        if(!rst_n)keyPressed <= 4'd15;
        else keyPressed <= key_code;
    end

    //在数码管上显示按键值
    always@(posedge clk)begin
        case(keyPressed)
        4'd0: begin seg_led_1 <= 9'h3f;      seg_led_2 <= 9'h3f;      end
        4'd1: begin seg_led_1 <= 9'h06;      seg_led_2 <= 9'h06;      end
        4'd2: begin seg_led_1 <= 9'h5b;      seg_led_2 <= 9'h5b;      end
        4'd3: begin seg_led_1 <= 9'h4f;      seg_led_2 <= 9'h4f;      end
        4'd4: begin seg_led_1 <= 9'h66;      seg_led_2 <= 9'h66;      end
        4'd5: begin seg_led_1 <= 9'h6d;      seg_led_2 <= 9'h6d;      end
        4'd6: begin seg_led_1 <= 9'h7d;      seg_led_2 <= 9'h7d;      end
        4'd7: begin seg_led_1 <= 9'h07;      seg_led_2 <= 9'h07;      end
        4'd8: begin seg_led_1 <= 9'h7f;      seg_led_2 <= 9'h7f;      end
        4'd9: begin seg_led_1 <= 9'h6f;      seg_led_2 <= 9'h6f;      end
        4'd10: begin seg_led_1 <= 9'h77;     seg_led_2 <= 9'h77;      end
        4'd12: begin seg_led_1 <= 9'h39;     seg_led_2 <= 9'h39;      end
        default:begin seg_led_1 <= seg_led_1;   seg_led_2 <= seg_led_2;  end
        endcase
    end
endmodule
```

作为练习,您可以在 STEP FPGA 板上实现此代码。在键盘上按下的数字将由两个数码管显示,但您需要在 3 列引脚处连接 3 个额外的上拉电阻。在系统设计与实现部分中有详细的介绍。

8.3.3 密码验证模块

一旦用户输入了密码,我们需要一个简单的计算模块来判断密码是否正确,然后提示系统的其他部分进行相应的操作,密码验证模块状态机如图 8.45 所示。

使用这个算法,pwd_checker 模块被设计用来实现状态机。4 位输入信号 keyUserInput 连接到 keypad_3by4 的输出,允许将键盘数据发送到状态机。如果输入的 4 位数字加上确认的 "#"密码与正确的密码匹配,则输出信号 pw_check 生成逻辑 1,否则为 0。另一个输出信号 timeout_flag 表示超时。密码验证模块基本定义如图 8.46 所示。

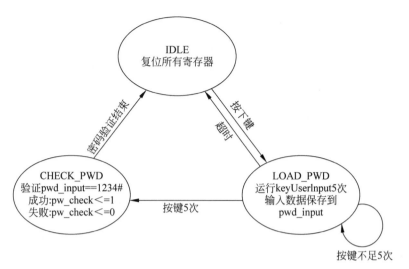

图 8.45 密码验证模块状态机

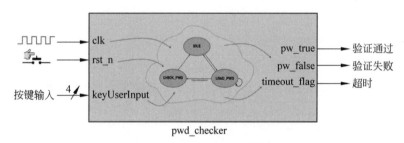

图 8.46 密码验证模块基本定义

代码 8.9 密码验证模块 pwd_checker.v

```
module pwd_checker(
    input wire clk,rst_n,
    input wire[3:0]keyUserInput,
    output reg pw_true,
    output reg pw_false,
    output reg timeout_flag
);

//超时
parameter TIME_OUT = 28'd120000000;
//参数定义 4 位密码
parameter PASSWORD = 16'h1234;
//状态参数定义
localparam IDLE = 3'b001;
localparam LOAD_PWD = 3'b010;
localparam CHECK_PWD = 3'b100;

reg [2:0]cur_state;
reg [2:0]next_state;

reg [2:0]cnt_pwdPressing;
```

```verilog
        reg [19:0]   pwd_input;

    reg restart_flag;
    reg[27:0] cnt_delay;
    wire restart_flag_pos;
    reg restart_flag_r;
    reg level_restart;
    //三段式状态机 第一段 状态寄存器
    always@(posedge clk or negedge rst_n)begin
        if(!rst_n)
            cur_state <= IDLE;
        else
            cur_state <= next_state;
    end
    //三段式状态机 第二段 条件判断 状态转移规律
    always@(*)begin
        if(!rst_n)
            next_state = IDLE;
        else begin
            case(cur_state)
                IDLE:begin
                    if(keyUserInput == 4'd10)
                        next_state = LOAD_PWD;
                    else
                        next_state = IDLE;
                end
                LOAD_PWD:begin
                    if(timeout_flag)
                        next_state = IDLE;
                    else begin
                        if(cnt_pwdPressing < 3'd5)
                            next_state = LOAD_PWD;
                        else
                            next_state = CHECK_PWD;
                    end
                end
                CHECK_PWD:begin
                    next_state = IDLE;
                end
                default: next_state = IDLE;
            endcase
        end
    end
    //三段式状态机 第三段 状态输出
    always@(posedge clk or negedge rst_n)begin
        if(!rst_n)begin
            cnt_pwdPressing <= 3'd0;
            restart_flag <= 1'b0;
            level_restart <= 1'b1;
            pwd_input <= 20'h00000;
            pw_true <= 1'b0;
            pw_false <= 1'b0;
        end
```

```verilog
        else begin
            case(cur_state)
                IDLE: begin
                    cnt_pwdPressing <= 3'd0;
                    restart_flag <= 1'b0;
                    level_restart <= 1'b1;
                    pwd_input <= 20'h00000;
                    pw_true <= 1'b0;
                    pw_false <= 1'b0;
                end
                LOAD_PWD: begin
                    level_restart <= 1'b0;
                    if(keyUserInput != 4'd15) begin
                        cnt_pwdPressing <= cnt_pwdPressing + 1'b1;
                        pwd_input <= {pwd_input[15:0],keyUserInput[3:0]};
                        restart_flag <= 1'b1;
                    end
                    else
                        restart_flag <= 1'b0;
                end
                CHECK_PWD: begin
                    if(pwd_input == {PASSWORD,4'hc})
                        pw_true <= 1'b1;
                    else
                        pw_false <= 1'b1;
                end
                default: ;
            endcase
        end
    end
//密码输入有误 重新输入标志位输出
always@(posedge clk or negedge rst_n)begin
    if(!rst_n)
        restart_flag_r <= 1'b0;
    else
        restart_flag_r <= restart_flag;
end
assign  restart_flag_pos = (~restart_flag_r) & restart_flag;
//超时检测
always@(posedge clk or negedge rst_n)begin
    if(!rst_n)begin
        cnt_delay <= 28'd0;
        timeout_flag <= 1'b0;
    end
    else begin
        if(level_restart|restart_flag_pos|timeout_flag)begin
            cnt_delay <= 28'd0;
            timeout_flag <= 1'b0;
        end
        else if(cnt_delay <= TIME_OUT - 1'b1)begin
            cnt_delay <= cnt_delay + 1'b1;
            timeout_flag <= 1'b0;
        end
```

```
            else begin
                cnt_delay <= cnt_delay;
                timeout_flag <= 1'b1;
            end
        end
    end
endmodule
```

密码验证模块 pwd_checker.v 如代码 8.9 所示，完整的 Verilog 代码可以扫描书后的二维码得到。

8.3.4 舵机控制模块

角度伺服驱动电机（简称舵机）可以精确控制旋转角度。舵机结构示意图如图 8.47 所示。在这个闭环反馈系统中，输出轴的状态将通过电位器转换成电信号。这个信号将不断地与输入的命令信号进行比较。外壳内的直流电机连续运行，直到输出轴到达指定位置。

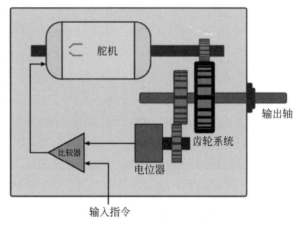

图 8.47 舵机结构示意图

舵机的结构看上去有些复杂，但是控制舵机可能比你想象的更简单，因为它只使用一个 PWM 信号。如图 8.48 所示，给出了通过 PWM 信号控制 SG90 舵机进行角运动时序图。

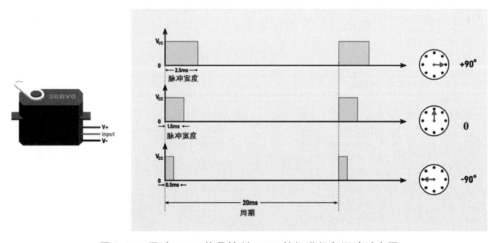

图 8.48 通过 PWM 信号控制 SG90 舵机进行角运动时序图

控制信号是固定频率 50Hz(20ms 周期)的 PWM 信号,脉冲宽度可以从 1ms 到 2ms 之间变化,映射从 −90°到 90°。要注意的是,大多数舵机的旋转角度被限制在 180°,所以如果你的应用需求是 360°旋转,那么你应该选择步进电机或伺服电机。

舵机控制模块的模块定义如图 8.49 所示。8 位的输入信号 rotate_angle,接收从 0°到 180°的旋转角度指令。由于舵机不能超过 180°,因此代码中的本地参数 upllimit=179 设置了旋转角度的上限。

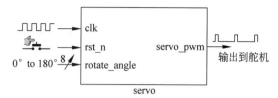

图 8.49　舵机控制模块的模块定义

代码 8.10　舵机控制模块 servo.v

```verilog
module servo (
    input clk,rst_n,
    input[7:0]rotate_angle,      //旋转角度输入
    output reg servo_pwm         //舵机控制信号输出
);
//分频系数 240000,输出频率 50Hz,周期 20ms
localparam CNT_20MS = 240_000;
//限制舵机旋转角度<180°
localparam UpLimit = 179;
//20ms 周期信号计数器
reg [15:0] cnt;
always @(posedge clk or negedge rst_n) begin
    if(!rst_n)
        cnt <= 1'b0;
    else if(cnt == (CNT_20MS - 1))
        cnt <= 1'b0;
    else
        cnt <= cnt + 1'b1;
end

//时钟源 12MHz,得到 0.5~2.5ms 脉冲宽度对应计数值 6000~30000
reg [15:0] cnt_degree;

//180°内旋转角度计算: 6000 + rotate_angle * 134 (注意 rotate_angle < 179)
always @(posedge clk) begin
    if (rotate_angle <= 179)
        cnt_degree <= rotate_angle * 19'd134 + 19'd6000;

    else    //for rotation_angle higher than 179 degree,set it to 179
        cnt_degree <= UpLimit * 19'd134 + 19'd6000;
end

//生成 PWM 信号
always @(posedge clk or negedge rst_n) begin
    if(!rst_n)
        servo_pwm <= 1'b0;
    else
        servo_pwm <= (cnt <= cnt_degree)? 1'b1:1'b0;
end
endmodule
```

舵机控制模块 servo.v 如代码 8.10 所示，完整的 Verilog 代码可以扫描书后的二维码得到。

为了测试该模块，需要一个 8 位输入数据来设置旋转角度，其中输出信号 servo_pwm 连接到舵机的输入命令线。作为一个有趣的练习，您可以使用钢琴键盘或找到 FPGA 的 GPIO 的 8 个引脚并手动控制伺服运动。伺服应独立供电，电源电压为 5V。

8.3.5 驱动模块

蜂鸣器是常见的将电信号转换成声音信号的电子换能器，实物如图 8.50 所示。蜂鸣器主要分为压电式蜂鸣器和电磁式蜂鸣器两种类型。压电式蜂鸣器主要由多谐振荡器、压电蜂鸣片、阻抗匹配器及共鸣箱、外壳等组成，它是利用压电效应来发声，当电流通过线圈时，压电板使空气振动，从而产生可听的压力波。电磁式蜂鸣器由振荡器、电磁线圈、磁铁、振动膜片及外壳等组成，它是利用交流电流使得电磁线圈产生磁场，振动膜片在电磁线圈和磁铁的相互作用下，周期性的振动而发声。由于两种蜂鸣器发音原理不同，压电式结构简单耐用但音调单一，适用于报警器等设备。而电磁式由于音质好，所以多用于语音、音乐等设备。

按其驱动方式的原理可分为：有源蜂鸣器和无源蜂鸣器。这里的"源"不是指电源，而是指震荡源。也就是说，有源蜂鸣器内部带震荡源，所以直接接上额定电源就可连续发声。而无源内部不带震荡源，所以直流信号无法令其鸣叫，必须用交变信号驱动，比如 1~5kHz 的方波。

图 8.50 蜂鸣器实物图

我们人类能听到的声音频率通常认为在 20Hz~20kHz。如果你手头有如图 8.51 所示的多功能口袋仪器或其他函数发生器，将产生的脉冲信号直接连接到蜂鸣器会产生该频率的声音。长时间接触高频可能会导致头痛或耳鸣，所以最好使用 200Hz~3kHz 的频率。蜂鸣器主要用于简单的曲调或声音指示，因此我们也不期望有什么高音质。例如，使用"梅林雀"口袋仪器输入 1kHz PWM 信号，驱动蜂鸣器发出声音，如图 8.51 所示。

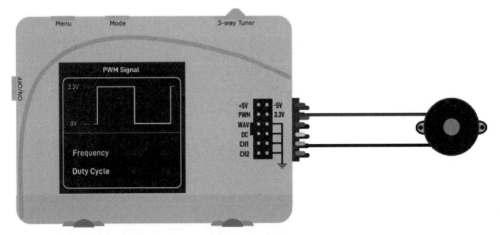

图 8.51 使用"梅林雀"口袋仪器输入 1kHz PWM 信号，驱动蜂鸣器发出声音

需要注意的是电磁式蜂鸣器的驱动电流很大,直接使用微控制器或 FPGA 的 GPIO 来驱动蜂鸣器的电流是不够的,此外,电磁线圈产生的反向电动势还有可能损坏 GPIO 引脚,所以我们一般用三极管来驱动无源蜂鸣器,典型的驱动电路如图 8.52 所示。

图 8.52 中使用的三极管是 NPN 型,如 S9013、S8050 等型号,也可以用 S8550 等 PNP 型三极管。二极管反向并联在蜂鸣器两端,为蜂鸣器内部的电磁线圈产生的反向电动势提供续流通路。

我们设计蜂鸣器驱动模块根据不同的场景产生不同频率的声音。输入信号 pw_false 是密码错误标志位,输入信号 timeout_flag 是超时标志位,输出信号 beep_out 连接驱动电路的输入端,蜂鸣器端口定义如图 8.53 所示。蜂鸣器驱动模块如代码 8.11 所示。

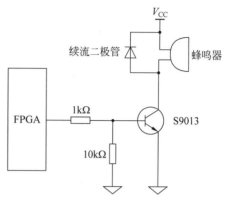

图 8.52　使用三极管驱动的无源蜂鸣器

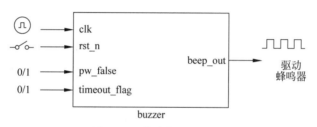

图 8.53　蜂鸣器端口定义

代码 8.11　蜂鸣器驱动模块

```verilog
module buzzer (
    input wire clk, rst_n,
    input wire pw_false,            //密码验证失败,声音报警启动输入信号
    input wire timeout_flag,        //超时声音报警启动输入信号
    output wire beep_out            //蜂鸣器驱动输出信号
);

parameter T_FREQ = 24'd12000;           //1kHZ (1ms)→ T_FREQ = 12000
parameter T_TIMEOUT = 28'd12000000;     //计时 1s,用于超时情况
parameter T_PW_ERROR = 28'd36000000;    //计时 3s,用于密码验证错误情况

reg start_delay;
reg[27:0]cnt_delay;
reg stop_beep;
reg[23:0]cnt_period;

reg flag;

//蜂鸣器驱动信号输出启停控制
always@(posedge clk or negedge rst_n)begin
```

```verilog
            if(!rst_n)begin
                start_delay <= 1'b0;
                stop_beep <= 1'b1;
                flag <= 1'b1;
            end
            else begin
                if(pw_false)begin
                    start_delay <= 1'b1;
                    stop_beep <= 1'b0;
                    flag <= 1'b1;
                end
                else if(timeout_flag)begin
                    start_delay <= 1'b1;
                    stop_beep <= 1'b0;
                    flag <= 1'b0;
                end
                else if(flag&(cnt_delay >= T_PW_ERROR - 1'b1))begin
                    start_delay <= 1'b0;
                    stop_beep <= 1'b1;
                end
                else if((!flag)&(cnt_delay >= T_TIMEOUT - 1'b1))begin
                    start_delay <= 1'b0;
                    stop_beep <= 1'b1;
                end
                else begin
                    start_delay <= start_delay;
                    stop_beep <= stop_beep;
                end
            end
        end
//计数器
always@(posedge clk or negedge rst_n)begin
    if(!rst_n)
            cnt_delay <= 28'd0;
    else begin
        if(!start_delay)
                cnt_delay <= 28'd0;
        else
                cnt_delay <= cnt_delay + 1'b1;
    end
end
//周期信号计数控制
always@(posedge clk or negedge rst_n)begin
    if(!rst_n)
            cnt_period <= 24'd0;
    else begin
            if(stop_beep)
```

```
                    cnt_period < = 24'd0;
            else begin
                    if(cnt_period > = T_FREQ - 1'b1)
                        cnt_period < = 24'd0;
                    else
                        cnt_period < = cnt_period + 1'b1;
            end
        end
    end
    //蜂鸣器信号输出
    assign   beep_out = (cnt_period > = (T_FREQ/2))?1'b1:1'b0;

endmodule
```

8.3.6 系统设计与实现

顶层数字模块 DigitalLockerCtrl 的结构如图 8.54 所示。我们增加了一个舵机控制模块来控制舵机的旋转角度。为了控制蜂鸣器发出不同的声调,我们在蜂鸣器模块通过一个内部状态机来切换不同的音调。

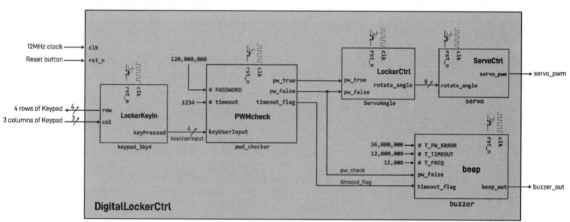

图 8.54　顶层数字模块 DigitalLockerCtrl 的结构

为了完整演示数码储物柜的功能,我们可以在面包板上构建一套储物柜控制电路,需要的物料包括:

- 小脚丫 FPGA 开发板。
- 3×4 数字 1~9 矩阵键盘。
- SG90 舵机。
- 无源蜂鸣器。
- 三极管 S9013 或 NMOS。
- 直插电阻。
- 面包板。
- 杜邦线。
- 储物柜及安装配件。

数字储物柜的硬件组成如图 8.55 所示。

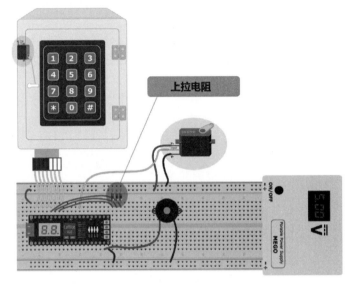

图 8.55 数字储物柜的硬件组成

图 8.55 中，您可能会注意到我们还为 3 个输入引脚添加了 3 个上拉电阻，这是为了检测按下键时的下降沿。还要注意按键需要消抖。该项目的完整代码可扫描书后二维码获得。

8.4 简易电子琴

在现代数字音频技术迅速发展的背景下，设计和实现一个基于 FPGA 的简易电子琴成为了一个极具吸引力的项目。FPGA 以其高速的处理能力、灵活的可编程逻辑和低延迟特性，为数字音乐创作和音频信号处理提供了一个理想的平台。此类项目不仅允许硬件工程师深入探索数字音乐的基础知识，还能够实现如直接数字合成（DDS）等高级信号处理技术，是结合音频技术与硬件设计的完美案例。

8.4.1 项目概述

电子琴是一种能够演奏钢琴、小提琴、管风琴、萨克斯管等多种乐器声音的电子乐器。通常电子键盘会预先存储不同乐器的离散音频样本，当按下相应的键时，就会播放曲调。使用预先存储的音频样本实现电子琴播放曲调非常简单。我们通过这个项目来研究一种更有趣的方法——使用正弦波生成音乐音调。

有时我们用"声音"这个词与"音频"互换，但就工程而言，这两者是不同的物理量，关键的区别在于能量形式。声音是一种机械波，它通过可能引起分子振动的介质（如气体、液体或固体）传播，而音频是由模拟或数字信号形式的电信号构成的，这些信号代表的声音具体在 20Hz～20kHz 的可听范围内。

通过比较传统钢琴和电子琴，可以更好地理解声音和音频的概念。图 8.56 是三角钢琴的内部照片，包括调音针、琴弦、音锤和音板。当按键被按下时，音锤会升起，然后敲击琴弦产生声音。

图 8.56　三角钢琴的内部照片

与传统钢琴不同，电子琴发出的声音是由扬声器播放的音频信号。在键盘上，每个键对应于我们熟悉的音乐音调，例如"Do-Re-Mi"，实际上是对应相匹配的音频频率。在图 8.57 中，我们列出了与 F3～B5 的音符相匹配的基本频率，具体来说，在这个项目中，我们将实现从 C4～C5 的完整八度音阶（包括半音调）。

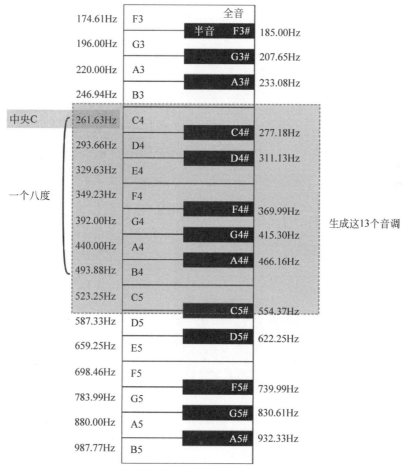

图 8.57　与 F3～B5 的音符相匹配的基本频率

8.4.2 简易电子琴硬件设计

图8.58展示了一种将音频信号转换为可听声音的典型方法。音频信号通常是电流输出能力较弱的模拟信号。对于耳机等低功率的扬声器，电流足以引起内部线圈的振动，从而产生小音量的声音。然而，音频源无法直接驱动大功率的大型扬声器，因此需要功率放大器来提高电流驱动能力。

图8.58 将音频信号转换为可听声音的典型方法

功率放大器分为很多类。不同类别功率放大器的比较如表8.4所示，表中列出了A类、B类、AB类和C类4种常用构造的经典放大器。另一类功率放大器为开关型，本书不涉及。

表8.4 不同类别功率放大器的比较

功率放大器的类型	理论效率/%	信号复制
A类	最高25	优秀
B类	最高78.5	平均
AB类	65	较好
C类	80	较差

小脚丫FPGA开发板套件中的扬声器模块，使用了8002B构建的AB类功率放大器，如图8.59所示。

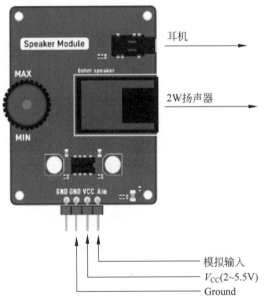

图8.59 小脚丫FPGA开发板套件中的扬声器模块

一旦我们确定了放大器和扬声器的解决方案,主要的挑战将是如何产生音频信号。我们知道音频信号是模拟信号,但是在数字系统中存储的音频数据都是数字的,回想模数转换器章节,我们需要一个数模转换器(DAC)将数字的 1 和 0 重构为连续的模拟信号。一种方案是选现成的 DAC 芯片,由于音频的频率不高,市面上可选的 DAC 芯片实在是太多了,实现方案可以参考第 7 章的实例。更有意思的解决方案是我们自己构建一个 DAC,由于 STEP FPGA 开发板有足够数量的 GPIO,正适合用 R-$2R$ 的方式实现 DAC。

图 8.60 显示了 10 位 R-$2R$ DAC 的原理图,其中 D_0 为最低有效位(LSB),D_9 为最高有效位(MSB)。为了电路搭建方便,小脚丫 FPGA 开发套件包括了一个 10 位的 DAC 模块,可以即插即用。请注意,该板上的模拟输出引脚电流驱动能力很弱,因此该模拟输出引脚必须连接到具有高输入阻抗的设备,比如放大器的输入端。

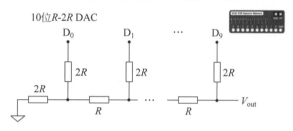

图 8.60　10 位 R-$2R$ DAC 原理图

十三键钢琴的完整硬件设置如图 8.61 所示。注意所有按键都是上拉电阻结构,因此 FPGA 扫描 GPIO 的低电平来确定按键是否被按下。DAC 模块上的 10 个数字输入连接到 FPGA 的 10 个 GPIO 引脚,转换后的模拟信号输送到扬声器模块来播放声音。扬声器模块的 Ain 引脚具有高输入阻抗,因此可以将其直接连接到 DAC 输出。

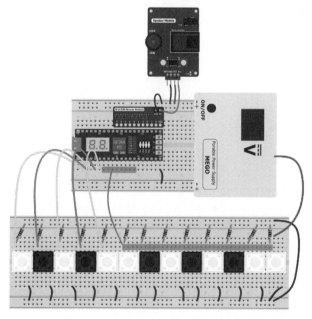

图 8.61　十三键钢琴的完整硬件设置

以上硬件布局完成了一个基本的带有用户界面的音频系统,在接下来的内容中,我们将对 FPGA 内部的数字部分进行研究,以实现该项目的核心——音频信号的数字合成。

8.4.3 直接数字合成技术

我们知道声音信号是连续的,它可能是由多个频率的正弦信号叠加的,在数字电路系统中,是否有可能产生任意形状的波形而不只是方波信号呢?答案是肯定的。为此,我们将使用一种先进而实用的技术——直接数字合成(Direct Digital Synthesizer,DDS)技术。图 8.62 给出了一个用 DAC 产生模拟输出信号的 DDS 电路框图,下面我们会详细解释其工作原理。

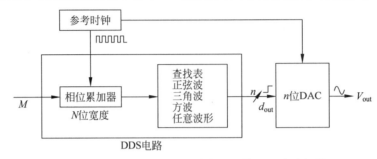

图 8.62　用 DAC 产生模拟输出信号的 DDS 电路框图

与模拟信号不同,数字世界没有时间和幅度感,因此我们将使用相位累加器(Phase Accumulator,PA)来设置数字世界中的时间。PA 本质上是一个 N 位计数器,具有 2^N 个数字状态,N 的大小对应的点数如表 8.5 所示。

表 8.5　N 的大小对应的点数

N	点数 $=2^N$	N	点数 $=2^N$
4	16	20	1 048 576
8	256	24	16 777 216
12	4 096	28	268 435 456
16	65 536	32	4 294 967 296

其中每个状态可以对应于数字信号周期上的一个位置。图 8.63 说明了用一个低位宽的 PA 构造锯齿波、三角波、方波等信号的过程。

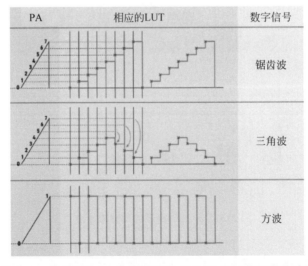

图 8.63　低位宽的 PA 构造锯齿波、三角波、方波等信号的过程

显然，如果 PA 的位数更高，包含的数字状态也会更多，那么构建波形的点数自然会更多，波形会更平滑。这些波形的点数做成直接查找表的形式：
- 锯齿信号逐个映射到 PA 上的每个数字状态。
- 三角形信号在 $2N/2$ 状态处有一个转折点。
- 方波信号只是翻转，因此只需要两个状态。

现在是时候研究正弦波的构造过程了。1822 年，法国数学家约瑟夫·傅里叶发现，正弦波可以作为重建任何周期波形的基本构件。如果你还记得数学课上讲过，正弦（或余弦）波的周期是 2π（或 $360°$）。从电路中画出一个（不是很平滑的）正弦波如图 8.64 所示，我们总是可以从一个圆中构造出一个正弦波，平滑度取决于圆上的分割数。

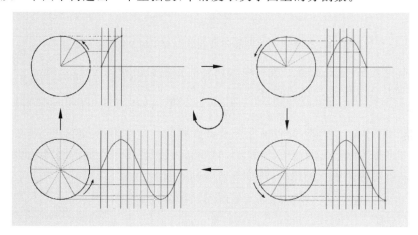

图 8.64 从电路中画出一个（不是很平滑的）正弦波

为了用 PA 构造正弦波，我们考虑用一个数字圆，它被等分为 2^N 个数字状态。PA 在不同位深处的分割如图 8.65 所示，我们注意到表示为 M 的参数，也称为频率控制字（Frequency Controlled Word，FCW），它决定了状态增量的大小。通过调节 M 的值，可以精确控制输出频率。

为了更便于说明，图 8.66 显示了分别使用位宽 3、4、5 的 PA 构建数字正弦波的过程。

例如，在 $N=3$ 时，PA 有 8 个状态，每个状态代表正弦波周期上的一个点。当 $N=4$ 时，我们得到 16 个状态来勾勒出正弦波的一个周期，显然，16 个点构造的波形看起来更光滑，但是频率却减半了。为了保持相同的频率，我们可以将增量值 M 增加到 2，以获得相同的结果。

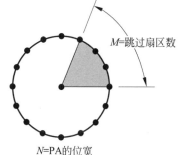

图 8.65 PA 在不同位深处的分割

根据曲线的频率和平滑度，我们需要在点数和增量之间寻求一个平衡。相位累加器产生的输出频率 f_{out} 可以计算为

$$f_{out} = M \times \frac{f_c}{2^N}$$

其中：
- f_c，参考时钟频率，对于 STEP FPGA 板为 12MHz。
- N，PA 的位宽，我们使用 32 位（这对 STEP FPGA 资源来说是微不足道的）。

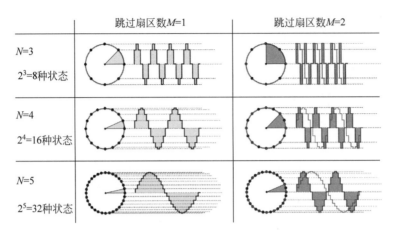

图 8.66 使用不同位宽和不同频率控制字的 PA 构造正弦波

- M，增量大小，或者最接近所需输出频率的整数乘法器。

将这些常数代入上述方程，我们得到：

$$f_{\text{out}} = M \times 0.0028 \text{Hz}$$

这表明 32 位 PA 同步到 12MHz 系统时钟的频率分辨率为 0.0028Hz，因此我们可以获得相当准确的输出频率。这个方程还表明，$M = 358 f_{\text{out}}$ 将用于计算不同音乐音调的调节参数 M，不同基频对应的频率控制字 M 如表 8.6 所示。

表 8.6 不同基频对应的频率控制字 M

音调	频率/Hz	M
C4	261.63	93 664
C4♯	277.18	99 230
D4	293.66	105 130
D4♯	311.13	111 385
E4	329.63	118 008
F4	349.23	125 024
F4♯	369.99	132 456
G4	392	140 336
G4♯	415.3	148 677
A4	440	157 520
A4♯	466.16	166 885
B4	493.88	176 809
C5	523.25	187 324
C5♯	554.37	198 464
D5	587.33	210 264
D5♯	622.25	222 766
E5	659.25	236 012
F5	698.46	250 049
F5♯	739.99	264 916
G5	783.99	280 668

8.4.4 用 DDS 产生正弦波

有了以上的理论背景,现在是时候在现实世界中实现了。使用 DDS 技术生成正弦波如图 8.67 所示。电路运行时钟与系统时钟同步,并将参数频率控制字 M 送入系统,控制所输出的数字信号的频率。在 DDS 电路内部,由一个相位累加器和一个正弦查找表生成正弦波。

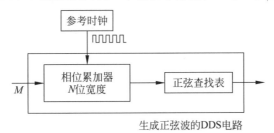

图 8.67 使用 DDS 技术生成正弦波

需要注意的是,以上电路的输出虽然是正弦波信号,但是它是以离散的形式在系统中存储和处理的,因此信号的输出是多位宽的。由于我们使用 10 位 R-2R DAC 进行音频信号重建,因此该 DDS 模块具有 10 位输出数据是有道理的。在 Verilog 设计中,这个 DDS 模块 sin_anyfreq 的基本定义如图 8.68 所示,我们称之为 sin_anyfreq,表示通过改变参数 M 可以调节输出频率。

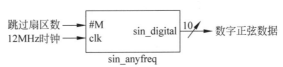

图 8.68 模块 sin_anyfreq 的基本定义

任意频率发生器模块内部结构如图 8.69 所示。对于相位累加器模块 phase_acc,它只是一个 32 位计数器,在每个时钟周期递增。我们可以使用不同的参数 M 来改变增量大小,从而调整输出信号的频率。

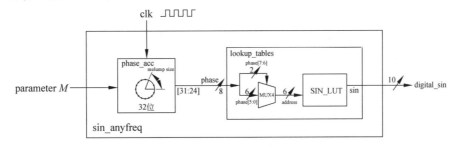

图 8.69 任意频率发生器模块内部结构

LUT 模块 lookup_tables 将 PA 的数字状态映射到正弦波的位置。当然,我们绝对不需要 32 位 PA 的所有 40 亿个点来绘制正弦波。从前面对图 8.66 的观察,有 8 个点我们就可以画出一个可识别的正弦波,若有 32 个点,则形状看起来平滑多了。在实践中,使用 256 个状态足以绘制出一个像样的正弦波,这表明正弦 LUT 只从 32 位 PA 中获取 8 位信号。

最后一步是构造 LUT。我们知道这个 LUT 应该为每个数字状态生成一个 10 位的数据,因此一种选择是为所有 256 个状态分配相应的 10 位数据,如图 8.70(a)所示。这个选项很简单,但缺点很明显:它占用 2560 个逻辑资源来存储正弦波的 LUT。

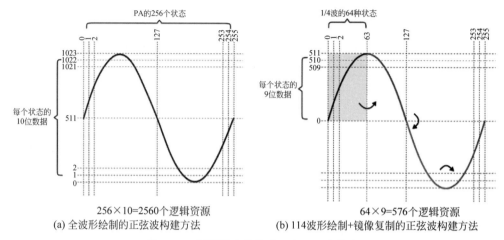

图 8.70　用两种方法构建一个 sine 查找表

由于正弦波是高度对称的,图 8.70(b)为 114 波形绘制＋镜像复制的正弦波构建方法。LUT 仅存储波形的 1/4,然后使用上下左右镜像复制的方法得到整个信号的 LUT 数据。与第一种方法相比,这种方法只使用了 1/4 的逻辑资源。在 Verilog 中,"智能复制"算法是用如代码 8.12 所示的块语句实现的。

代码 8.12　sin_anyfreq 模块

```
always @(sel or sine_table_out) begin
    case(sel)
    2'b00:  begin
                sine_onecycle_amp = 9'h1ff + sine_table_out[8:0];
                address = phase[5:0];
            end
    2'b01:  begin
                sine_onecycle_amp = 9'h1ff + sine_table_out[8:0];
                address = ~phase[5:0];
            end
    2'b10:  begin
                sine_onecycle_amp = 9'h1ff - sine_table_out[8:0];
                address = phase[5:0];
            end
    2'b11:  begin
                sine_onecycle_amp = 9'h1ff - sine_table_out[8:0];
                address = ~ phase[5:0];
            end
    endcase
end
```

sin_anyfreq 的完整代码可以扫描书后的二维码获得。默认情况下,它会生成 261.63Hz 的数字正弦波。连接 10 位 DAC 并将转换后的模拟信号送到扬声器模块,我们应该听到 C4 音调。

8.4.5 Top 模块设计

到目前为止,我们已经实现了 sin_anyfreq 模块,通过设置频率控制字 M 来生成任意频率的正弦波。在这个项目中,我们使用 13 个键来表示从 C4~C5 的完整八度(包括 5 个半音),这表明使用 13 个输入的多路复用器可以完成这项工作。单音电子键盘钢琴的数字模块结构如图 8.71 所示。

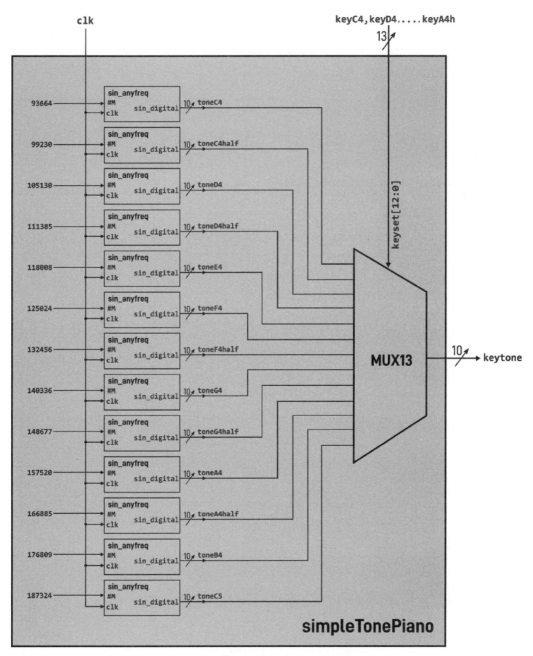

图 8.71 单音电子键盘钢琴的数字模块结构

8.4.6 项目总结

简易电子钢琴项目总结如图 8.72 所示。

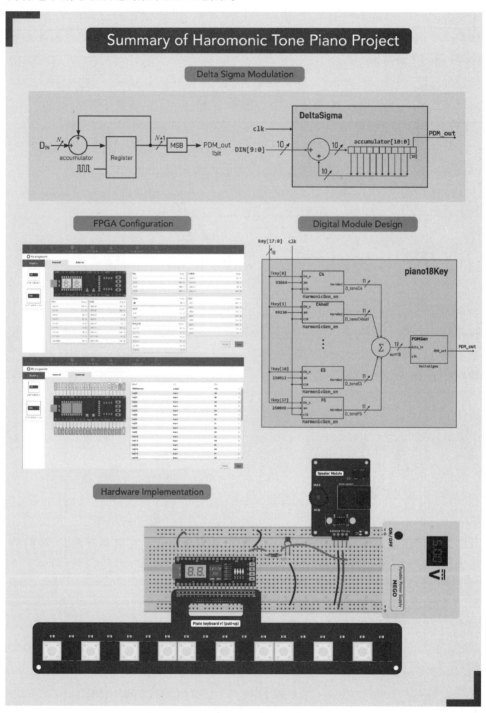

图 8.72 简易电子钢琴项目总结

8.5 更复杂的电子钢琴

在当今的技术发展浪潮中,数字音乐仪器尤其是电子钢琴已经变得越来越复杂和高度可定制。基于 FPGA 的电子设计提供了一种独特的平台,可以实现这些仪器不断增长的需求,同时提供了前所未有的灵活性。一个更复杂的电子钢琴项目不仅要求处理基本的音符生成和播放,还需要深入地探索音质改善、声音效果的复杂调制和音符之间的高级控制逻辑。该项目致力于开发一个基于 FPGA 的电子钢琴,不仅重现了传统钢琴的音乐表达力,还增加了数字音乐技术的灵活性和多样性。

8.5.1 项目概述

在前面的例子中,我们熟悉了使用 DDS 技术构建任意频率正弦波的过程,由此音频系统可以生成简单的音乐音调。但是现在你可能会有一个问题:既然每个音乐音调都有一定的频率,为什么当竖琴和小号演奏相同的音调时,我们仍然可以很容易地区分它们?图 8.73 所示为各种乐器图标。

在音乐术语中,音色是用来描述不同乐器演奏出的音质。显然,竖琴和小号的音色是不同的。从工程学和物理学的角度来看,这可以用乐器的物理性质所产生的谐波级数来解释。在这个项目中,我们将再次使用一些信号处理技术,并尝试

图 8.73 各种乐器图标

在 STEP FPGA 板上模拟字符串谐波,我们还需要钢琴套件和扬声器模块来实现这个项目。

8.5.2 字符串函数

不同乐器的发声机制各不相同。例如,弦乐器通过振动琴弦发出声音,而管乐器则通过演奏者向靠近谐振器末端的吹嘴吹气时空气的振动发出声音。在演奏音调时,我们的耳朵可以很容易地区分乐器的类型,因为每种乐器都有独特的谐波序列分布。

谐波是一种频率为基频正整数倍的波。在任何乐器上演奏音调时,你实际听到的声音是音调的基频或基频的混合物,后面跟着一系列谐波。图 8.74 显示了一个标准弦振动的谐波序列,其中音调是基频 f_0 加上 $2f_0$、$3f_0$、$4f_0$ ……

理论上,弦的谐波级数可以上升到比图中 5 次谐波高得多的频率,但随着频率的增加,振幅呈二次衰减,因此可听部分通常在 5 次谐波之内。想要更好地感受频率和声音,可以扫描书后的二维码来获取网站信息。

下面我们来实践这个项目,通过在每个音节的振幅的 1/4 处添加第二个谐波来模拟标准弦振动产生的声音。

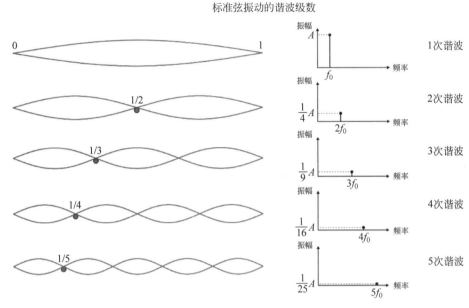

图 8.74 标准弦振动的谐波序列

8.5.3 Delta-sigma 调制

为了给简单的音调增加第二个谐波,我们的系统应该有两个输出信号端口同时代表基频 f_{base} 和 $2f_{\text{base}}$。如果我们继续使用第 4 节中的方法,并为每个模拟信号点使用 10 位 DAC,那么三个信号源将占用 20 个 GPIO。该套件中包含的钢琴模块有 18 个键,因此 STEP FPGA 板上的 36 个 GPIO 是不够的。

神奇的是,有一种叫作 Delta-sigma 调制的技术可以将模拟信号编码或解码成 1 位数字信号。Delta-sigma 调制将模拟电压信号转换为脉冲密度调制信号(PDM),其中模拟信号的幅度由脉冲密度表示。图 8.75 显示了正弦波的 PDM 表示法。

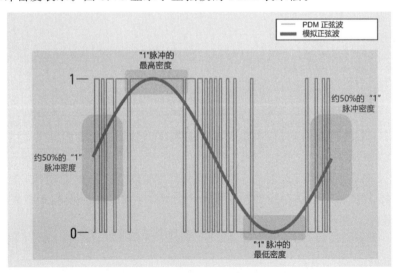

图 8.75 正弦波的 PDM 表示法

Delta-sigma 调制的数学原理很复杂，但在 FPGA 上实现 Delta-sigma 却出奇地简单。在数字设计中，Delta-sigma 调制可以通过在输出端放置一个具有任意阈值的累加器来实现，以产生比特流脉冲。如图 8.76 所示，我们简单地使用累加器的 MSB 作为阈值。

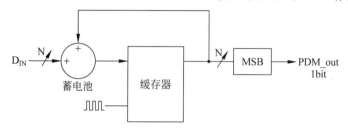

图 8.76 使用累加器的 Delta-sigma 调制的数字实现

Delta-sigma 调制模块结构如图 8.77 所示。由于数字输入信号 D_{in} 不断向累加器输入数据，累加寄存器最终会溢出，我们将溢出的位作为 PDM 位流。更大的幅度 D_{in} 给出了更频繁的溢出位输出，这对应于更高密度的 PDM 脉冲。

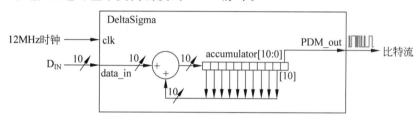

图 8.77 Delta-sigma 调制模块结构

代码 8.13 是 Verilog 实现的一个 10 位输入 Delta-sigma 调制器，可将任意 10 位数字信号转换为 PDM 输出。

代码 8.13　Verilog 实现的一个 10 位输入 Delta-sigma 调制器

```verilog
module DeltaSigma (
    input clk,
    input [9:0] data_in,
    output PDM_out
);

//Sigma-delta 转换；比输入多保留一位
reg [10:0] accumulator;
always @(posedge clk) begin
    accumulator <= accumulator[9:0] + data_in;
end

assign PDM_out = accumulator[10];
endmodule
```

为了将 PDM 位流数据转换为模拟信号，可以在 PDW_out 引脚上放置一个 RC 低通滤波器，如图 8.78 所示。

R 和 C 的选择取决于截止频率，也称为－3dB 频率，记为低通滤波器的 f_{3dB}。这个 f_{3dB} 频率的计算公式为：

$$f_{3dB} = \frac{1}{2\pi RC}$$

在这个音频项目中，我们可以抑制 20kHz 以上的所有耳朵听不见的频率，因此上面的

图 8.78 RC 低通滤波器

方程可以写成：

$$RC = \frac{1}{2\pi \times 10\,\text{kHz}} = 8\,\mu s$$

如果选择 $C=10\text{nF}$，则电阻值为 800Ω。在这种应用中，使用更常用的 $1\text{k}\Omega$ 电阻也是可以接受的。有了 DeltaSigma 模块来将数字信号转换成模拟输出，下一步就是处理数字输入数据。

8.5.4 使用除法调整幅度

在上一节中，我们使用 DDS 技术生成任意频率的正弦波，现在我们想要控制正弦波的幅度，这意味着需要一个分频器来衰减 sin_anyfreq 模块生成的正弦信号的幅度。

然而，在 FPGA 中，除法运算比乘法运算更麻烦。要进行乘法运算，只需使用许多全加法器并保留足够的寄存器来保存溢出位即可。因此，下面的乘法综合后的结果在 FPGA 中实现完全没有问题：

$$Y = A \times B$$

而除法是一种迭代算法，其中商的结果必须转移到余数，这对 FPGA 来说要痛苦得多。有一种情况除外，如果除数是 $2N$，比如 2、4、32、64、256……操作就简单多了，因为只要把被除数的二进制数左移 1 位或 N 位就可以了。然而，对于除了 $2N$ 以外的其他除数，许多 FPGA 无法处理除法运算，像下面 A 除以 3 的公式，代码综合后很难在 FPGA 上实现，除非有的 FPGA 有专门的除法 IP。

$$Y = A/3$$

尽管除法比较麻烦，但是工程师们总能找到一些技巧可以解决。正如我们刚才提到的，FPGA 处理乘法和除以 $2N$ 个数字比较容易。结合这两个性质，我们得到了一个估计除法结果的算法。例如，如果我们要执行 $Y=A/3$，这意味着：

$$Y = A/3 \approx A \times \frac{85}{256}$$

其中 256 是 2^8。因此我们可以先将 A 乘以 85，这一步很轻松，然后将结果左移 8 位。使用更高的位可以提高估计精度，例如，

$$Y = A/3 \approx A \times \frac{341}{1024}$$

这意味着你将 A 乘以 341（或二进制形式 101010101），然后左移 10 位，因为 1024 是 2^{10}。使用这种算法，我们设计了 ampAdjust 模块，它可以将 10 位数字信号分成多达 256 个段，如图 8.79 所示。

代码 8.14 是将 10 位的输入数值除以 256 的算法。模块参数 numerator 默认值是 1，更改为 1~256 的任意整数会减小输出 dac_Data 的值。numerator 的增量意味着在参考电源电压 3.3V 下，输出模拟信号大约增加 13mV，这对于本项目来说已经足够好了。当然，您可以使用更高的位分频器，例如 10 位分频器，理论上分辨率可达 3mV。

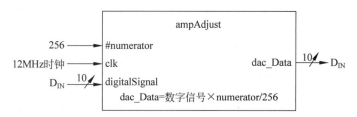

图 8.79 ampAdjust 模块

代码 8.14　Verilog 实现的幅度调谐模块，用于一个 10 位数字信号

```
module ampAdjust #(parameter numerator = 1)
(
   input clk,
   input [9:0] digitalSignal,
   output[9:0] dac_Data
);

reg [17:0] amp_data;
always @(posedge clk)
    amp_data = digitalSignal * numerator;

assign dac_Data = amp_data[17:8];    //左移8位相当于除以256
endmodule
```

8.5.5　谐波生成

在此阶段之前，我们知道借助 DDS 技术可以使用模块 sin_anyfreq 设计任意频率的 10 位数字正弦信号数据，并且我们还学习了 ampAdjust 模块来调整数字数据的幅度。将这两个模块结合起来，就能够产生任意频率、任意幅度的正弦波。

对于标准的弦振动，音调的谐波级数是其基频的整数倍，振幅分别是 1/4、1/9、1/16、1/25……的峰值振幅。如图 8.80 所示，通过添加音调的第二次和第三次谐波来生成合成数字信号的框图。输出数据使用 12 位宽来保存溢出位。

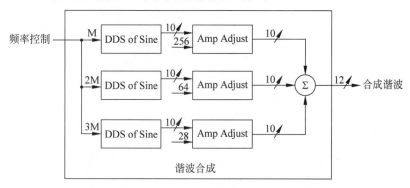

图 8.80　添加音调的第二次和第三次谐波来生成合成数字信号的框图

HarmonicGen 模块结构如图 8.81 所示，给定频率控制字 M，将生成包含基频和 2 次谐波信号的 11 位输出数据 D_{OUT}。ampAdjust 模块将 10 位正弦数据调整为 100% 和 25% 的幅度。通过在 2 个 10 位数据的末尾放置一个加法器，将所有谐波信号组合成 11 位数字输出（考虑溢出位）。

使用 11 位的 D_{OUT} 可能会衰减输出幅度，因为当溢出不发生时 MSB 将为 0。这样你就

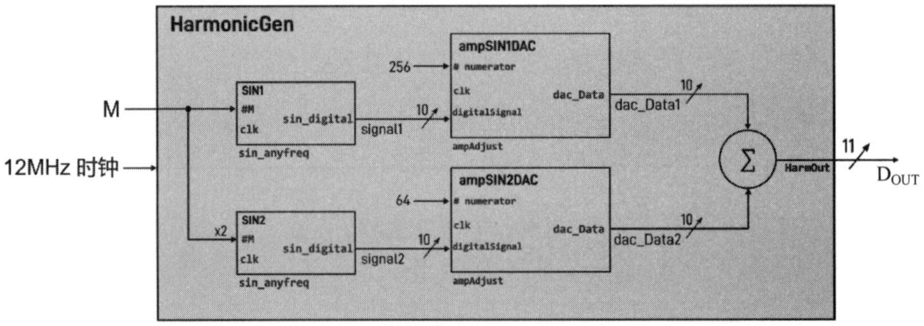

图 8.81　生成 2 次谐波合成音的 HarmonicGen 模块结构

需要增加硬件模拟部分音频放大器的增益。你可能仍然使用 10 位的 D_{OUT} 数据，但是要注意了，某些频率可能会被丢掉。

8.5.6　顶层数字系统设计

如果以上所有的模块都没问题了，那么我们就可以使用这些子模块搭建出一个顶层模块。这个项目中，大部分工作都是在 FPGA 内部完成的，外部的硬件系统相对简单，我们使用套件中包含的 18 键钢琴模块，如图 8.82 所示，所以模块上应该有一个 18 位的输入信号。

图 8.82　18 键钢琴模块示意图

数字系统负责处理所有数学运算，最终生成 1 位 PDM 输出，之后连接低通滤波器，将信号发送到扬声器模块。图 8.83 显示了整个音频信号处理系统 pinao18Key 的结构框图。

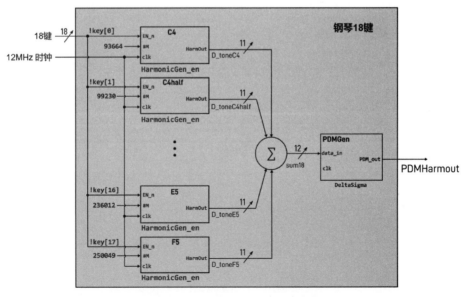

图 8.83　pinao18Key 的结构框图

这次我们使用了一个大加法器而不是多路复用器来处理同时按下的多个键。理论上，将一个 11 位的数据相加 18 次可能会产生最多 17 位的数据，这对应所有按键同时被按下的情况。在实践中，同时按多个键的变化并不经常发生，所以我们只为 sum18 保留了 12 位。为了将这个 12 位数据转换为模拟信号，我们还需要更改 DeltaSigma 模块的输入位，如代码 8.15 所示。

代码 8.15　对 12 位输入信号进行 Delta-sigma 调制的 Verilog 实现

```verilog
module DeltaSigma (
   input clk,
   input [9:0] data_in,
   output PDM_out
);

//Sigma-delta 转换；比输入多保留一位
reg [10:0] accumulator;
always @(posedge clk) begin
    accumulator <= accumulator[9:0] + data_in;
end

assign PDM_out = accumulator[10];
endmodule
```

这个项目的完整代码可以在扫描书后的二维码获取。

该项目的硬件实现如图 8.84 所示，我们将 18 键钢琴硬件模块连接到面包板上的 STEP FPGA 开发板，并添加一个 RC 低通滤波器，由此我们获得了合成的模拟音频波形。将这个音频信号连接到扬声器上，上电运行后按下钢琴键就可以愉快地演奏了。

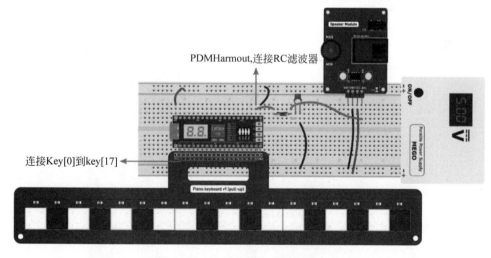

图 8.84　18 键钢琴项目的硬件实现

8.5.7　项目总结

谐波合成音电子钢琴整个项目总结如图 8.85 所示。

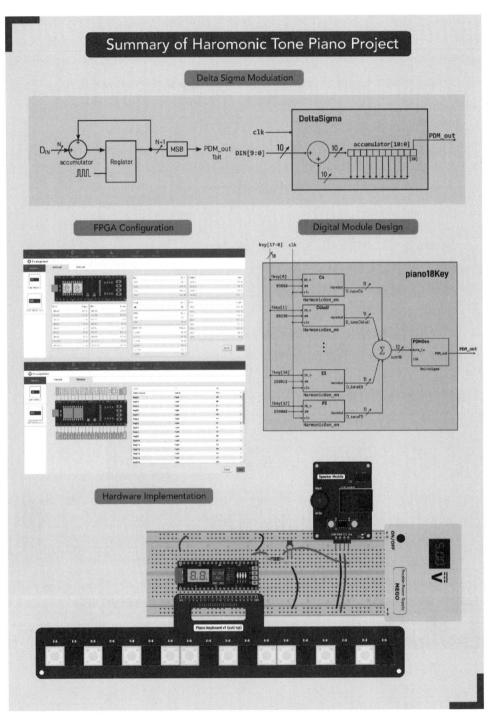

图 8.85 谐波合成音电子钢琴项目总结

8.6 串行通信

在数字电子系统中,串行通信是一项基础而关键的技术,它允许数据在设备间通过单一信道或者一对数据线进行传输,相对于并行通信而言,串行通信大大减少了所需的物理连接数,从而简化了设计,降低成本,并在很多情况下提高了数据传输的可靠性。在 FPGA 领域,利用它的灵活性来实现串行通信接口具备许多优点,比如定制数据格式、协议和高速传输率等。这个项目致力于使用 FPGA 技术实现串行通信,重点包括设计和实现 UART(通用异步收发传输器)发送器,及其在实际应用场景中的使用,如与旋转编码器的数据读取和传输到计算机的案例。项目的目标是建立一个可靠、高效的 FPGA 串行通信系统,以探索 FPGA 在嵌入式系统和数据传输方面的潜能。

8.6.1 项目概述

一个设计良好的电子系统就像一条完美的生产线,不同的功能模块会划分为不同的岗位,每个岗位专业而独立地完成属于自己的工作,不同的岗位之间又相互配合。这种"强内聚,松耦合"的设计可以弱化模块之间的联系,从而使得我们的系统更健壮,弱化关系并不意味着不联系,我们知道,不同的硬件可能被设计为只处理固定的工作,因此不同硬件之间必须存在通信过程,以确保数据能够准确地传输和接收。

如果你之前有使用过 STM32 一类的微控制器或 Arduino、Raspberry Pi 等开源硬件的经验,那么你肯定使用过串行监视器或者叫串口调试助手的小软件,将硬件微控制器的字符发送到计算机上打印出来,这种方式用来调试软件会非常方便。串行监视器背后的技术被称为通用异步接收发送器,称为 UART,是最常用的设备对设备通信协议之一。下面我们将在 STEP FPGA 板上建立一个 UART 通信通道。

8.6.2 并行与串行通信

在数据传输中,并行通信同时发送多个数据位,如同阅兵式上行进的方阵,一排排齐头并进的士兵就是一帧帧并行传输的数据,而串行通信则像车辆从隧道穿行而过,它使用一条或两条传输线,每个节拍只发送或接收一个数据位。图 8.86 显示了这两种方法发送 1 字节(8 位)数据的不同过程。

一般来说,串行通信比并行通信慢,因为它一次(一个时钟节拍)只发送一位数据,但是串行通信对于 IO 数量非常有限的情况下是有利的。此外,串行通信还适合需要长距离有线通信的情况,随着距离的延长,并行传输会越来越不可靠,而使用差分信号的串行传输则可以又快又稳,比如 USB 数据线或以太网总线都是串行总线。

串行通信的另一个优点是可以建立全双工通信。双工是电信中的一个术语,描述的是由两个或多个连接方或设备组成的点对点系统,设备可以在两个方向上相互通信。图 8.87 显示了单工(单向)、半双工(双向)传输,但在某一时刻只能单向,可切换方向和全双工(同时在两个方向上传输,真正的双向传输)通信的机制。

在并行通信中,所有的导线都被设置为一次发送或接收,因此只能支持单工或半双工。对于串行通信,我们使用两根线即可实现全双工通信,因此两个硬件可以实时地相互通信。

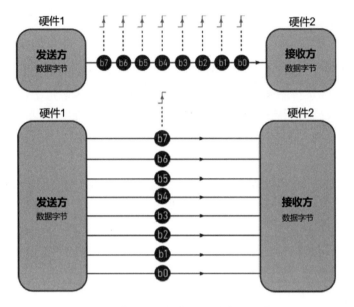

图 8.86 串行通信和并行通信的不同过程

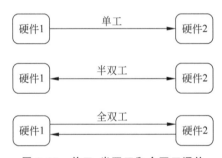

图 8.87 单工、半双工和全双工通信

除了 GHz 级别的高速通信,串行通信在许多应用中起着主导作用。UART、I^2C 和 SPI 三种常用串行通信方式的主要特点如表 8.7 所示。

表 8.7 UART、I^2C 和 SPI 三种常用串行通信方式的比较

	UART	I^2C	SPI
速度	慢	快	最快
时钟	异步	同步	同步
设备数量	最多 2 台	最多 127 个	若干
传输方式	全双工	半双工	全双工
导线数	1 根或 2 根	2	4
主从结构	单对单	多个主从	一主多从

8.6.3 实现一个 UART 发送器

如果你只需要发送数据,一个 UART 发送器就足够了。一个完整的 UART 模块由两部分组成。首先,我们需要一个生成不同标准波特率的波特率分频模块。波特率分频模块的基本定义如图 8.88 所示。要设置不同的波特率,请根据表 8.8 更改其他标准波特的参数

BPS_PARA。

```
module Baud # (parameter BPS_PARA = 1250)(
    input clk,rst_n,
    input bps_en,       //使能位,连接到UART_Tx模块的'bps_en'
    output reg bps_clk//波特率时钟,连接到UART_Tx模块的'bps_clk'
);
```

我们还需要一个模块,它以字节为单位接收数据,然后按顺序一位一位地输出数据。UART_Tx模块的结构如图8.89所示,连续地输入8位的dataByte,并通过输出线tx依次发送每一位。

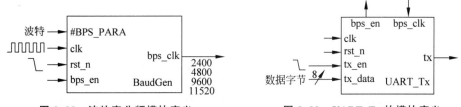

图8.88 波特率分频模块定义   图8.89 UART_Tx的模块定义

```
module Uart_Tx (
    input clk,rst_n,
    input bps_clk,          //连接到 BaudGen 模块的 bps_clk
    output reg bps_en,      //连接到 BaudGen 模块的 bps_en
    input tx_en,            //发生使能位
    input [7:0] tx_data,    //待发送数据
    output reg tx           //串行输出信号
);
```

图8.90显示了UART_Send模块的完整结构。该模块接收8位输入数据dataByte,并通过tx线以特定的波特率(默认为9600)顺序发送出去。接下来,我们将把这个模块连接到旋转编码器上,并通过COM端口观察编码器的输出数据。

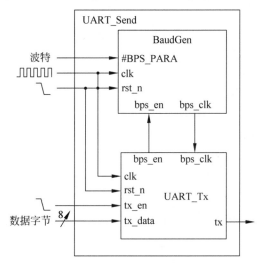

图8.90 UART_Send模块的完整结构

扫描书后二维码获取 UART_Send 模块的完整 Verilog 代码。

8.6.4 旋转编码器

在连接旋转编码器之前,让我们先了解一下它的工作原理。旋转编码器是一种位置传感器,通常用于测量转速。它根据旋转运动产生模拟或数字的电信号。根据编码机制的不同,旋转编码器分为绝对式和增量式。

图 8.91 是一个 3 位绝对旋转编码器的演示,绕中心轴完整地旋转一圈被划分为 8 段。任何旋转角度都会被映射到一个特定的二进制数(使用格雷码编码使得每个相邻的段只有 1 位的变化)。

增量式编码器没有与轴位置匹配的固定模式,而只是对每个增量步长产生输出信号。增量式旋转编码器的一个最常见的应用是鼠标滚轮,如图 8.92 所示。

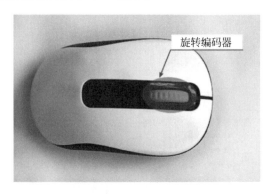

图 8.91　一个 3 位绝对旋转编码器的演示　　图 8.92　鼠标滚轮是一个增量式旋转编码器

增量式旋转编码器的演示如图 8.93 所示。A 和 B 的放置始终确保两个输出信号之间有半个相位的偏移,通过查看轴运动过程中产生的数字输出模式,我们可以确定旋转的方向。

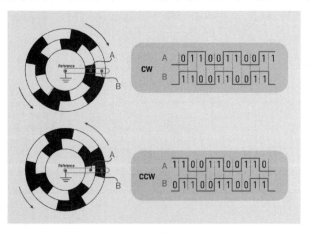

图 8.93　增量式旋转编码器的演示

STEP FPGA 开发套件中包含的增量式旋转编码器模块为增量型,如图 8.94 所示。而引脚 A 和引脚 B 连接到编码器输出。引脚 S1,配置为上拉电阻模式,也连接到编码器,所以当你按下编码器轴时产生一个低电平。

增量式旋转编码器模块的引脚定义如下。

图 8.94　STEP FPGA 开发套件中包含的增量式旋转编码器模块

- VCC-3.3V 输入,可以连接 STEP FPGA 的 3.3V 引脚;
- A、B 编码器 CW 和 CCW 旋转信号;
- S1-编码器旋转轴按键输出;
- K1,K2 两个按键。

在 Verilog 中,我们设计了一个数字模块 RotEncoder,用于读取和解释旋转编码器的动作。如图 8.95 所示,两个输入信号 key_A、key_B 分别连接编码器模块的 A 和 B 引脚。当轴旋转时,根据旋转的方向,CC_pulse 或 CCW_pulse 将输出每个增量对应的一个脉冲。

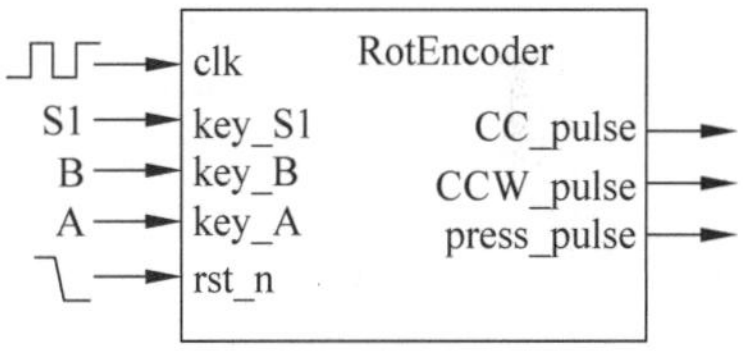

由于代码的长度,这个旋转编码器模块的完整 Verilog 代码可以扫描书后二维码获得。这段代码可以作为大多数增量式编码器的通用处理模块使用,比如 EC11。

该模块与硬件增量旋转编码器模块的接口连接,将引脚 A、B 连接到模块的 key_A 和 key_B 输入。CC_pulse 或 CCW_pulse 是输出信号,在轴旋转时,每一个

图 8.95　增量式旋转编码器控制模块模块定义

旋转增量都会产生一个脉冲。脉冲与系统时钟同步,脉冲宽度在 ns 范围内。将旋转编码器模块连接到硬件,如图 8.96 所示。

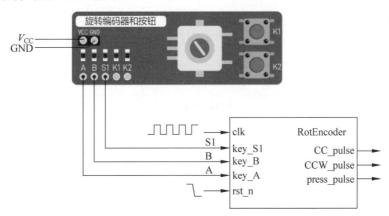

图 8.96　将旋转编码器模块连接到硬件

8.6.5　UART 通信机制

UART 是最常见的串行通信协议之一,它允许两个设备同时相互通信。UART 被称为通用异步通信,这意味着不需要物理时钟线。在硬件层面,两个设备 A 和 B 想要在 UART 协议中"交谈",每个设备需要两个 GPIO,TX 用于发送,RX 用于接收,并按照图 8.97 所示

的方式连接。

UART 是异步传输,尽管没有同步的时钟线,但是为了"在一个频道上说话",两边总要约定好"沟通的语言",也就是通信协议。在 UART 通信中,数据以字节为单位发送,这意味着每次有 8 位数据依次从设备 A 的 TX 引脚传输到设备 B 的 RX 引脚,为了确保接收端能正确地接收数据,在每个字节的两端添加了逻辑 0(低电平)的起始位和逻辑 1(高电平)的停止位。我们也可以在 MSB(最高有效位)后添加奇偶校验,这是可选的。从 TX 线发送 1 字节的数据格式如图 8.98 所示。

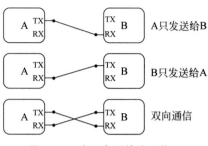

图 8.97 为两个硬件建立物理 UART 连接

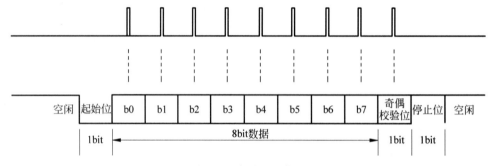

图 8.98 从 TX 线发送 1 字节的数据格式

两端"说话的语速"也就是数据传输的速度是以单位时间内的波特数为单位来衡量的,有时称为波特率,定义为 1s 内数据通过传输线时符号数变化的速率。在 UART 通信中,我们可以将波特率视为在 1s 内传输的位数。只要通信的两端约定好了波特率,不管波特率多少,都是可以沟通的,但是为了减少沟通的成本,我们还是要约定几种标准的波特率。如表 8.8 所示,列出了一些标准的波特率及位传输时间。第三列是 Verilog 设计的分频参数,我们稍后会提到。

表 8.8 在不同的波特下发送每个比特的时间

标准波特率	位持续时间/ms	分频系数 BPS_PARA(基准)
1200	8.33	10 000
2400	4.16	5000
4800	2.08	2500
9600	1.04	1250
19 200	0.52	625
38 400	0.26	313
57 600	0.176	208
115 200	0.0868	104

要注意的是,波特率和比特率不是同一个概念,两者经常混淆,后者的单位是 bps。在 UART 中,每个符号由 1 位数据表示,因此 UART 中的波特率与比特率相同。然而,电信中的一些其他编码机制使用多个比特来表示一个符号。例如,在曼彻斯特编码中,每个符号

携带 2 位信息,因此 10 波特率在曼彻斯特编码中意味着 20bps。举个例子,我们将展示一个完整的数据传输过程,其中一个字节(10111100)$_2$ 从硬件 A 发送到硬件 B,整个过程分三步进行。

- 第一步:发射端在输入 8 位数据 tx_data,这是 8 位并行输入的,如图 8.99 所示。

图 8.99　UART 通信演示-数据发送

- 第二步:添加起始位和结束位(奇偶校验位可选),并通过 TX 线发送位流,数据以顺序的方式从硬件 A 发送到硬件 B,如图 8.100 所示。

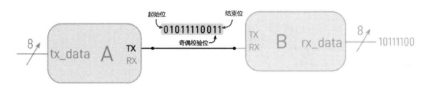

图 8.100　UART 通信演示-数据传输

- 第三步:接收端将传输线上的一帧数据去掉起始位和结束位,将比特流转换为 rx_data 上的 8 位并行数据,如图 8.101 所示。

图 8.101　UART 通信演示-数据接收

8.6.6　将编码器数据发送给计算机

在工业应用中存在多种串行通信方式,其中 RS-232 是一种最常用的串行数据通信接口标准之一,它在 UART 协议的基础上使用特殊的电平标准来表示逻辑"0"和逻辑"1"。当电压差值在 3~15V 时表示逻辑"0",当电压差值在 -15~-3V 时表示逻辑"1"。除此之外,还有其他电平标准的串行通信接口标准,比如使用差分电平来表示逻辑信号的 RS485、RS422 等。他们本质上使用的还是 UART 协议,只是传输时所使用的电气标准不一样而已。现在的商用计算机或笔记本计算机上已经不再集成 RS232 接口了,但是大量的工业自动化设备、智能仪器仪表或嵌入式设备还在使用 RS232 接口作为设备与设备之间的远距离通信。

串行通信的两端设备一般使用一个叫做 DB9 的硬件接口,如图 8.102 所示。这个串行通信端口有 9 个引脚,其中引脚 2(RX)和引脚 3(TX)可以直接连接到另一个设备的 RS232 端口进行串行通信,因此 DB9 连接器分为公头(引脚是针)和母座(引脚是孔),如图 8.103 所示,有的串行传输线的两端往往是一公一母,分别连接两端设备的母座和公头。

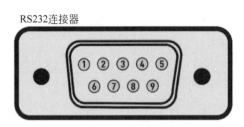
图 8.102　DB9 硬件接口

图 8.103　DB9 接口的串行连接线

我们今天使用的大多数计算机不再提供这种 RS232 连接器，我们的计算机现在使用的串行通信接口是 USB，因此如果想在硬件设备和计算机之间建立 RS232 串行通信，那么必须使用一个叫做 USB 转 TTL 的 USB 串口转换器，如图 8.104 所示。该硬件的核心是一颗 USB-UART 协议转换芯片，比如 CP2102、CH340、FT232 等。

图 8.104　USB 转 TTL 的 USB 串口转换器

USB 串口转换器是一个转换桥，将计算机的 USB 接口和设备的 UART 接口连接在一起，并且在计算机端模拟一个串行通信设备。STEP FPGA 的 MXO2 型开发板也具有类似的功能，当我们使用 USB 数据线连接开发板和计算机时，在计算机的设备管理器，端口一栏将显示一个 USB 串行设备并分配 COM 端口编号，如图 8.105 所示。

一旦我们在 MXO2 型 FPGA 板上实现了 UART 串行通信模块，模块的 tx 和 rx 引脚可以在 FPGA 映射步骤中分配给 FPGA 的 rx(A3) 和 tx(A2) 引脚，开发板的内部 UART 通信端口如图 8.106 所示。

在前面的步骤中，我们设计了 UART_Send 模块，它以字节为单位输入数据，并通过输出 tx 线顺序发送每个位。我们还实现了 RotEncoder 模块功能，该模块连接到增量旋转编码器的引脚 A 和引脚 B，并为每个增量生成单个脉冲。将这两个模块结合在一起，我们得到了这个项目的 RotEncoderTx 模块。

RotEncoderTx 模块的基本定义如图 8.107 所示。

我们知道 UART_Send 模块以字节为单位接收数据，因此需要额外的 ByteGen 模块将单个脉冲转换为 8 位数据。具体来说，对于从 pulse_L 接收的每个脉冲，8 位输出的 dataByte 将递减 1，而对于 pulse_R 将增加 1。在两个脉冲信号上连接一个 OR 门，以确保只要轴旋转，就能进行数据传输。RotEncoderTx 数字模块结构如图 8.108 所示。

图 8.105　在设备管理器端口一栏下显示的串行通信设备

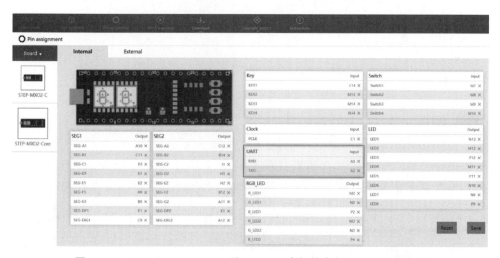

图 8.106　STEP FPGA MXO2 型 FPGA 开发板的内部 UART 通信端口

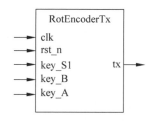

图 8.107　RotEncoderTx 模块的基本定义

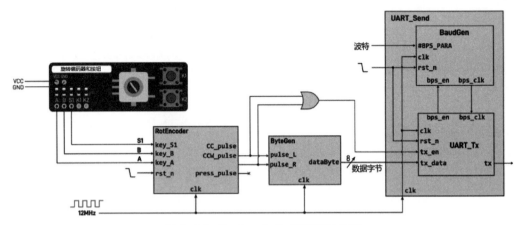

图 8.108　RotEncoderTx 数字模块结构

为了观察任意的数据变化,我们需要一个串行调试器工具来显示在计算机上接收到的数据。在这里,我们使用一个名为 Serialplot 的免费软件,可以扫描书后的二维码获取。

在运行软件之前,首先确保 RotEncoderTx 模块已编译并下载到 STEP FPGA MXO2 FPGA 板上运行了,并且输入和输出分配了正确的引脚。图 8.109 显示了串行通信项目的硬件设置。

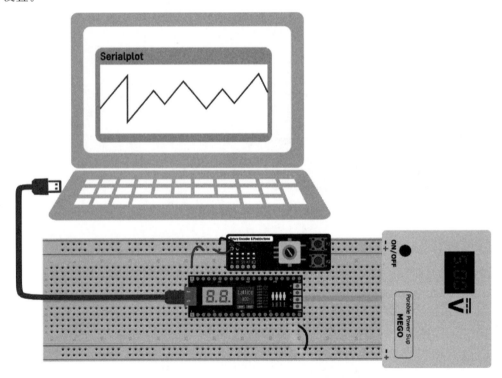

图 8.109　串行通信项目的硬件设置

现在我们打开 Serialplot 软件。选择并打开资源管理器显示的 FPGA 开发板的 COM 口,将"端口"设置为波特率 9600,无奇偶校验,数据位 8 位,1 位停止位,如图 8.110 所示。

在一切设置都没有问题之后,转动编码器旋转轴时波形显示窗口会显示当前的波形图,

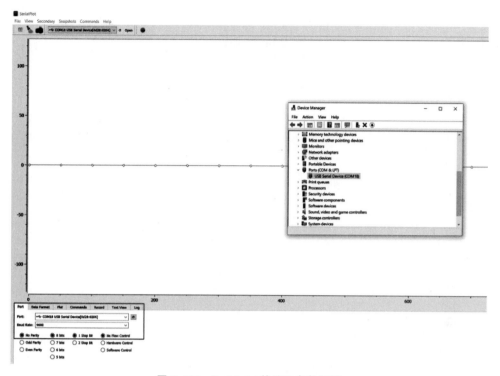

图 8.110 Serialplot 的端口参数设置

如图 8.111 所示,并且你可以根据绘图要求随时更改绘图设置,例如缓冲区大小和绘图区域宽度。绘制的数据范围应该是无符号的 8 位数据(y 轴上从 0~255)。

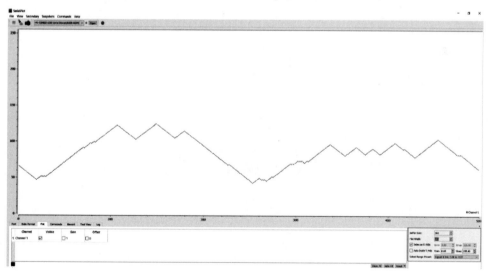

图 8.111 Serialplot 上的绘图设置

8.6.7 项目总结

谐波合音电子钢琴项目总结如图 8.112 所示。

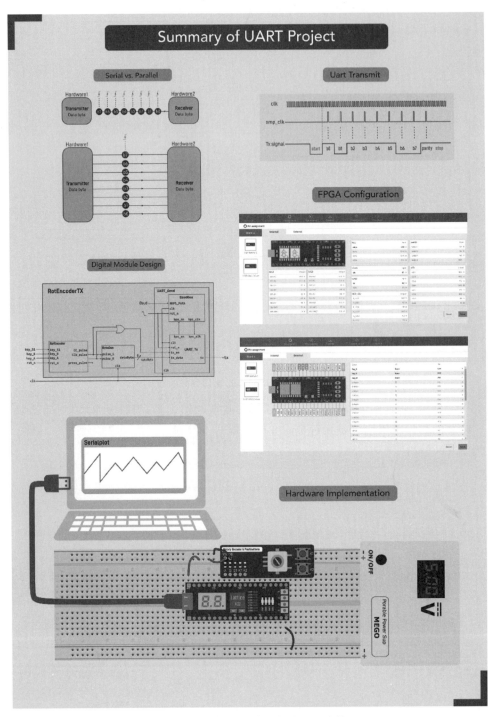

图 8.112 谐波合音电子钢琴项目总结